# 肉食之书

[德]彼得·瓦格纳（Peter Wagner） 编著

张 影 周秋实 译

机械工业出版社
CHINA MACHINE PRESS

图书在版编目（CIP）数据

肉食之书 /（德）彼得·瓦格纳（Peter Wagner）编著；张影，周秋实译. —北京：机械工业出版社，2024.6
（西餐主厨教室）
ISBN 978-7-111-75882-2

Ⅰ.①肉…　Ⅱ.①彼…②张…③周…　Ⅲ.①西式菜肴 – 荤菜 – 菜谱　Ⅳ.①TS972.188

中国国家版本馆CIP数据核字（2024）第104262号

机械工业出版社（北京市百万庄大街22号　邮政编码100037）
策划编辑：卢志林　范琳娜　　　　　责任编辑：卢志林　范琳娜
责任校对：梁　园　薄萌钰　韩雪清　责任印制：任维东
北京瑞禾彩色印刷有限公司印刷
2024年8月第1版第1次印刷
210mm×285mm·21.75印张·2插页·657千字
标准书号：ISBN 978-7-111-75882-2
定价：198.00元

电话服务　　　　　　　　　网络服务
客服电话：010-88361066　　机　工　官　网：www.cmpbook.com
　　　　　010-88379833　　机　工　官　博：weibo.com/cmp1952
　　　　　010-68326294　　金　书　网：www.golden-book.com
封底无防伪标均为盗版　　　机工教育服务网：www.cmpedu.com

# 目　录

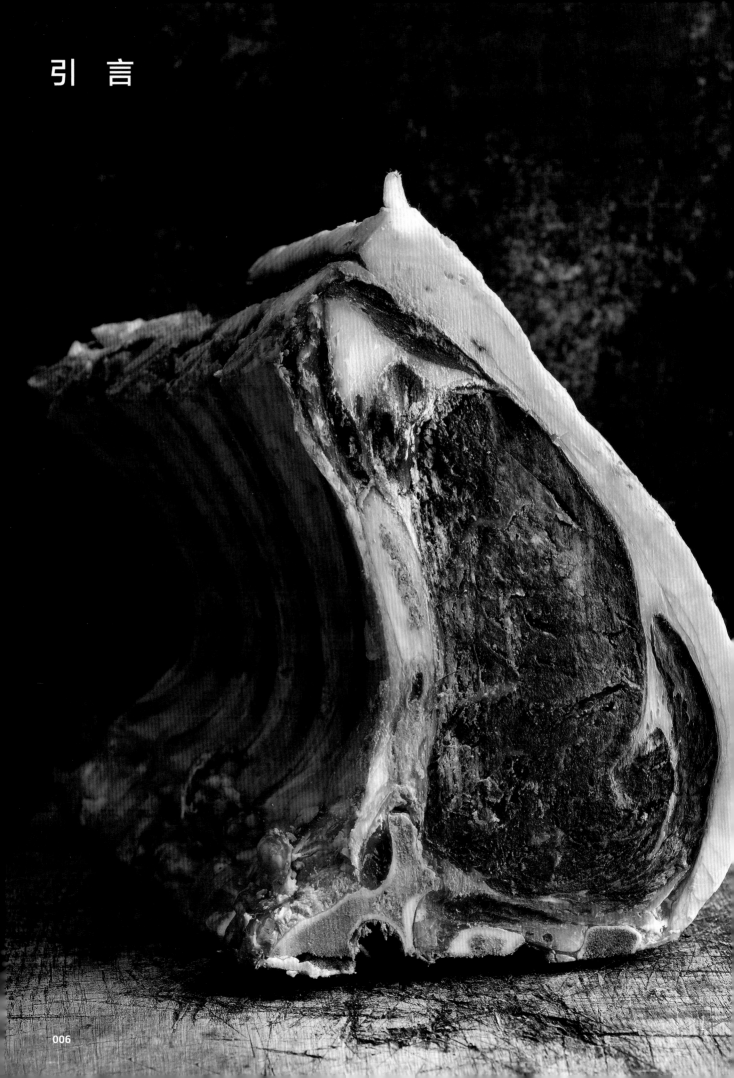

# 一块鲜嫩多汁的肉，保你一天精力充沛

肉类是讨论热度最高的食物之一。围绕享用它还是舍弃它，人们分成了完全对立的两派。因此，在这本书的开篇，我们需要理性且不偏不倚地明确一点：肉是一定要吃的！

公共营销机构CMA（德国农业中央营销协会）2017年用一句著名的广告语庆祝成立50周年："肉是一块生命力。"CMA如今已不存在，但至今人们还是常常听到这句口号，并对此抱有不同观点。对于从来不吃肉或者根本不碰动物制品的人来说，这句口号始终是他们抨击的目标。素食主义者和绝对素食者近年来在媒体那里为他们的观点争得了越来越多的关注，并且这期间似乎已经在关于食肉话题的讨论上掌控了局面。然而实际数据却揭示了另一个真相：欧洲北部和中部的绝大部分居民还在津津有味地享受着肉产生的"生命力"。

不吃肉的群体到底有多少人，还没有真正公允可靠的数据。不过德国阿兰斯拔2012—2015年提供的数据还是相对真实地描述了这一状况：根据这些数据，大约550万德国人在超过14年的时间里"保持素食主义或基本不吃肉类"。反之而言，远远大于6300万德国人在超过14年的时间里不时美美地享用一块多汁的牛排，一份香喷喷的羊腿，一块酥脆的烤猪蹄，一口软嫩的牛肝，一份酥烂的肉卷，一块筋道的烧牛肉。根据德国国民经济部的"膳食报告"，72%的国民日常享用着他们喜爱的肉食佳肴。而一家领先的速食生产商透露，在食品热销榜单上，只有两道不含肉的餐食排在前十名（鳕鱼和香蒜酱意面），其他位列前十的是咖喱香肠、肉酱意面、瑞典肉丸、蘑菇汁配炸肉排、印尼炒面、希腊烤肉或火腿香肠比萨。尽管越来越多的人表示自己吃的肉比几年前少了，但数十年来人均每年肉类消耗还是稳定保持在80~90千克（其中实实在在吃掉的肉和肠类制品足足有60千克）。据此德国在世界肉食消耗榜上排名第五，虽位居吃肉冠军澳大利亚和美国（约115千克），阿根廷（107千克）和西班牙（94千克）之后，却大大超出了43千克的世界平均水平。而每位居民每年只吃

4千克肉的孟加拉国对此简直望尘莫及。另外，"德国国家消费调查"也论证了一个长期事实：男性（每天约160克）比女性（每天约85克）吃肉多。德国人真是十足的肉食之友。

## 人类大脑的能量

早在约两百万年前，从猿猴到直立人或智人的第一步进化过程中，牙齿和消化道变得能进食和消化种类更全面、营养更丰富的食物。而极其复杂的人脑组织，其进化则需要更多的能量消耗，食用植物所能提供的能量显然远远不够。大脑仅占人体组织的2%，却需要消耗20%的能量。此外人们还发现，食肉动物的肉加热（烤、煮）食用后能被人体更迅速有效地吸收。这一发现促进了人类从生食到熟食的转变。很快肉类就跟含脂肪的坚果类一起成为人体所需蛋白质的主要来源，也成为最重要的能量来源。由于一万多年前人们对家禽和家畜的驯化，这些动物变成了"移动的能量来源"。

这种变化的另一个优势是，相比以植物为食的祖先们，人类后代可以更早适应除母乳之外其他富含蛋白质的食物。人类的哺乳期较短，孕期之间的间隔也相应缩短，再次生产变得更快，也就是说更短的时间间隔内有更多孩子出生。人类的身体并不偏食，我们的牙齿既适合用来咬碎绿色蔬果，也同样可以很好地咀嚼（烹饪后的）肉食。不同于那些完全以植物为食的生物，人类的胃等待着一种特殊的酶，这种酶只有碰到食物中的肉类蛋白才能分解出弹性蛋白。当然我们也不能每天只吃肉，因为人类的新陈代谢需要多种营养元素，有些成分只能从动物制品中获取（锌、维生素$B_{12}$和血红素铁），而另外一些营养成分仅存在于植物中，如维生素C。

早些时候的猪饲养得比现在的猪更加肥头大耳，"猪"圆玉润，身长和体重都要达到高标准方可出栏。这样才能提供全家人一整个冬天的口粮。

兔肉蛋白质丰富，脂肪含量低，而且兔子很好养，大可放心交给孩子们照料。

虽然山羊是继狗之后第一个被驯化的畜类，本质上它们还是放养在野外的。

工业化时期，在荒野中建立起来的城市里，牛成了最重要的肉食来源。

## 从鼻子到尾巴

早些年，每年屠宰家畜的数量还没达到数百万的时候，很难想象谁会扔掉任何一小块可以利用的肉。所幸这些年来很多肉食爱好者开始重新青睐某些相比排骨似乎没那么"值钱"的动物身体部位。1999年，来自伦敦的餐厅老板弗格斯·亨德森（Fergus Henderson）用他的畅销烹饪书《全只动物：从鼻吃到尾——英式烹饪哲学》让这项爱好具象化，更重要的是，给了它一个响亮的口号。亨德森经营的圣约翰斯（St. Johns）餐厅恰如其分地坐落在老屠宰场区史密斯菲尔德，在这里，猪、羊和牛都从"鼻子到尾巴"充分加工，制成美味菜肴或肉肠。美国著名美食探险家和作家安东尼·波登（Anthony Bourdain）在亨德森的新书序言中精妙总结了书中的烹饪哲学："不把牲畜物尽其用，是对它们的不尊重"。这本书在全世界畅销，直到今天，亨德森的崇拜者们还会前往伦敦朝圣，专程去品尝他的招牌菜：煨半只猪头、辣羊腰、烤面包配鸭心，当然还有那道在烹饪界可谓所向披靡，掀起全球模仿热潮的经典组合"烤骨髓配香菜沙拉"，整个菜品盛放在一根纵向锯开的小牛腿骨里，很是壮观。

家畜饲养的普及使大众可以享用到越来越多的肉食。人们跟往常一样在晚秋时节宰杀家中饲养的猪，冬季则无须再喂养它们。即便如此，肉食的供应还是不足以满足19世纪工业化中的大批工人们。肉类消费从中世纪晚期的最高水平（高达人均每年140千克）下降到20千克。人们每周顶多只有一天能吃上肉，并没有因此变得更健康。直至新的大批量屠宰方法的应用真正带来了加工肉制品产量的爆发性上涨。取代生长环境舒适、脂肪含量适中的肉牛和猪，市场上充斥着标榜更健康无害、实则瘦瘪乏味的散装猪肉。直到近些年才有越来越多的人重新发现那些传统的几乎销声匿迹的品种，以及它们在烹饪方面的多样性。但即使是来自爱尔兰的安格斯公牛、价格高昂的高档牛排，吃起来有些许咸味的堤坝羊羔肉，以及施瓦本哈尔大块肥美的排骨，都是切得干干净净分装售卖的。

草地上一派平和的景象，我们总是赞许绵羊和羊羔方方面面的贡献——羊奶、羊毛、羊肉、羊皮和粪肥。

在牛排文化的起源地美国，到处都是牛仔风格的快煎牛排。而纽约的牛排馆却以精致、昂贵为标志。

## 牛排文化

至今为止，美国是除了澳大利亚和阿根廷之外全球消耗牛肉最多的国家，人均每年食用牛肉40千克（在德国仅为9千克），本土烧烤大都是快煎牛排的形式。难怪风靡全球的牛排馆文化从美国兴起，而以精致和昂贵的菜式为标志的纽约成为这一文化的中心。这其中，1887年在布鲁克林开业的彼得·卢格尔（Peter Luger）牛排馆成为众多餐厅的榜样：彼得·卢格尔餐厅数次被评为布鲁克林最棒的牛排馆，甚至获得了米其林一星餐厅的称号。这里用木炭或800℃高温的南湾（Southbend）燃气烤炉滋滋烤制着各种饕餮美味，为了让食客们"慷慨解囊"，红屋牛排、T骨牛排、肋眼牛排或嫩肩和肉眼这些小酒馆常见的风味牛排，在这里都变身为高档料理，让人垂涎。在厨房历史学家看来，牛排馆无疑是极端保守、故步自封之地。做肉类料理的厨师通常都在菜式、技巧和烹饪方法的不断创新中实现自我，牛排师傅们却恰恰反其道而行。当他们已经无法创制出新款的菲力牛排或法式无骨肋眼牛排，也不能让顾客从配菜和酱汁上尝出任何新鲜感时，这些烹饪大师在竞争中稳住江山的唯一策略就是作品的风格化。起决定作用的并不是精致的烹饪过程，而是牛排品质的几大标志，如品种、饲养或熟成过程。一块来自澳洲安格斯纯草饲杂交和牛的肋眼肉在经历八周的干式熟成后，价格可高达100欧元（约782元人民币），受到牛排行家的青睐，备受热捧。

对于或多或少所谓"人道主义"饲养的问题，我们的态度也同样自相矛盾：一方面，可能每个人在看过相关揭露残酷屠宰环境的报道之后，都会拒绝如此生产出来的肉制品；而另一方面，很多人对与之相左的事实也同样质疑，那就是千百年来人们总认为屠宰动物，吃它们的肉是理所当然的，即便人们跟这些动物和谐共处在小小的农庄里，甚至时不时亲昵地给它们取名。维也纳伦理学教授康拉德·保罗·李斯曼（Konrad Paul Liessmann）在回顾史前人类跳跃性进化的根源时说：如果我们没有成为畜牧者，就不存在文明，也就无法想象占有和所有权。而作为文明烙印影响着我们的金钱——曾经称为"Pekuniäre"，是由拉丁语中代表"牲畜"一词的"Pecus"演变而来，与我们作为牲畜饲养者的历史相联结。把动物和植物系统化地利用起来——即便我们如今对此持怀疑态度，这也曾经是人类文明的开端。

正如李斯曼所说，对动植物的综合利用确实从人类文明之初就发挥着重要作用：英文里代表"牛"的单词"Cattle"，起源于拉丁语的Capitalis——意指除土地外世间任何形式的所有物。如今也许我们恰恰把这个历史的轮盘转得太远了？当下全球工业化的肉类加工过程纯粹以生产和效益为目的，这也颠覆了人类最初的想法，从这个意义上来说，人类是否造成了文明的退步？李斯曼认为显而易见的是：在对待动物这一问题上，最根本的错误是只把它们当成原材料看待。不用说，过去几百年，养猪人可没少因为一头肥硕的猪带来好价钱而欢喜。现在一头喂肥的生猪通常体重在120千克左右，去除20%的"屠宰副产品"如猪皮、猪蹄、猪的眼睛或胰腺后，剩下重约75千克的肌肉和脂肪，另外还有8千克内脏，数米长的大肠、小肠和直肠可做肉肠馅料，5~6千克猪血可加工成血肠，最后还有几千克的猪蹄和猪头肉可以用来做肉冻，真是完美。我们平日还能看到什么跟这些东西有关的？灌装在各色肠衣里的工业制猪肉肠等。

那些曾经对超市里塑料包装的"快熟肉排"犹疑不决的人，将在这本书里收获非常多的基础常识。无肉不欢的人在这里能找到他们想知道且必须了解的一切：怎么挑选肉，要问肉铺员工哪些问题？肉的品种、饲养和屠宰方式，以及熟成过程对其最终的口感会产生什么影响？每种肉的不同部位要如何切割，才能加工并烹煮成无可挑剔的美味？本书将一步一步教你做出最棒的牛排、理想的肉卷、细腻浓稠的内脏炖菜、艳惊四座的焖肉、清亮鲜美的肉汤、色香味堪称完美的油煎肉丸等。

为了本书的编写，我们以前所未有的深度和广度拍摄了各种肉类部位的图片，从美国运回20多种在德国几乎无人知晓的牛排部位进行切割和煎烤，制作出无数详尽的步骤图片，我们与一流的专业团队合作，其中不乏星级大厨，他们雄心满满，举手投足间充分展现着当今烹饪艺术的高级水准，我们共同研发出70多道出色的肉食新菜谱。其中有些菜，以时下流行的方式重塑了家喻户晓的经典美味，也颠覆了中欧本土肉类菜肴的传统印象，让人眼前一亮，呈现出厨房玩咖和抱有好奇心的行家们都能理解的美味。

## 十个吃肉的好理由

没有任何一种其他食物如此处在营养专家们争议的风口浪尖上，是时候为肉食正名了……

1. 肉类所含蛋白质的生物价是谷物蛋白的两倍。在所有可获取的蛋白质来源中，它的氨基酸模式最符合人类生长的需求。

2. 动物性食物是人体必需的维生素$B_{12}$的唯一来源，肉类富含维生素$B_{12}$及其他重要的B族维生素（如维生素$B_2$和维生素$B_1$）。

3. 肉类作为"吸收剂"能帮助人体更好地从植物膳食，如牛排的配餐沙拉中汲取营养成分。

4. 肉类拥有最完美的营养密度，即营养成分和所含热量的配比。这对营养需求较高的人群尤为重要，如竞技运动员和年长者，这类人群要避免发胖。

5. 人们能直观感受到肉类对身体的益处：人体拥有接收所需氨基酸、糖类能量和核苷酸的各个感受器，而肉类富含所有这些营养元素。

6. 植物细胞被叶片或种子封锁在厚厚的细胞壁中。与之相比，肉类经过烹煮后，人们在咀嚼过程中肉类的细胞可被轻易分解，所含成分能更好地被人体吸收。

7. 像炸猪排或平底锅烤肉之类的肉菜做起来简单快速，没有完备的烹饪知识也可以轻松搞定，不仅能填饱肚子而且还很美味。

8. 吃肉实际上更环保，即便食用的是彻彻底底的草饲肉。这样饲养出来的动物肉量虽少但品质精良，足以给我们一周的餐桌带来两三次烹饪艺术的享受。不求最多，只求最好。

9. 从生物学角度来看，肉远比大多数植物更复杂——相应的，煮熟或煎烤过的肉口感也更丰富。

10. 肉类虽然不是唯一能在我们的口腔里释放醇厚鲜香的食物，但只要烹饪得当，就能令人唇齿留香，尽享美味。

# 肉 类

牛肉、小牛肉、猪肉、羊肉和小山羊肉都能带来最上乘的味蕾体验。为了能选购到优质的肉类，你必须掌握一些挑选肉类的基本知识。一般而言，可以从畜肉的颜色、成熟度、脂肪含量和分布及饲养年龄等方面判断。动物的种类和饲料也能帮助你做出判断。从这本书中，你可以了解到优质的肉类烹饪出来的色泽如何，哪种动物哪一部位的肉最适合采用哪种烹饪方法。

# 肉食：家畜的养殖、屠宰、成年期和肉质

## 极致肉食享受的保障

    肉食在我们的饮食中始终占据着绝对的主导地位，它为我们提供优质的蛋白质和生存必需的维生素和矿物质。实际上，肉食带给我们的好处远远不止这些：如果你知道如何选购品质上乘的肉类，那么你就能充分享受到肉食带来的味蕾盛宴。

    很少有什么食物能像肉食那样让人悲喜交加，上乘的肉食让人多惊喜，劣质的肉食就能让人多绝望。单单是裹上面包屑后酥炸而成的维也纳炸牛排、肉丸、蔬菜炖肉、油煎香肠或牛肉卷已经可以算是上乘肉质了。只要它们尚且新鲜，口感绝对没问题。当然，如果你在吃诸如牛排和厚切烤牛肉这样的食物时，既想保留它们的天然口感，又希望营养均衡，那么多花些时间和金钱，多掌握些技巧绝对是值得的。

    但是，在工业化生产的年代，看似完美无缺的肉食都是在流水线上批量生产的，有机食品的市场份额不到2%，想要吃到天然又富含营养的肉食很难。

### 猪肉消耗量位居首位，牛肉消耗量紧随其后

    从1980—2015年德国人均肉类消耗量的发展趋势来看，禽肉的消耗量超过了牛肉，而猪肉的消耗量始终稳居首位。

| 年份 | 1980 | 2000 | 2015 |
|------|------|------|------|
| 猪肉 | 50.2千克 | 54.2千克 | 51.1千克 |
| 牛肉 | 23.3千克 | 14.0千克 | 13.3千克 |
| 禽肉 | 9.8千克 | 16.0千克 | 19.4千克 |
| ... | ... | ... | ... |
| 合计 | 86.1千克 | 87.0千克 | 86.6千克 |

## 告别动物福利

    2015年，商业、农业和肉类工业协会针对外界对德国的猪饲养场和家禽饲养场的批判做出了回应，并与动物保护人士代表一同建立了一家公司，通过改善家畜养殖的方式推广动物福利，简称"动物福利倡议"。它的理念是：德国8所最大的连锁超市和大众商品折扣连锁店每卖出一包质检合格的肉制品，就要给基金会捐4分钱，这个基金会旨在为农场主改善动物的生存环境提供经济援助。然而，这个所谓的"动物福利倡议"与当前政府出台的规定并没有多大区别，无非就是给猪留出更多的活动空间，给动物准备一个木制玩具，每个饲养棚多装一些窗户。不到一年时间，这个以改善动物饲养环境的动物保护联盟就瓦解了，媒体批判它是"偷梁换柱，混淆视听"，真正的"动物福利"根本就不是这样的。

## 牛浑身上下都能食用

以下牛肉的烹饪图鉴阐述了哪个部位的牛肉更具食用价值：
牛上后腿肉、牛肩肉、牛上脑可食用部分占比大，其他部位的牛肉能够食用的部分少很多。

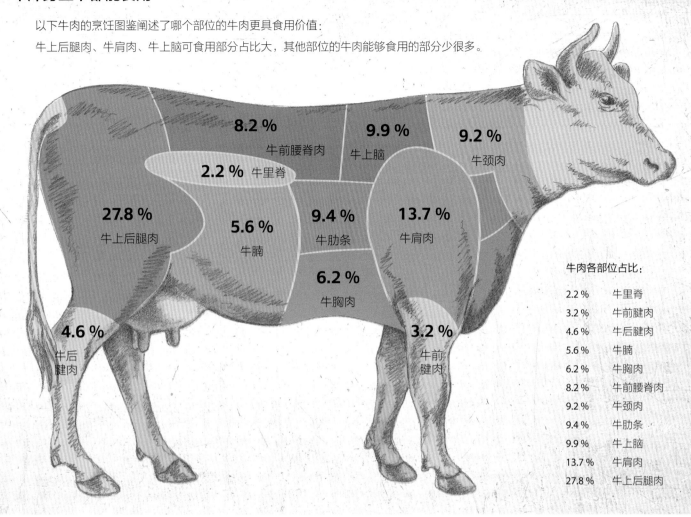

**8.2 %** 牛前腰脊肉
**9.9 %** 牛上脑
**9.2 %** 牛颈肉
**2.2 %** 牛里脊
**27.8 %** 牛上后腿肉
**5.6 %** 牛腩
**9.4 %** 牛肋条
**13.7 %** 牛肩肉
**6.2 %** 牛胸肉
**4.6 %** 牛后腱肉
**3.2 %** 牛前腱肉

牛肉各部位占比：

| | |
|---|---|
| 2.2 % | 牛里脊 |
| 3.2 % | 牛前腱肉 |
| 4.6 % | 牛后腱肉 |
| 5.6 % | 牛腩 |
| 6.2 % | 牛胸肉 |
| 8.2 % | 牛前腰脊肉 |
| 9.2 % | 牛颈肉 |
| 9.4 % | 牛肋条 |
| 9.9 % | 牛上脑 |
| 13.7 % | 牛肩肉 |
| 27.8 % | 牛上后腿肉 |

## 从疯牛病危机中获取的经验和教训

德国的食品质量安全体系在抵制变质肉买卖方面卓有成效，这些肉类虽然不会危及人类的生命安全，但是却无法达到食品安全的标准。如颜色发暗、质地发硬、表面干燥的牛肉（英文简称为DFD⊖，即Dark、Firm、Dry三个单词的缩写）抑或是颜色灰白、质地松散发软且表面有汁液渗出的猪肉（英文简称为PSE⊜，即Pale、Soft、Exudative三个单词的缩写）都是完全无法食用的，绝对不能流入市场进行买卖。

然而，食品质量安全控制的范围是会发生变化的，一旦肉食爱好者知道他们有机会享受到一顿高质量的肉食大餐绝对不会放过，从取自自然放牧和美国优质青草饲养的肉质结实的安格斯牛的牛排，到由自由放牧的德国弗莱维赫小母牛烹制的鲜嫩多汁的烤牛肉，从由肉质结实的本特海姆黑斑猪烹制的煎肋肉排再到佐了盐和野菜的法国西南部凯尔西羊腿。虽然从烹饪角度来说，工业化的批量生产使得肉制品的质量每况愈下，但是真正质量上乘的肉在市面上也的确不再稀罕了，价格也变得更加合理。当然有的肉仍比普通的肉贵3~4倍。可惜的是，大部分消费者其实对肉质的要求并没有那么高，一般的肉就能满足了。因此，几个世纪以来，相对于购买力而言，高质量的肉反而变得越来越廉价。如果说1970年人们处理1千克牛肉需要花费72分钟，到了

---

⊖ DFD（Dark，Firm and Dry）肉是宰后肌肉 pH 高达 6.5 以上、暗红色、质地坚硬、表面干燥的干硬肉。由于 DFD 肉 pH 较高，易引起微生物的生长繁殖，加快肉的腐败变质，大大缩短了货架期，并且会产生轻微的异味。

⊜ PSE（Pale Soft Exudative Meat，简称 PSE 肉），俗称水猪肉。猪在宰后肌肉苍白、质地松软没弹性，并且肌肉表面渗出肉汁，这种猪肉俗称白肌肉，或"水煮样"肉。常发生于太肥的猪，常见于猪腰部。这种肉呈淡白色，同周围肌肉有着明显区别；其表面很湿，呈多汁状；指压无弹性，呈松软状，也称"热霉肉"。

烹饪最精细的牛排和肉质最细腻的烤肉：取1/4牛肉，图中展示的是已经风干6周的成熟安格斯肉牛。

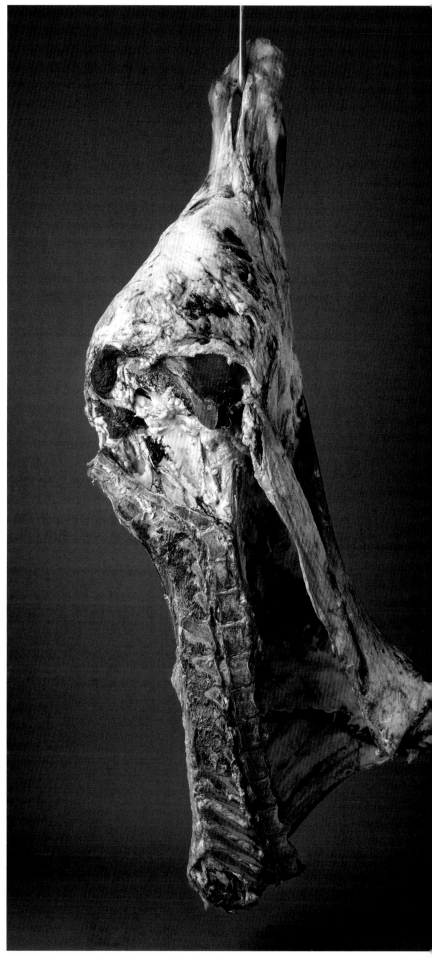

2015年，处理1千克牛肉只需要28分钟就足够了。更惊人的是，这些对人类有用的家畜的数量在急剧下降，尽管除了家禽外，家畜的数量因大规模饲养而成倍增加。1970年，1千克猪排的烹饪时间为96分钟，而仅仅半个世纪后，它的烹饪时间已经缩短到21分钟了。

除了内脏外，几乎所有畜肉的骨骼肌部分都极具食用价值。这些部位都是牛、猪等动物在户外时必须活动的关节，运动能让它们的肌肉紧绷而有弹性。而那些在宰杀前一直被拴在牲口棚里两年、吃混合工业饲料长大的动物怎么可能长出灵活发达的肌肉呢？这样做的后果显而易见：它们的肉质发黏、发干、味同嚼蜡。因此，最上乘的肉一定来自那些常年生活在户外、以青草和牧草为食的畜类。需要说明的是，有机肉有时质量更好，但它并不完全等同于真正上乘的肉。这就需要了解在下文中介绍的及全书都在讨论的顶级肉的判定标准。其中包括动物的品种，饲养方式和饲料选择，最佳屠宰年龄和屠宰重量，屠宰时动物所承受的压力，肉质的成熟度和成熟所需时长，肉的分解和切块，在售卖时如何贮藏，以及买好肉后，如何在家里或餐馆厨房里进行烹饪。

## 公开透明而非遮遮掩掩

在德国，肉制品标签上的各项描述都写得十分清楚：包括家畜饲养、运输和宰杀的所有标准和细则，所有这些信息都可以在线查验。食品质量安全标记主要是为了确保该食品的质量是合乎法律规范的，有机食品并不总是质量更优的。

| | 食品质量安全标记（QS） | 欧盟有机认证标识（EU-Biosiegel） | 纽兰德（Neuland⊖）环保养殖认证 | 碧欧兰德（Bioland）有机认证标识 | 德米特（Demeter⊖）有机认证标识 |
| --- | --- | --- | --- | --- | --- |
| 饲养：饲养场所，是否需要拴在牲口棚里，自由活动面积 | 在牲口棚里，每头猪的活动空间为0.5~1米$^2$，允许使用地面板条；每头牛之间至少要保留3米$^2$的活动空间，地面板条间距1.5~1.8米$^2$；允许将牛拴在柱子上（犊牛除外）；未规定家畜的自由活动面积大小 | 在牲口棚里，每头猪的活动空间为0.8~1.5米$^2$，地面板条最多占牲口棚面积的50%；每头牛的活动空间为1.5~5米$^2$，奶牛要留出6米$^2$的空间，自由活动面积为8米$^2$；如果牲口数量较少（低于35头），可以拴养 | 在牲口棚里，每头猪的活动空间为0.5~1.6米$^2$，禁止使用地面板条；牲口棚里每100千克牛需要1米$^2$的活动空间，自由活动面积至少为20米$^2$，夏天需要采用牧场饲养的养殖方式，禁止拴养 | 对动物在牲口棚里活动空间的规定同"欧盟有机认证标识"相关规定；动物的自由活动面积至少为30米$^2$；全年牧场饲养，只有在特许的情况下才能进行拴养 | 对动物在牲口棚里活动空间的规定同"欧盟有机认证标识"相关规定；夏天牧场饲养，禁止拴养 |
| 动物饲料 | 饲料中允许添加肉骨粉，允许使用转基因饲料；饲料必须获得"食品质量安全"认证 | 100%有机饲料（60%来自自家农场或与其他农场合作生产），允许使用鱼粉作为饲料（主要用来喂猪），禁止使用肉骨粉和转基因饲料 | 只允许使用德国非转基因且不含添加剂的动物饲料；禁止使用转基因饲料、鱼粉和肉骨粉 | 100%有机饲料（其中60%来自自家农场）；禁止使用转基因饲料、鱼粉和肉骨粉 | 100%有机饲料（其中50%来自自家农场，75%的年饲料量只能来自德米特认证企业）；禁止使用转基因饲料、鱼粉和肉骨粉 |
| 是否允许动物被注射抗生素 | 无相关规定 | 禁止给动物注射抗生素来预防疾病，除非在给动物治病的情况下才能使用；禁止给动物注射激素 | 禁止使用抗生素和生长激素，其他药品只能在宰杀前5个月的时候使用 | 禁止给动物注射抗生素来预防疾病，除非在给动物治病的情况下才能使用，抗生素必须由兽医注射 | 禁止给动物注射抗生素 |
| 干预行为：通过高温灼烧的方法给动物去角（以牛为主），仔猪阉割，剪短尾巴和牙齿 | 去角：等动物满6周龄后，允许在未麻醉状态下给动物去角；直到2018年，还允许在未麻醉状态下给动物阉割；允许在未麻醉状态下给动物剪短尾巴和牙齿 | 去角：只有在特殊情况下才允许给动物打麻醉；阉割：只能在动物处于麻醉状态下才能进行；只有在特殊情况下才允许剪短动物的尾巴和牙齿 | 去角：只允许在兽医的指示下操作；阉割：必须在麻醉状态下由兽医操作；禁止剪短动物的尾巴和牙齿 | 去角：只允许在特殊情况下进行，动物必须处于麻醉状态；阉割：必须在麻醉状态下进行；禁止剪短动物的尾巴和牙齿 | 禁止去角（培育转基因无角牛也是禁止的）；阉割：必须在麻醉状态下进行；禁止剪短动物的尾巴和牙齿 |
| 家畜的运输用时和宰杀规定 | 家畜的运输用时不得超过8小时，运输中途如果有休息时间，可以超过24小时；允许使用电击的方式使家畜昏迷；对宰杀无特殊规定 | 家畜的运输用时不得超过8小时；禁止通过注射镇静剂和电击的方式使家畜昏迷；宰杀前必须保证家畜处于昏迷状态 | 宰杀奉行就近原则，即选择距离最近的屠宰场，运输用时不得超过4小时；禁止通过注射镇静剂和电击的方式使家畜昏迷；对家畜宰杀有最严格的规定，如家畜宰杀不得实行计件制 | 家畜的运输用时不得超过4小时或运输距离不得超过200千米；禁止通过注射镇静剂和电击的方式使家畜昏迷；宰杀时应避免给家畜带来惊吓和不必要的痛苦 | 家畜的运输距离不得超过200千米；禁止通过注射镇静剂和电击的方式使家畜昏迷；宰杀的首要原则是避免家畜受到惊吓 |

⊖ Neuland：一家环保养殖协会，成立于1988年，由德国动物保护协会、环境与自然保护联盟和德国农业联合会等组织联合组成。该协会有专门的检查部门对旗下的肉类供应商、养殖户进行检查，每年至少一次，不会提前通知。养殖户需向协会证明自己的农场是符合条件的，还要提交饲料样本等，通过了检查才可以在自己的产品上打上"Neuland"的标志。

⊖ Demeter：Demeter标准认证是自然活力有机农耕的认证单位与标章，由一位德国人鲁道夫史坦纳博士在1924年创设，此标准为欧美有机认证里最高级别，可以说是有机中的皇冠。不论在哪一个国家或区域，Demeter标准的整体要求远超各国政府规定的有机规则，只有严格遵循其标准的生产供应商，才得以允许使用该品牌标志。

## 丰富的油脂

如果一个社会群体中有超过半数的人超重，那在饮食时适当控制脂肪的摄入量就变得更有必要了。在人体必需的三大营养物质中，脂肪的能量密度最高，即100克脂肪中含有900千卡⊖的热量。但是切除牛排边缘的脂肪仅仅在饮食阶段有意义。因为脂肪是有益人体健康的，至少从生活在大自然中的动物身上摄取的脂肪是健康的。

动物脂肪和植物脂肪都是由一个甘油分子与九个脂肪酸分子化合而成，这些脂肪酸大致可以分为以下几种：饱和脂肪酸（如棕榈油脂），单一不饱和脂肪酸（如橄榄油、猪油等）和多不饱和脂肪酸（如亚麻籽油、家禽脂肪等）及工业硬化油脂中的反式脂肪酸。

在日常烹饪中，不饱和脂肪酸更容易氧化。当然，脂肪中上百个分子之间和人体各项功能之间更深层次的相互作用还有待进一步研究。如共轭亚油酸在脂肪中的占比最高。这种脂肪酸在牛肉和奶制品中的含量较高，因为这些牛主要以甘草和香草为食。共轭亚油酸不仅抗氧化，而且具有一定的抗癌、抗糖尿病和消炎的作用。它能帮助人体分解脂肪，甚至还能辅助保护心脏、预防心肌梗死。这样看来，一块脂肪含量丰富的烤牛排佐以香草黄油和乳酪更有益身体健康，因为每100克肉中含有约200毫克的共轭亚油酸，每100克乳酪中含有350毫克的共轭亚油酸，而100克黄油中的共轭亚油酸含量为1000毫克。但是，共轭亚油酸也有缺点：如果经常过量摄入共轭亚油酸含量高的食物，人体中会残留一部分共轭亚油酸和脂肪，对人体是有害的。

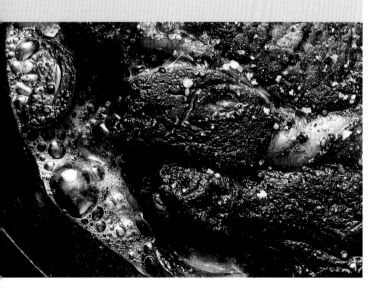

⊖ 1千卡 = 4.184 千焦耳。

光看德国屠宰动物的数量就已经让人感到不可思议了。仅2016年就有5940万头猪、360万头牛（其中也包括犊牛）和100万头绵羊被杀。如果再加上被宰杀的3550万只火鸡和约6亿只母鸡，这一年内德国屠宰场的动物宰杀数量就超过了7亿。尽管德国的肉类消耗量很高，这么多的肉类当然不可能只供应本国市场。德国是世界上的猪肉和牛肉出口大国：每年猪肉的出口量近200万吨，牛肉的出口量约为33万吨。而羊肉的情况则截然不同，世界上供应的羊肉中，仅有45%来自德国。

## 不幸的死亡方式的代名词——尸僵

家畜被屠杀时的状态对肉质的好坏起着决定性作用。最糟糕的屠宰情况是在割破家畜颈动脉前没有使家畜完全陷入昏迷状态。尽管德国的《动物保护法》中第4a条中规定："在宰杀恒温动物前，必须使它在放血前处于昏迷状态。"但在实际的计件宰杀工作中，如德国最大的且为世界第五大肉类加工厂通内斯（Tönnies），从它们坐落于雷达—维登布吕克（Rheda-Wiedenbrück）的总部每天26000头猪的屠宰量来看，根本无法保证这一点。从烹饪角度来看，在这种情况下获取的肉质都不尽如人意。因为在压力下，家畜体内的激素（如肾上腺素）会分解肌肉细胞中的能量载体三磷酸腺苷，这种物质是宰后的肉在成熟过程中所缺少的。因此这种宰后的肉很容易变质，会发干发黏，就像很多肉类加工厂实行的速冻法，即通过使环境温度骤降来人为缩短家畜尸僵的时间。外行人在超市的冰柜里挑选肉排的时候根本不会了解这种肉质缺陷，只会购买贴了质量安全标志的肉制品。肉制品包装上五花八门的彩色标签常常还比不上市场营销打出的标语："波美拉尼亚牛""稻草猪""红母牛"等。

肉制品的标签最多能让人了解畜肉的产地或家畜的养殖方式，但对于刚接触肉食的新手来说，面对这些五花八门的标签常常一头雾水，不知道这些肉制品产自哪里，质量如何。相比之下，诸如"食品质量安全标记（QS）""碧欧兰德有机认证标识（Bioland）""纽兰德环保养殖认证（Neuland）"或"德米特有机认证标识（Demeter）"等生态认证标记透明性更高，因为可以很轻松地在网络上搜索到这些生态认证的相关规

## 从猪身上获取的利润

猪肉如果定价太低会引起上游产业链的螺旋式破产。

这单生意的赢家寥寥无几。1千克猪肉的售价一般为6.2欧元（约48元人民币）。国家从中收取41欧分（约3元人民币）的增值税，屠宰场的农夫从中赚取1.7欧元（约13元人民币），其中还要让利1欧元（约8元人民币）给零售商。尽管如此，零售商从中赚取的3.16欧元（约25元人民币）的差价其实并不多，因为高昂的人力成本和经营成本及经营风险极大地压缩了他们的利润空间。实际上，受影响最严重的还属农夫。买一头仔猪的花费为63欧元（约492元人民币），从喂养饲料养到送去屠宰场的花费分别为68欧元（约531元人民币）和29欧元（约227元人民币），再算上7欧元（约55元人民币）的运输费用，一头猪从饲养到宰杀的总成本合计167欧元（约1305元人民币）。如果按照宰杀后的肉畜净重来计算，卖100千克猪肉的钱才刚刚能抵上他们养猪的成本。

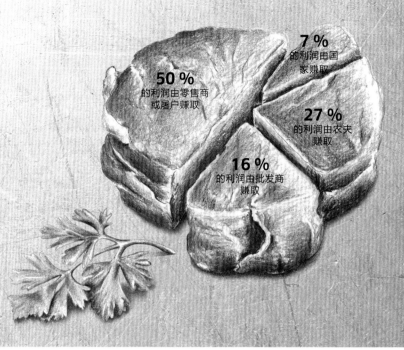

**7 %**
的利润由国家赚取

**50 %**
的利润由零售商或屠户赚取

**27 %**
的利润由农夫赚取

**16 %**
的利润由批发商赚取

---

**好人有好报。**

——威廉·布施[○]

定。然而，在这里，"生态"这个标签很快就会跌下神坛，即使家畜的饲养环境、宰杀环境及它们的肉贴上了欧盟生态认证标识，其中一部分肉制品也只是比传统饲养方式下生产的肉制品略胜一筹而已。很多特别恶劣的饲养环境，如通过使用地面板条来限制家畜的活动空间，家畜生活在常年无日光照射的环境中，运送家畜到屠宰场的时间过长（持续数日之久）或在家畜未昏迷状态下对它进行阉割，这些在生态认证标准中都是明令禁止的。然而，多年来，有机肉制品的市场份额实际都没有超过1%，其中禽肉的市场份额高一些，为1.4%，猪肉的市场份额则只占0.5%。

另一方面，法国、美国、爱尔兰或澳大利亚对国际顶尖肉制品也有自己的生态认证标志，如"Porc Fermier""Greater Omaha""Donald Russell"或"Jack's Creek"，你可以在德国价格最高昂的肉排餐馆里品尝到这些顶尖的肉制品，并且其中绝大部分肉制品都在网上售卖。

不同国家有各自的检验标志，这些国家都对自家生产的肉质有详细说明，因为在评选最佳肉质时，对动物纤维组织的色泽和脂肪或者夹花程度（如牛肉脂肪比例和纹理分布标准"BMS"）的评分主要参照美国标准，美国标准在澳大利亚甚至已经成为一种权威食品标准。在德国，宰杀后的牛按照德国质量标准进行评估，当然其中不包含估算肉制品潜在获利的标准。德国质量标准包含家畜（如公牛、小奶牛和犊牛等）的性别、年龄，以及肌肉饱满程度和脂肪等级。然而，可惜的是，包裹在薄薄脂肪层里的粗壮肌肉并不比厚脂肪层包裹的中等粗壮程度的肌肉吃起来更美味。德国相关食品质量认证部门常常会忽略外观漂亮且均匀的畜肉纹理的重要性。如果只是一味地选择里脊肉来食用解决不了供应问题。暂且不谈里脊肉只占宰杀后畜肉质量的2.2%，价格还非常昂贵，与其他部位的肉比起来大多在口味上略逊一筹。当所有人只青睐里脊肉，谁来品尝那些肉质更鲜嫩可口的部分呢？

---

○ 威廉·布施（Wilhelm Busch，1832年4月15日—1908年1月9日）是德国画家、诗人及雕刻家，并因其带有讽刺性的插画故事闻名。

很多像图中这样的肉制品都曾是用如今当成宰后肉废料制作而成的，如五香烟熏牛肉、肉沙拉、熟香肠罐头、黑香肠、各式各样的烤肠、小熊形状的香肠肉片和猪肉肠等。

对猪、牛和羊来说，"精细"且价格高昂的肉主要指整个背部和内侧后腿肉，也就是除了里脊肉外，还有前腰脊肉、眼肉和里脊扒。相比之下，牛和犊牛及部分品种的猪的臀尖肉和臀腰肉盖，腿部（包括内/外腿肉、腿心肉和小米龙）的肉卷、肉排和大腿肉等部位的肉质也很细嫩，但价格要实惠得多，而肩部只有里脊这一块常被认为较"上乘"的肉。

## 用猪肺制成的小熊形状的香肠肉片

宰后肉的其他部分，如猪肉肠（猪皮）、牛舌腊肠（牛血）、肉沙拉（乳房）、黄香肠（脑）或小熊形状的香肠肉片（猪肺）都是用这些部分制作而成的，但实际上这些部分常被当成垃圾处理。每年有上百万吨的"屠宰副产品"被当作垃圾处理，或者被拿去加工成化工厂的工业脂肪。其中也包括越来越多无任何质量问题的动物内脏，因为被宰杀动物内脏的供应量远远超过动物饲料的生产需求，所以多余的动物内脏常被当作垃圾处理。唯一一个与这个趋势相悖的例子是猪软骨，几乎所有的猪软骨都出口到了亚洲。尤其在中国，人们喜欢品尝煮熟的、呈胶冻状的猪尾巴、猪耳朵、猪嘴。

早在食品罐头发明前，盐渍牛肉已经成为航海旅行必备的一种无须冷藏即可长效储存的富含蛋白质的食物。

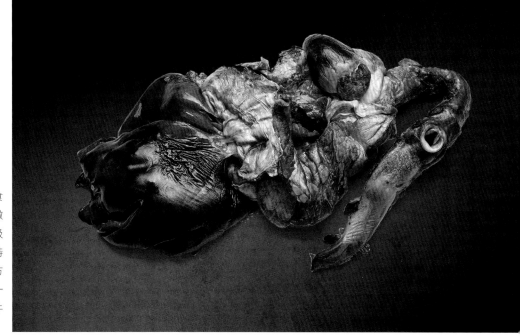

牛的内脏容易变质，尽量买回来当天就食用。如果内脏的表面潮湿有光泽，微微发光，就说明它很新鲜，但是也有个别极端的例子，变质的内脏有时也具有这些特征。判断畜肉内脏新鲜与否的最可靠的方法是闻它的气味，新鲜的内脏闻起来有一股清新、微微似金属般的气味。牛肝和牛腰浸入凉牛奶中可以保鲜到第二天。

巴或猪蹄髈。德国最大的肉类加工企业之一德国"西肉"屠宰场（Westfleisch）的总裁赫尔弗里德·吉森先生（Helfried Giesen）曾在2012年召开的德国肉类大会提到过"杜绝屠宰副产品的浪费"。推崇"从鼻吃到尾（Nose to Tail）"饮食文化的世界级名厨费格斯·亨德森（Fergus Henderson）要是看到这一幕也许会拍手叫好。在他看来，猪嘴巴和带皮猪腩能带来一种肉和脂肪之间非常特别的、微微发黏的味觉体验。而猪身上没有什么其他部分比猪尾巴更美味了。

## 厨房里的牛肉

在冷却技术发明前的几个世纪里，航海旅行中各种干货都很受欢迎。海员的饮食不是酸菜就是鱼干，要么就是粗盐腌制的牛胸肉。"盐渍牛肉（Corned Beef）"这个概念最早出现在理查德·伯顿（Richard Burton）1621年出版的一本书中。自食品罐头发明以来，盐渍牛肉罐头一直很受欢迎，这种罐头最早发源于阿根廷。做盐渍牛肉罐头时，先将腌制煮熟的牛肉切成小丁，再加汤汁一起装入罐头中，通过结冻使肉块连接在一起。因此，德国联邦农业部在"关于肉以及肉制品的规定"中允许肉制品生产过程中使用动物胶作为配料。但北德的一道特色菜大杂烩中用的腌肉（与同样不需要冷冻、保质期较长的配菜如腌鲱鱼、醋渍黄瓜、土豆、洋葱和鸡蛋一起烹饪）和纽约的鲁宾三明治（一种夹咸牛肉、瑞士干酪和泡菜的炙烤三明治）上的薄肉片都不用罐头肉制作，而用整块胸脯肉，将胸脯肉浸在酸性腌泡汁里腌制，经长时间的蒸煮使之逐渐变脆。

在大洋洲居住的人们食用普通的家猪和所有可食用的鱼，但决不食用野猪和鳐鱼。与此同时，除了小牛肝外，绝大多数食肉者还坚决抵制食用动物内脏，人们往往不喜欢吃动物的肾脏、大脑、舌头和心脏，更别提肠、肺或乳房等其他部位。

正如奥地利人说的，内脏是宰后肉的第五部分，它的内在价值堪称"超级食品"：除了小牛脑的胆固醇含量过高外，其他内脏部位的肉质精细，营养密度高，蛋白质含量高，比里脊肉和臀肉牛排的口感更丰富饱满。

当然，与骨骼肌部分的肉相比，内脏在烹饪时更耗时，需要了解一定的肉食知识，如果需要隔夜储存，要把它放置在冰箱的冷冻柜中。当然，在践行"从头吃到尾"时也不能过度，17世纪，一些法国的流浪猎人在射杀完熊后举行盛大的用餐会。所有用餐者必须将熊的整个身体连同熊的液态脂肪一起吃完了才能起身。如果你不喜欢吃内脏，那么在餐馆点菜时就要注意一下菜单了，如在欧洲的内陆城市里昂和罗马，可以在餐馆里发现各式各样的动物内脏，如美国的"洛基山脉牡蛎"（其实是公牛的睾丸），摩洛哥巴勒曼海滩的羊内脏大杂烩。如果你在希腊于毫不知情的情况下点了一道名为"Kokoretsi"的菜，菜上了桌你就会看到烤架上穿着填满牛羊杂碎的肠子。

# 隐藏的宝藏

牛身上的很多部位都很适合用来灌香肠。而犊牛还有一些特别之处值得我们去发现。

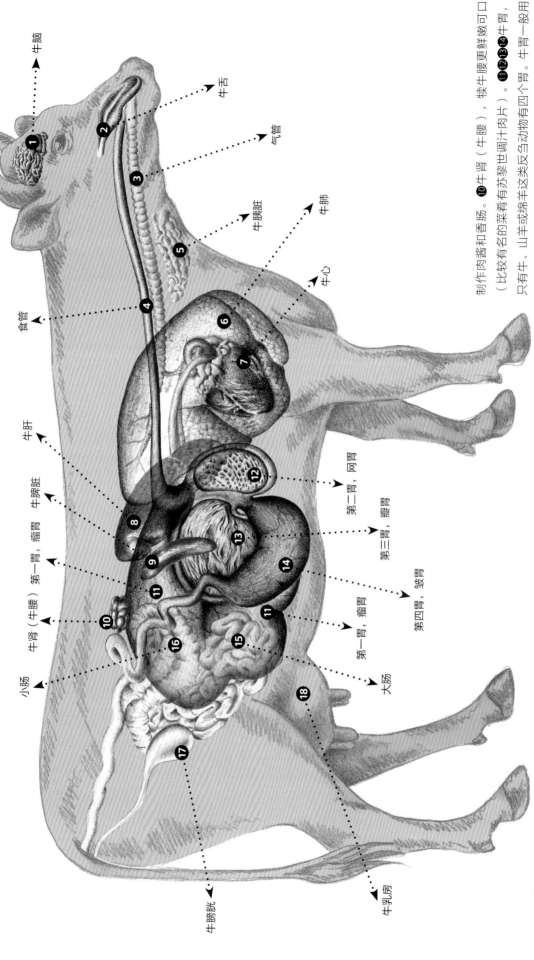

① 牛脑，只能选择犊牛的脑。它的烹饪方法复杂而单一。② 牛舌，炒牛舌和腌牛舌都很鲜嫩可口，不过牛舌的烹饪时间较长。③④ 气管和食管，可以风干后制作狗饲料。⑤ 牛腰胰脏，烹饪需要选择犊牛的胰脏，成年牛的胰脏会萎缩，不够鲜嫩可口。⑥ 牛肺，很少被用作食材；犊牛的肺可用。⑦ 牛心，常和犊牛的肺一起用作"牛杂碎"的配料。牛心也可以单独烟着吃。⑧ 牛肝，其是牛身上最大的可食用器官，犊牛的肝更鲜嫩可口。⑨ 牛脾脏，可用来制作肉酱和香肠。⑩ 牛肾（牛腰），很少被用作食材（比较有名的菜肴有苏黎世调汁肉片）。牛肾一般用来烹饪爆肚。⑮⑯ 大肠和小肠，都是血肠和肝肠的理想肠衣材料。⑰ 牛膀胱，啤酒肠常取自牛膀胱。⑱ 牛乳房，其裹在鸡蛋、面包屑里油炸后就是一道很有名的菜，名叫"柏林炸牛扒"。

**牛脑** ①
**牛舌** ②
**气管** ③
**牛腰胰脏** ⑤
**牛肺**
**牛心**
**食管** ④
**牛肝** ⑥ ⑦
**第一胃，瘤胃 牛脾脏** ⑧
**牛肝** ⑫
**第二胃，网胃**
**第三胃，瓣胃** ⑬
**牛肾（牛腰） 第一胃，瘤胃** ⑨ ⑭
**第四胃，皱胃** ⑪
**小肠** ⑩ ⑪
**大肠** ⑯ ⑮
**牛膀胱** ⑰ ⑱
**牛乳房**

⑪⑫⑬⑭ 牛胃，只有牛、山羊或绵羊这类反刍动物有四个胃。犊牛腰更鲜嫩可口。

与犊牛和牛这样的反刍动物不同，猪的消化系统单一，与人类相似，猪小肠只适合制作香肠肠衣。除了猪骨骼肌部分的肉外，像猪肝、猪心、猪舌或猪肾（猪腰）等内脏的性价比更高，营养价值也很高。

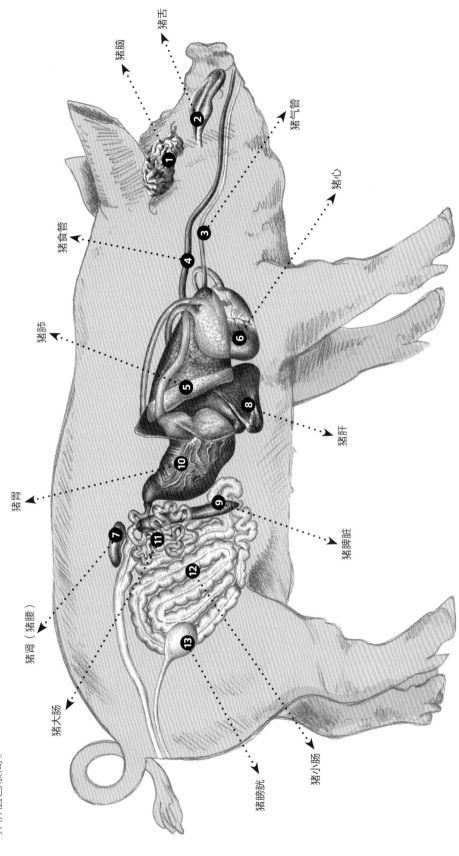

❶猪脑，由于前期准备工作耗费的时间较长，猪脑在烹饪中不太受欢迎。❷猪舌，可以制作成各式各样的黑香肠和腊肠，这类香肠的横截面可以看到色斑。相比之下，牛舌更适合直接烹饪。❸❹猪气管和猪食管，大多用来制作狗饲料，有些硬香肠的肠衣也会用猪食管来制作。❺猪肺，看起来相对来饱满，很少用来制作香肠。❻猪心，常见的烹饪方法是焖烤。❼猪肾（猪腰）是猪身上唯一一组成对的器官，烹饪时，尽量选择幼猪的猪腰。❽猪肝，只需要小火煨一下就足够鲜嫩可口。❾猪脾脏，通常用来制作香肠。❿⓫⓬⓭猪胃、猪大肠、猪小肠、猪膀胱，一般可用作肠衣。

023

牛肉和小牛肉

# 牛

牛（包括犊牛）每头出产的肉量大，身上的各种部位都在厨艺界享有一席之地。

原始人十分珍惜狩猎时捕获的原牛肉。相比于早几千年就被驯化的山羊、绵羊和猪，人类早先把牛作为役畜，经过阉割的牛性格变得温顺，因为力大无穷便被用来耕地。在漫长的历史进程中，牛与体型较小的其他役畜相比，很多方面都优势明显：它们十分灵活，可以陪同四处游牧的主人长距离行走。作为三用动物，它们给人类提供牛奶、劳动力和牛肉，此外还有大量早先为人所珍视的东西，有些物资在过去甚至性命攸关：它们的皮和毛曾被制成衣服、马鞍、帐篷和口袋——这些都是用牛筋线缝制的。牛皮经过精细的鞣制还能加工成牛皮纸。牛骨可以制成胶水，牛脂可制成蜡烛或灯油，甚至牛粪也可以用作燃料，给土地施肥，或代替水泥用来砌墙。过去拥有牛代表着财富，代表地产之外人们拥有的全部物资。所有这些创造了一个伟大的成就：今天全世界有超过500种牛，活牛总数约为10亿头。

## 牛肉出口大国

曾经的世界牛肉出口冠军巴西有接近两百万吨的出口量，其次是澳大利亚（140万吨）和美国（超100万吨）。如此大规模的推广和食用牛肉是从19世纪之后才开始的，因为从那时起，越来越多的人生活在拥挤的城市，需要保障他们的食物供给，而彼时新饲养的两用牛尤其符合这一要求。农业机械化普及之后，饲养这些新品种牛每头可产出几百千克肉和副产品。

这些牛可能组成超过一万头的牛群，横跨欧洲，从人烟稀少的地区被带到大城市——全靠自己走过去！在这期间，牛早已取代猪，变成最重要的肉类供给源。因为那时欧洲（除伊朗外）饲养的牛经过数百年的基因优化，出奶量已经达到较高标准。德国境内活牛总数约1250万头，其中将近1100万头属于单一用途品种，包括

## 从犊牛到牛肉

| 名称 | 性别 | 月龄 | 体重/千克 | 特征 |
|---|---|---|---|---|
| 哺乳期犊牛 | 公、母 | < 4 | < 150 | 只用母乳喂养 |
| 断奶期犊牛 | 公、母 | < 7 | < 300 | 粗饲料和浓缩饲料 |
| 幼龄牛 | 公、母 | 6-11 | < 400 | 肉牛幼崽 |
| 绝育母牛 | 母 | > 12 | 300~900 | 做了绝育或不能生育的母牛 |
| 架子牛 | 公、母 | 4~12 | < 400 | 奶牛幼崽；粗饲料 |
| 幼牛（母） | 母 | 15~18 | > 300 | 性成熟前 |
| 幼牛（公） | 公 | 15~18 | < 500 | 性成熟前，未阉割 |
| 公牛 | 公 | > 24 | 900~1500 | 未阉割 |
| 去势公牛 | 公 | > 24 | 900~1500 | 阉割后的公牛 |
| 小母牛 | 母 | < 27 | 450~600 | 初次产犊前 |
| 母牛 | 母 | > 27 | 400~900 | 初次产犊后 |

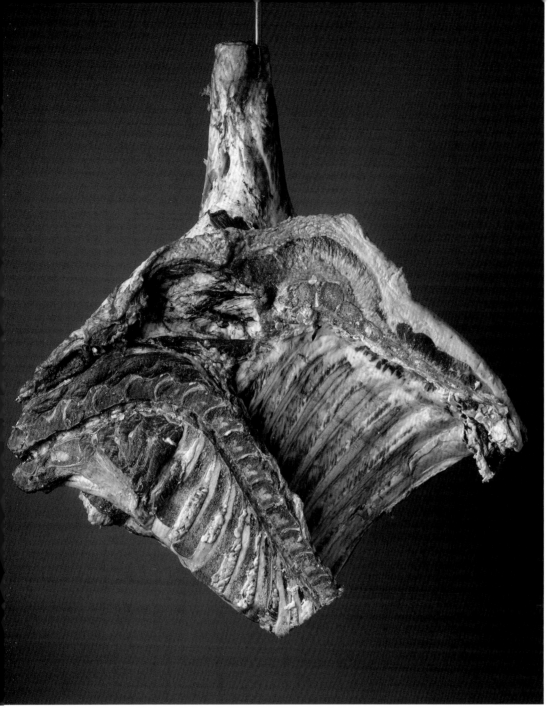

从小腿肚到胸，再到肩，牛前半身的用途可远不止做汤。

德国荷斯坦奶牛（黑白花牛或红白花牛），西门塔尔牛和德国褐牛。另外约有50万头肉质从优良到极好的乳肉兼用品种，包括夏洛莱牛、利木赞牛和德国红白花牛。剩余的是另外一些品种及杂交牛。

## 牛奶不能像牛排一样煎着吃

传统牛肉供应区，如南美、美国、加拿大、澳大利亚等地区不会大规模地集中生产牛奶，因此这些地方出产的牛肉品质明显好很多，且保持稳定，尤其适合制作牛排。虽然市场所消费的牛肉中大多数来自本土饲养的牛，但从生产、交易到消费，比起拥有超大规模肉牛牛群（如安格斯牛或海福特牛）的地区，人们需要付出更多。德国最大的问题也许是百万头奶牛产下的小公牛崽。家禽产业中，没有商业利用价值的幼雏很快会被扑杀，养牛与之不同，犊牛们相对来说块头更大（约50千克），不可如此随意宰杀，起码从道德层面考虑不能透露给消费者们。而在澳大利亚，每年约有70万头不需要的小公牛出生后活不过五天便被宰杀，法律和社会公众却完全接受这一行为。在没有屠宰场的偏远地区，饲养者索性打死或射杀这些动物们。在德国，人们会尽快把这样的动物喂养到勉强可以获利的出栏体重。

那些奶牛所产的被饲养到500千克再宰杀的幼年公牛，寿命也只有一年半。即便如此，它们的肉跟在本土饲养的肉用小母牛、小公牛和成年公牛相比，料理起来简直是悲剧：奶牛所产的公牛的肉干瘦僵硬，几乎没有牛肉独特的鲜香。就算是炖了很久的肉卷和牛肉，熟成得刚刚好并精心烹饪，在懂行的人看来其实并不能算作美味。

## 小公牛无人问津

对饲养人来说存在一个经济问题：为了让母牛继续产奶（顶级品种的母牛每头年产奶量可达两万升），它们必须每一两年产仔。新生的小牛一半都是公牛，基本没用。即便经过所谓"性别控制"的科技可以提高产下母牛的比重，每年从统计数据来看还是有几百万头公犊牛出生。为了继续存活下去，它们不能生病：看一次兽医起码花费35欧元（约274元人民币）。一只两周大的公犊牛能在屠宰场卖到60~80欧元（469~625元人民币），在下萨克森州牛群众多的地区有时只能卖到45欧元（约351元人民币）。即使不算上兽医的费用，卖出的价钱也抵不上饲养的开销。但由于德国的犊牛出生七天后才会被相关部门打上耳标完成登记，并列入联邦HIT数据银行。这之前人们有充足的时间让不需要的牲畜消失。这些被处理的幼崽可以当作死胎不记录在册。犊牛登记后上报的死亡情况也存在一些差异：在石勒苏益格—荷尔斯泰因，每年官方登记的小母牛中有3%死亡，小公牛则有7%的死亡率，这还是市场中小牛肉份额整体下降的情况下统计的数字。在原始时代，人们无论如何也不会在动物幼崽还没达到成熟体重前杀掉它们。罗马人最早发现这种柔软的肌肉在烹饪上的优势，一直到20世纪，从普通民众到贵族都视之为珍贵的食物。但即使在最擅长料理小牛肉的法国，这道菜也很少出现在餐桌上。即使有小牛肉，也很少是带有淡淡肉香的散养奶牛幼崽，而是草饲阿基坦牛五个月大的幼崽，这是法国人引以为傲的肉牛品种，被给予代表顶级肉质的"红标签"。而在德国，人均年消耗的60千克左右肉类中，足有9千克来自成年公牛和犊牛。因为这些牛肉可做成各种不同菜肴，应用范围非常广泛：可以煎着吃，烤着吃，做烟熏肉，也可以清炖、水煮、蒸或焖烧。接下来将详细介绍料理公牛肉和小牛肉时需要注意的事项。

## 草料和谷物：饲料对肉质有什么影响

生长在肥美草地上的牛绝不会自己主动去吃食槽里的"浓缩饲料"——一种玉米、谷物、剁碎的蔬菜、黄豆、柠檬皮和坚果渣混合而成的饲料。也难怪，牛长着四个胃，独特的消化系统让它们千百年来习惯于从新鲜的草本植物中汲取生命所需的能量。直到集约经营的大型动物农场满足了爆发式增长的肉类需求，进而导致这种圈养动物基本再也吃不到天然草料和青储饲料。其实用油料果实的碎渣和萝卜条喂牛的方法从18世纪来就已验证有效，可以让北方地区的牛在牛棚里安然度过寒冷的冬季。也正因如此，饲养者很早就知道这类饲料对肉质的影响：动物会迅速增肥，谷物吃得越多，牛肉含有的脂肪也越多。用谷物为基底（谷饲、玉米饲）的浓缩饲料喂养，仅7千克饲料就能增重1千克，如果是纯草饲，需要的饲料要多得多。用这种谷物饲养的牲畜几个月就可以达到出栏体重。而吃草料的牛生长过程缓慢而自然，牛的免疫系统也会变得更强，对抗生素和疫苗的需求降低，且肌肉中共轭亚油酸、ω-3多不饱和脂肪酸和维生素E的含量较高，在烹饪时也提高了菜品的品质。但各地的饲养方式中都是在牛出栏前的最后几个月才投入浓缩饲料。在美国，养殖场里80%的牛经常被投喂抗生素和大量玉米（从它们黄色的脂肪就可以看出来——见下图）。草饲甚至可以视为科学饲养方式下产出牛肉的标志。

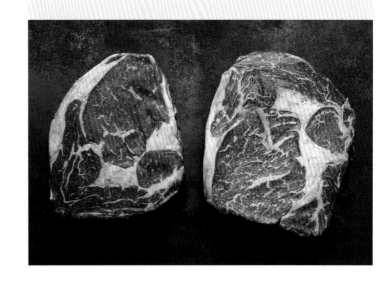

黑花牛
全球有60%的牛属于这种为达到最大产奶量而优化培育的品种。但其中只有户外放养的小母牛的肉适合烹饪。

# 品种取代量

地球上生存着的大多数牛都是专门用来产奶的。

就德国的情况来看，纯肉牛已经很少了，不过我们所说的奶肉两用品种也能提供上好的肉质。

**安格斯牛**和海福特牛一样是牛排饕客们的最爱。安格斯牛在德国很珍贵，仅有10000头左右；在美国、南非和澳大利亚是最常用的肉牛品种。这种牛天生无牛角，性情温顺，被毛为黑色或红褐色。肉质呈大理石状，香气浓郁。

**海福特牛**是一种中型肉牛，被毛褐色，一般无角，头部呈标志性的白色，多毛，是世界上最常用的肉牛品种。不管饲养在什么地区，给它们一定的活动空间，它们就可以在草地上呆一整年。这种肉牛一般用来制作美国顶级品质的牛排（特优"Prime"），当然也可配以精制的调料做成柔软多汁的炖牛肉。

**夏洛莱品种**原产于法国，分布于70多个国家和地区，也是当代高品质肉牛的代名词。这种牛大多放养在草地上，被毛白色，从外形就可以看出其壮硕的肌肉。该品种胴体瘦肉多，肉质鲜美多汁。

契安尼娜牛是世界上最古老且体形最大的品种。一度也做役用，如今是意大利最受欢迎的肉用牛（超过10000头），该品种牛肉质细嫩，瘦肉多，纤维紧致，口感柔软。制成牛排时需要谨慎细致地料理。这种肉牛不能错过的极致料理就是分量超大的佛罗伦萨牛排，由一块厚厚的里脊煎烤而成的T骨里脊牛排。

和牛（Wagyu）其牛肉售价在每千克500欧元（约3909元人民币）以上，是世界上最贵的牛肉，和牛原产自日本，原本是用于耕种、运输的役畜，其中后来在兵库县神户市出产的品种才称为神户牛肉。和牛有一种特殊的遗传特性，可以让其在极少运动的饲养环境中仍然产出脂肪呈清晰大理石纹的优质牛肉。每份牛排100克，最佳做法是切成薄片煎烤。

## 犊牛和成年牛的使用情况

1. **牛排的多样化**：从薄薄的快熟牛排到两人份的超大肋眼牛排，欧洲人过去一直钟爱这些由牛背和牛臀肉煎制的速烹牛排。但直到美国的牛排馆文化和烧烤热风靡到欧洲，T骨牛排才流行起来。只有成年牛才能分割出40多个牛排切件。

2. **骨髓**：牛腿筒骨里白色的骨髓产生血细胞，它因极高的营养价值从原始时期就被视为珍贵的食材，每100克牛筒骨里含95%的脂肪和850千卡。和骨髓一起炖煮的牛肉汤浓稠鲜美，而牛骨髓做的小肉丸更是异香扑鼻。

3. **汉堡**：德式油煎肉丸可用猪肉或羊肉制作，而汉堡包里或煎或烤制而成的肉饼（碎肉饼）都是用纯牛肉做的，不添加面包碎或洋葱之类的其他配料。懂行的人会特地点半熟汉堡。

4. **胸腺**：除了小牛，小羊也有胸腺。胸腺控制着机体的生长，随着动物成熟，便逐步萎缩退化。这个部位的肉质柔软，口感细腻精致。小羊的胸腺非常小，而小牛的胸腺因为体积较大，更常为厨师所用，是老饕们认证的名菜。

# 牛肉和小牛肉的各部位

在所有的家畜中，牛肉可分解的部位最多，烹饪方式也最多样。

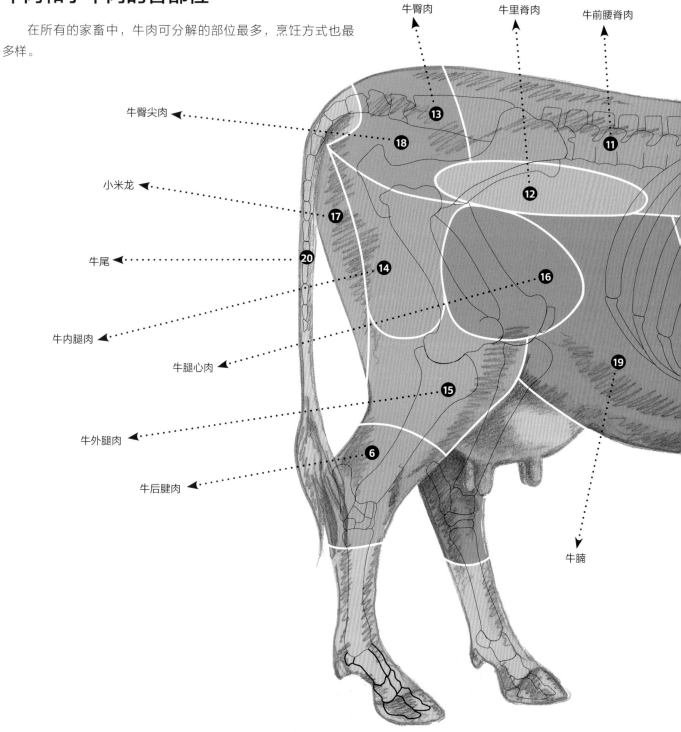

①牛头肉，在烹饪时，牛头肉可以做成的菜式主要有烤牛头、小牛头肉和牛头肉拌沙拉。②牛颈肉，这部分牛肉拥有密集的结缔组织，因此更适合做红烧牛肉、一锅烩和腌肉。③牛上脑，是从牛颈椎到第6胸椎间的肉，也称为牛背肉。牛上脑没有牛眼肉的肉质柔软，更适合做红烧牛肉、焖牛肉和熏牛肉。④牛肋条，从牛颈肉所在部位一直延伸到牛腩，有一部分位于牛肩肉下方。这部分牛肉含肉量较少，适合煲汤或用作牛小排和背小排，用于野外烧烤。⑤牛胸肉，是牛活动较少的一个部位，纤维长且松散，最适合煲汤，做粗盐腌牛肉、焖牛肉（小牛胸肉包菜）和烟熏牛胸肉。⑥牛前腱肉和牛后腱肉，牛前后腿上的腱子肉又称为牛蹄髈，它是牛身上最结实的肌肉。这部分牛肉适合煲汤，烹制手撕腱子肉、红烧牛肉，炖小牛胫（选自牛腱肉）。牛蹄可以采用盐卤和炖的烹饪方法。⑦牛肩柳，肉质柔软，一般适合采用煎和焖的烹饪方法。⑧牛板腱肉，它与牛上肩胛肉一样，都紧紧地与结缔组织相连，非常适合做白切牛肉。⑨牛上肩胛肉，它和牛肩肉可以采用煎封的烹饪方法。⑩牛眼肉，位于牛肩

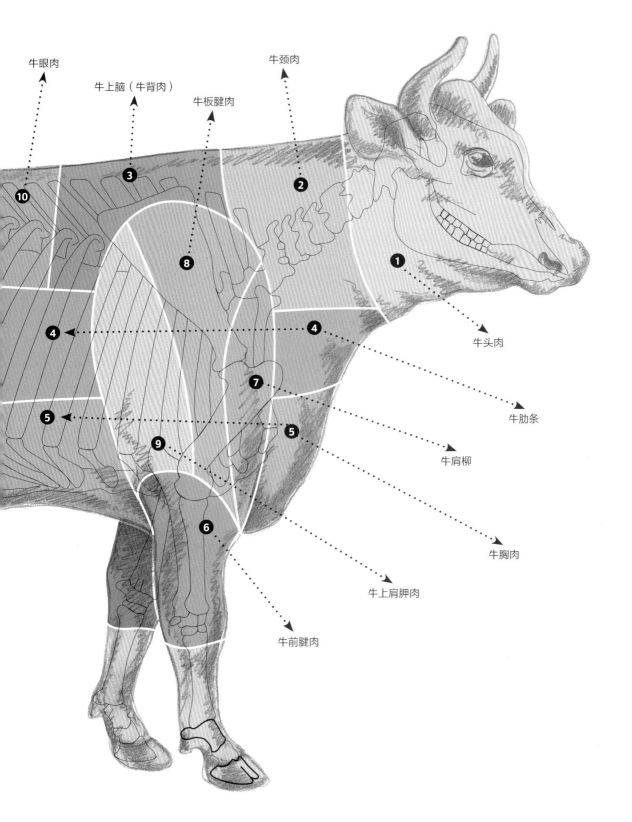

牛眼肉

牛上脑（牛背肉）

牛板腱肉

牛颈肉

❸

❿

❷

❽

❶

➍ ← ········ ➍

牛头肉

❼

牛肋条

➎ ← ········ ➎

牛肩柳

❾

牛胸肉

❻

牛上肩胛肉

牛前腱肉

部，自第6胸椎与第7胸椎处至第12胸椎与第13胸椎椎窝中间处，适合煎烤。⓫牛前腰脊肉，位于牛背肉后方的长而软的肌纤维束就是牛前腰脊肉，它适合用作臀肉牛排、T骨牛排和美式T骨牛排。⓬牛里脊肉，即菲力牛排，紧挨着牛前腰脊肉，价格昂贵。⓭牛臀肉，其中比较精细的部分和牛腿肉可以用作切片牛排。牛后腿肉的其余部分适合用作烤牛肉、红烧牛肉和牛肉卷。⓮牛内腿肉，小牛柔软的内腿肉也可以用作煎肉排。⓯牛外腿肉，粗

纤维的外腿肉可以用作醋焖牛肉。⓰牛腿心肉，肉质较精细、短纤维的牛腿心肉可以用作烤牛肉卷、牛肉芝士火锅。⓱⓲小米龙和牛臀尖肉，位于牛腿肉上方，经典的水煮牛肉就取自这里。⓳牛腩，用其煲出来的肉汤油脂含量丰富，这部分牛肉还可以用作烤腹肉牛排和侧腹牛排。⓴牛尾，能为清汤增鲜提味，也可以拿来炖菜。

# 煎烤用牛肉，小牛肉

　　美国牛排馆文化在世界的影响力及人们对烤肉日益增长的喜爱也让我们在做煎烤料理时越来越多地使用牛肉各部位。虽然用得比较多的菲力、上腰或T骨，主要还是肌肉含量较少的牛背部位。但以前常用于烹饪水煮牛肉的部位，如牛腰肉或碎牛肉渣越来越多地出现在烧烤食材中。美国甚至有自己的肉食大学，专门研究发现新的牛排部位。

### 后腿肉牛排

除了相对便宜很多的臀肉牛排，德国最受欢迎的快熟牛排部位是牛后腿肉，整块切出这个部分，就是大家喜爱的Rumpsteak——后腿肉牛排。美国人称之前腰脊肉或纽约客牛排，带肋骨的叫Club牛排。

### T骨牛排

牛后腿肉正对着的上腰部分排列着T字形的脊椎骨，其中骨头较大的部位是Porterhouse，又称红屋牛排，小一点的为T骨牛排。这两种都是牛排中的贵族，最佳熟成方式为干式熟成。

### 红屋牛排

约5厘米厚的大块牛里脊肉，重量至少1千克（T骨：2~3厘米；600克），多切自腰脊后端，也称为"码头工人"牛排，过去在欧洲主要为意大利人所熟知，也就是人们所说的佛罗伦萨大牛排。德国很少售卖这款牛排，因为通常会把T骨两边的里脊肉分开切割。

### 无骨肋眼牛排

行家眼里品质最佳的牛排之一，最好取自牛的第6~8胸椎处。美式定义：切割出来的牛眼肉，带骨的称为Cow-boy牛排或Delmonico牛排。因为眼肉部分的三道肌纤维束很难料理妥当，在美国，人们经常把它分割为肋眼盖和肋眼里脊。

### 后腿及臀部

根据拆解方法不同，从第8根肋骨往后，或算上"上脑"部位，从第4根肋骨起的约130千克重的后腿及臀部部分有最受欢迎的牛排部位，如T骨牛排、肉眼牛排、菲力牛排和烤牛眼排。

### 战斧牛排

人们偶尔也用德国牛的肋排做成快煎牛排，但是背脊部分最好的牛排肉还是来自其他国家的肉牛，这些肉牛通常可切出长长的状如斧头的肋骨。

**牛里脊**

最贵的牛肉部位只占了整头牛生肉净重的2%。这部分肉肉质软嫩，口感细腻，脂肪含量仅有4%。里脊肉（嫩腰肉）可以整块烤着吃（惠灵顿牛排）或炖着吃，但通常都会切割开来料理。

**炸小牛排**

绝对称得上快熟牛排中的经典：可取小牛后腿上段的部分，裹上鸡蛋和面包屑加以油炸，做成维也纳炸牛排。亦可取更大块的牛腿末端肉，处理后在肉里包上芝士和火腿，做出一道火腿芝士爆浆牛排。还可以保持自然风味，佐火腿和鼠尾草煎成意式小牛肉（通常取牛腿肉）火腿卷。

**臀肉牛排**

这是在德国最受欢迎，并且相对来说性价比较高的牛排，这个部位肉比较瘦，牛排口感很柴，因此料理时要用熟成时间较长的牛肉，切成薄片，仅煎五分熟即可。

**菲力心**

里脊肉较瘦的部分横向切割，可切成牛柳、菲力牛排或圆形菲力。著名的夏多布里昂牛排就是用紧挨着菲力头段、肉质较厚实的菲力心做成的。

**菲力头**

牛腰内侧肌肉（双牛腰肉）分成两块的部分。适合做牛排，也可用作涮肉、肉丁或亚洲菜。在美国，市场上出售的"翼板肉"就是出自这个部位。

**菲力尾**

菲力尾十分细长，所以只能从稍厚的部分下刀，横切成兔翁牛柳。剩余部分通常用来做涮肉，或是切小块，做成法式红酒炖牛肉。

## 做牛排什么时候放盐

**煎牛排之前放！** 如果操作得当，盐在生肉表面可以发挥很多作用。它能产生一种渗透力，撒了盐的肉放置约30分钟后会渗出一些液体，肉眼清晰可见。这样肉会变得干燥。所以最迟要在煎烤牛肉的5分钟前，用力在肉表面抹上盐，或将牛排用厚厚的盐包裹起来静置12小时以上。在这段时间里，盐水溶液某种程度上使肉的表面变性，而肉随之会再次吸收一部分盐分。这样处理过的肉口感上更有韧劲，也更多汁。这个方法甚至适合处理熟成程度不够的肉，或者本来口感偏涩，更适合风干处理的肉，如厚实的臀肉牛排。盐确实提高了肉纤维束的保水性，释放出肌肉蛋白，使其积聚为某种形式的锁水保护层。

**牛排煎好再放！** 有些情况下，烹饪结束后再调味才有意义。总的来说，把肉放在真空密封袋内烹煮的话，应该煮过之后再放盐，否则肉类纤维中会渗入过多液体。同样是经典快熟牛排的臀肉牛排，通常切得很薄，肉质较涩，纤维密实，一般用平底锅煎或上烤架烤制，过程中不放盐，这样做出来的牛排更柔软多汁。煎（烤）结束时再用胡椒调味，因为烹饪过程中撒胡椒碎会让肉变苦。或者也可以用耐高温的胡椒品种，如几内亚胡椒（天堂椒）。

# 水牛和野牛

除了大规模饲养的产品，爱吃牛肉的朋友总是惦记着其他途径得来的新鲜口味。然而在德国，水牛和野牛并没有走上餐桌。在中国，野牛属于国家保护动物，禁止捕杀。

水牛和野牛享受着大自然中的美妙生活，肉质非常健康，但并不能替代肉用牛。

理论上来说，水牛和野牛肉是完美适合当今人类的肉食：产自广阔的自然环境中百分百放养的牛，比普通牛肉的胆固醇和脂肪含量少，富含铁、锌、硒及多种维生素。野牛牛排（或美国和加拿大水牛）只需普通牛肉一半的时间便能煎（烤）透，而且明显能更快被人类消化系统分解。提供高密度的蛋白质和能量，并能迅速转化，还有比这更适合运动员的食物吗？然而却很少在餐桌上看到水牛菲力，也几乎没人会从健身包里随手掏出水牛肉做的牛肉干吃。原因很简单：水牛和野牛，以及波兰和德国的一些自然公园里一小群再度被放养的，几乎销声匿迹的欧洲野牛，都只能在广阔粗放的环境中才能存活。即便是德国的野牛饲养协会也警示大众：作为野生动物的野牛不喜欢低矮灌木之类的环境，生存环境过于狭隘会表现出异常的攻击性。

早在疯牛病危机时人们就迅速证实，那时被大肆宣扬的可以替代普通牛肉的野牛肉和鸵鸟肉，绝对不可能取代大规模饲养产出的肉制品。另外烹饪这类野味也很费工夫，因其肉纤维紧实，锁水性较差，需要小心料理，防止肉变得坚硬或过于干涩。即便万事俱备，还要注意，野牛排只能45度角斜切成至多0.5厘米厚的薄片。水牛唯一值得一提的种群在意大利境内，但并非肉用品种。水牛牛奶在意大利极为珍贵，可用于制作马苏里拉水牛干酪。水牛奶脂肪含量极高，达到8%，超出普通牛奶的两倍。

**腹肉牛排（Onglet牛排）**
相比横膈膜其余部位，这块肌肉的口感柔嫩似内脏，是法国人最钟爱的牛排。传入美国后被称为封门牛柳（Hanging Tender），在德国也作为烧烤时的秘密武器。

**颈部牛排**
颈部牛排只适合快速煎烤的烹饪方式。在美国做成人人爱吃且价格不菲的BBQ（西部牛排）。而德国人则用整块牛颈做炖肉，也可加工成肉末或肉肠。

**煎小牛排**
主要风靡于意大利菜系，也常裹上面包屑做成快熟牛排。小牛排是取自牛脊前端，约3厘米厚的薄片肉，只需稍加煎制即可，肉质软嫩，口感接近柔软多汁的猪排肉。

**裙带肉**
肺部和腹部之间的隔膜肉又称"内脏肉"，很适合做成白切肉。这个部位的肉大理石纹明显，香气浓郁。在美国人们用它做成墨西哥烤肉。

# 熟成的优势

牛肉尤其需要漫长的熟成过程，这样处理过的牛肉烹煮时肉质更柔嫩。这个过程控制得好会增加风味，熟成过头了反而让牛肉腐败，最佳处理方式是在通风环境中做干式熟成。

所有肉畜中牛的肌肉重量最大。牛的肌肉纤维也非常强韧紧实，将能量以糖原的形式储存。屠宰后肌肉中的糖原分解为乳酸，pH下降，而之前帮助肌肉收缩的三磷腺苷（ATP）在肌肉舒张的状态下含量也相应减少。身体开始僵直（尸僵），此时暂不宜处理其肉。屠宰一天半后，僵直达到极限，之后肌肉纤维由于化学作用再度松弛。此时熟成开始，肉在接下来的21天内变得更柔软，但中途也有可能被细菌侵袭——从控制得宜的熟成到腐烂可能只是一线之差。过去人们总是在通风处让牛肉熟成：屠夫把牛肉悬挂在干冷环境的冰库内，这便是干式熟成（Dry Aging）。这期间牛肉表层风干，最多时会失去30%的重量。因此20世纪70年代初真空熟成设备发明后，能保持肉类原本重量的湿式熟成方法（Wet Aging）得到迅速推广。目前德国市场上售卖的牛肉95%以上都是在真空袋内，处于隔绝空气的环境下熟成的。过程中产生的乳酸使肉变得柔软，但随之产生的类似金属的酸味即便开封后也无法完全消除。煮着吃或炖着吃，这种气味不会那么突出，如果用于煎烤，那最好还是选择其他的熟成方式来处理的牛肉。

干式熟成厨房电器：施瓦本家族企业Landig生产的"DX 500"肉类熟成柜适用于各种嵌入式厨房，可对20千克以内的牛肉、猪肉或羊肉进行专业熟成处理。

干式熟成的去骨牛排去除硬化的表层之后，视觉上与湿式熟成的牛肉并无明显差别。风味却完全不同。

## 坚硬外壳下的美妙内心

牛排文化的盛行在全球掀起了一场干式熟成的复兴。很多高档肉铺、肉品部、牛排馆和潮流餐厅在公共区域展示他们的熟成柜，透过玻璃柜门，顾客们可以亲自挑选中意的牛排。如此一来，顾客们便不用在自家厨房的熟成柜里给肉做熟成处理了。熟成好的肉边缘呈深棕色，表皮坚硬。去掉表面这层，就可以放心料理了，干式熟成后的肉闻起来比密封袋熟成的肉香气要浓郁得多，煎烤时流失的水分也更少。将肉置于矿泉水中，包裹在草木灰中，或者放入一层密封的牛油中进行熟成，也可以获得类似的效果。

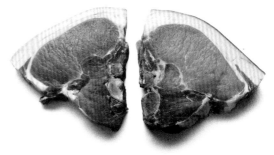

即便是一块猪脊肉，经过干式熟成后口感也大大提升：干式熟成的猪排肉（左图），用平底锅煎制后吃起来比装在密封袋湿式熟成的猪排（右图）更多汁可口。

# 世界上最好的牛排

虽然并不是有意诋毁德国产的牛肉。可为什么在德国，从弗伦斯堡到弗莱堡，几乎所有顶级餐厅的烤架上滋滋作响的都是海外进口的牛排呢？原因很简单：它们有更棒的味道。

一个来自波罗的海边的厨师上班路上路过一处风景，只见堤岸上，每隔几百米就有一头身有斑纹的动物在悠闲吃草，美味多汁的鲜草布满岸边，一直延伸到海平线，这对牛来说简直是天堂般美妙，也是人们所能想象的最适合动物们的栖居地了。如今这般情景也很少见了。这位厨师菜单上的牛排，也并非来自这些吃草的牛群。而是来自美国内布拉斯加。这也情有可原，毕竟高档餐馆不敢用质量参差不齐或中等品质的牛肉。在大多数顶级厨师的观念里，德国的肉品生产体系无法确保这一类餐厅能达到相应标准。即便有那么一两位餐馆老板能从本地采购到饲养条件优越，经过无痛宰杀和后续专业加工的牛肉，并且在国内能获得大批食客为其价格不菲的牛排慷慨解囊，这种情况也只是极少数。相反地：不合适的品种，错误的饲养方式，到屠宰场的长途运输，极端不人道的屠宰过程，以及之后工业化的大批量加工——这才是常态。德国肉品的分级也更倾向于以生产者的需求为准：起决定作用的并不是肉排本身的品质，而是胴体产肉量。EUROP体系（同样适用于猪肉分级）的唯一分级标准是胴体的肌肉含量，从E级（最优），到U（优秀），R（良好），O（中等）到P（不足）。此外，牛肉会根据其脂肪组织等级从1（极低）到5（极强）分为不同等级——但这种分级仅仅关注脂肪层的厚度，并未考虑肌间脂肪的分布纹理，而这对牛肉口感的影响更大。根据

这种分级标准，只要一块肌肉尽可能厚，而覆盖其上的脂肪层尽可能薄，就理所当然是一块上等好肉了。实则不然，起码那些大块的高级快熟牛排就不能以此判断优劣。

## 在美国只有传感器说了算

牛排文化的发源地美国向你展示什么才是最重要的。美国的牛排评级体系是严格按照牛排的实际传感数据分类因素制定的。在农业部作为肉畜评级基准明确的7个质量等级中，只有前三个级别的肉品可以选作牛排原料。

**极佳级**：肉质非常柔软多汁，口感最佳，大理石纹丰富。

**特选级**：品质上乘，大理石纹明显，但分布细密程度稍逊于极佳级。

**上选级**：平均品质优良，相比前两个级别来说大理石纹较少。

即便是第四级——标准级的牛肉在美国已经不再用于烤，在德国却常煎烤成牛排售卖，如"小公牛臀肉牛排"。尽管美国出产的所有牛肉里只有2%能获得"极佳"头衔，但顶级肉牛——如安格斯或海福特牛的饲养者却寻求在这最高品质的级别中施行更细致的分级，希望给自家的牛肉贴上神级标签，使其成为金牌特优的超级牛排，往和牛的方向发展。

日本也实行一种更为缜密的评级体系。人们根据四个主要标准和若干个次级标准对田岛牛肉的不同品质进行分类。光是针对肉和脂肪的颜色这一项特征就分了7个等级，"神户牛肉营销及分销促进会"根据不同等级给饲养者、屠户和经销商分发指定的色卡。另外，对应和牛不同的大理石纹等级也有特定卡片和标准图片用

自然奔放的生长环境让这种产自日本神户的和牛肉拥有世界上肌肉含量最高的大理石纹。

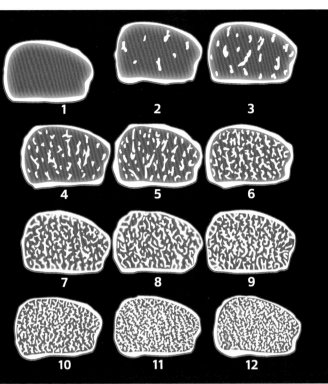

在日本，饲养者、屠户和经销商按这种官方颁发的标准卡片区分不同品质的和牛，虽然和牛肉按质量高低分为12个等级但只有达到BSM3以上的牛肉才能被售卖。

标准的出肉量（每头肉畜宰杀后的生肉重量），在日本的重要程度只能排在第四位，且根据肌肉等级分为A、B、C三个级别。

### 在澳洲掀起的牛肉热潮

澳大利亚兴起的牛肉超市把享受牛肉原本的风味视为最重要的一点，这里的牛肉分级体系把消费者对牛排的喜爱程度用1~100的刻度进行标识，每位顾客都能在牛排包装上读到该产品对应的刻度。除了使用大理石纹或牛肉成色的评判标准，这里人们还会根据动物的遗传品系、性别、生长的速度和自然程度、宰杀前的饲养条件、熟成的方式和用时、胴体切割、pH、发酵时酸碱度与温度的关系这一系列特性对牛肉等级给予评定。澳洲杂交和牛的大范围推广将至今为止大理石纹的最高等级6抬高到9+。但即使是大理石纹等级的评测也并非只求数量，肌肉间脂肪分布的细致程度同样是评判的标准，纹路越细密，这块肉做成的牛排就更馥郁多汁。为了不给消费者造成太大挑战，最终整体评判结果会再次归类为3个基本等级（3星级、4星级和5星级）。如果想吃澳大利亚最好的牛排，倒也不必逐字逐句地研究包装上的大段文字，只要是贴着五星标志的牛排就代表了上乘品质，可以放心购买。

来区分（见上图）。根据BMS体系（牛肉大理石纹体系），牛肉的大理石纹可分为12个等级。生牛胴体最关键的向来都是第6~7根肋骨之间的切面。BMS等级达到3以上的牛肉才能作为牛排售卖，这也就是为什么最低两个等级的牛肉虽然在德国已经被认为拥有"漂亮的大理石纹"，却不在BMS官方卡片之列。

然而即便是顶级品质的极佳级美国安格斯牛排最多也只能达到BMS 5，算是中等品质。另一方面，BMS最高三个级别的神户和牛每千克售价超过500欧元（约3909元人民币），而且绝不可能把一大块牛肉整个儿拿来烤，每位食客顶多提供100克，切成薄片呈上桌来。在德国作为主要

## 美国和加拿大牛肉分级

| | 大理石纹 | 屠宰年龄 | 肉色 | 脂肪色感 | 牛肉质感 |
|---|---|---|---|---|---|
| 美国 | | | | | |
| 极佳 | 丰富 | 30月龄以上 | 鲜红 | 允许有黄色脂肪 | 中等结实 |
| 特选 | 明显可见 | 30月龄以上 | 允许部分区域暗色 | 允许有黄色脂肪 | 稍微松软 |
| 上选 | 缺乏 | 30月龄以下 | 允许部分区域暗色 | 允许有黄色脂肪 | 中等松软 |
| 标准级 | 非常少 | 30月龄以上 | 允许部分区域暗色 | 允许有黄色脂肪 | 松软 |
| 加拿大 | | | | | |
| Prime | 丰富 | 30月龄以下 | 鲜红 | 允许有黄色脂肪 | 结实 |
| AAA | 少量 | 30月龄以下 | 鲜红 | 允许有黄色脂肪 | 结实 |
| AA | 较少量 | 30月龄以下 | 鲜红 | 允许有黄色脂肪 | 结实 |
| A | 极少量 | 30月龄以下 | 鲜红 | 允许有黄色脂肪 | 结实 |

# 寻牛之旅

世界上没有哪个国家会像BBQ之都——美国一样，在寻找肉牛身上适合快速煎烤的新部位方面投入如此巨大的资金。美国内布拉斯加的研究人员是这一领域的佼佼者，在过去几年中他们从肉牛身体上分解出了二十几个新的切割部位。

一块肌肉是否能作为"牛排"放上煎锅或烤架，取决于诸多因素。通常来讲，动物骨骼肌肉中较少运动的部分更适合制成牛排。最好的例子是牛里脊，这部分只有瘦瘦一条，由于缺乏激烈运动，肉质非常细嫩。按这个逻辑，我们熟悉且喜爱的快熟牛肉部位还有牛背部和臀部的牛排，以及后腿部位的小牛排。在美国，平底锅煎制、烤架烤肉和户外烧烤是几十年来人们最热衷的肉类烹饪方式，纯粹从肉畜饲养业的经济效益考虑，人们一直在深入研究牛的肌肉组织，因为牛排比烤牛肉的单价更高。其中"对抗肌"尤为有趣，运动方向互相交叉一组肌肉群中，称为"原动肌"的肌肉负责完成重物抬举或向前伸展的动作，而另一方向的"对抗肌"通常受重力作用自然放松，无须强力拉伸。

扁铁牛排就是个不错的例子，这款牛排是内布拉斯加林肯分校农业与自然资源学院的兽医学教授克里斯·卡尔金斯（Chris Calkins）多年前开发的。作为"牛排教授"的卡尔金斯受当地肉业委托，在全球进行相关宣传推广工作，在与德国最著名的美食杂志《擀面杖》（Rolling Pin）进行这项工作的一次采访中，他解释道：扁铁牛排取自牛肩肉。很多年来人们一直认为这个部位的肉比较坚硬，因为它参与了身体的每项运动。但我们确信，这块肌肉中有一部分是可以用作高档牛排原料的。从这些特殊的牛排部位可以看出，很多上好的牛排肉早前都直接丢进了绞肉机。而现在每年售出的扁铁牛排达到3.5万~4.5万吨。

## 大量新的牛排部位被发现

有趣的是，牛肉4个最柔软的部位里有3个属于"新部位"，除了菲力之外，还有肉眼里脊、肉眼盖和丹佛牛排。美国农业部USDA给这些部位分别制定了相应的IMPS码（Institutional Meat Purchase Specifications机构肉类采购规范），由饲养者组成"美国牧牛人牛肉协会"倡导组织了名为"牛肉创新小组"的营销团体，他们将编有不同IMPS码的牛排输送到屠户、餐厅和终端消费者手中。这些牛排部位的新发现中，不少来自法国肉食大师Claus Böbel，他从一头产自德国的花斑小母牛身上分解出了25个适宜制作牛排的新部位。

**温柔之肩**
肉牛肩部的大圆肌可以整块（或分成柔软的圆形肉片）快速煎制。

**丹佛牛排**
这是上脑心和肩胛骨之间的腹侧锯肌，也是第四嫩牛排肌肉。煎到七成熟，就成了多汁的板腱牛排。

**塞拉牛排**
这块牛排重约300克，取自颈部肌肉的中间部位上脑心。口感类似后腿肉牛排，肉汁充盈。肉质接近肋腹牛排。切割时下刀方向应与肌肉纤维平行。

**牛上脑**
取自颈部和肋骨部位，可带骨，即带骨肋排，或去骨修整成重约400克的牛排。烹饪时将牛肉翻转置于核心温度60℃煎或烤制。

# 美国牛肉分切部位

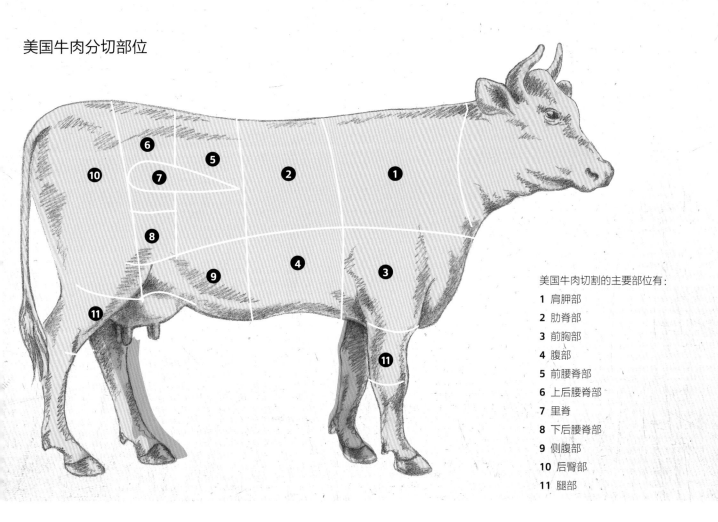

美国牛肉切割的主要部位有：

1 肩胛部
2 肋脊部
3 前胸部
4 腹部
5 前腰脊部
6 上后腰脊部
7 里脊
8 下后腰脊部
9 侧腹部
10 后臀部
11 腿部

**背小排**
经典烟熏牛小排的原材料，取自第6~12根肋骨，大致在脊柱到肋条末端的中间位置切割。这个部位的肉比牛小排多。

**扁铁牛排**
这块牛排的外形让人联想到老式熨斗上的扁铁，也称为肩胛牛排，取自肌腱上方的冈下肌。用真空低温烹制法焖煮到半熟，也可稍加烘烤；口感软嫩似菲力牛排。

**上后腰里脊**
大理石纹突出的薄片牛排。形长，肉质松软，香气浓郁。分切部位重约100克，焖煮后顺纤维方向切。

# 从"图森牛排"到"圣塔菲牛排"

美国的牛排馆在给新推出的嫩煎牛排取名方面创意十足。但是究竟这些牛排适合采用哪种烹饪方法？用平底锅煎还是放在烧烤架上烤？

### 牧场牛排
牧场牛排取自牛上肩胛肉，这部分牛肉比较精瘦，透着微微的肉香，与沙朗牛排相似。最多煎到五分熟，避免煎制时间过长使肉汁流失。

### 纽约客牛排
纽约客牛排需要切开牛的前腰，取腰脊肉，在100~200克，口感与菲力牛排相近，但是它更有嚼劲。纽约客牛排的肉质鲜嫩多汁，即使高温蒸煮也能保持细嫩的口感。

### 带骨肋眼牛排
对很多牛肉爱好者来说，带骨肋眼牛排无疑是超级牛排的代名词。它取自牛的肋间肉，厚度在5~6厘米。煎这部分牛排时，还可以通过将旁侧的肋骨反过来煎的方式让牛排更入味，更饱满多汁。

### 老饕牛排
在美国，牛肋排三根主骨中的两根常常还能再切分。牛背脊肉的纤维较长，需要压平后切成长方形。老饕牛排的肉质鲜嫩多汁。

### 肋眼牛排
肋眼牛排位于牛肋眼外侧，这部分牛肉的纤维长而松散，与肉质超级柔软的菲力牛排很相似，但是它的肉香比菲力牛排要浓郁得多。它是美国最好的新式牛排之一。

### 翼骨牛排
牛里脊头部向一侧延伸的部分看起来就像一个小机翼，这部分牛肉的纤维较长，不如脊尖肉柔软，但是肉汁丰富。在烹饪时，温度不宜过高，最多煎或烤到五分熟。

### 蜘蛛牛排
在德国，三角肉牛排因状如蜘蛛网而得名，这部分牛肉肉质粗壮，在牛臀部的臀骨上。对于牛排的进阶爱好者来说，煎到三分熟即可。

### 图森牛排
牛内腿肉上的半膜肌的脂肪含量只有3.5%，肉质很精细，但是纤维短而密，所以只有完全烹熟，其肉质才柔软，适合煎封。

### 圣塔菲牛排
除了图森牛排外，圣塔菲牛排取自牛内腿肉上部分相邻部位的股薄肌，重约500克。这部分牛肉的纤维较松散，肉汁较多，但不够柔软，有嚼劲。

**圣安东尼奥牛排**
沿牛内腿肉中部的收肌切开，选取有弹性的肌肉组织做成牛排，口感微甜。但是，如果采用烘烤的烹饪方式，肉会先胀大然后快速变干。

**沙朗帽牛排**
沙朗帽牛排取自牛臀尖肉，肉质饱满有嚼劲，甚至可以与弗莱维赫牛相媲美。与一般的牛肉相比，沙朗帽牛排的肉质更加鲜嫩可口。

**三角尖牛排**
三角尖牛排取自牛臀尖部位的肉，最适合采用干煎的方式，是货真价实的犊牛肉。如果不干煎，肉质口感会偏老且偏淡。

**腹腿牛排**
在德国，粗修膝圆肉从不采用煎封的烹饪方法；在美国，选择安格斯牛或赫里福德肉用牛来烹制腹腿牛排更好。否则牛排上会出现橡胶状的纹理。

**梅洛牛排**
梅洛牛排的肉质紧实，纹路匀称，口感略似火腿。梅洛牛排取自牛上小腿肚腓肠肌中部的肉，这部分也称为布莱森牛肉，它适合采用的烹饪方法是中火煨。

**侧腹牛排**
侧腹牛排取自牛腹肉，即牛腩，常用来灌制香肠或作为杂烩锅的原料。在美国，人们常常喜欢用当地产的肉牛的牛腩来做烧烤。

**梨形牛肉**
德国肉类协会（DFV）官方发布的肉类指南中介绍了一些关于肉类处理的秘方，其中也包括对牛内腿肉上这块小而软的肌肉的处理方法。这个部位的牛肉肉质松软，口感美味。

**梨形牛排**
梨形牛排其实是一块圆形的牛肉，它是由奥格斯堡屠夫职业技术学校曾经的负责人乔治·维兰德发现并命名的。这部分牛肉更适合采用快煨的烹饪方法。

**西冷牛排**
西冷牛排与取自牛臀腰肉盖的沙朗帽牛排相似，但是与巴西的烤牛肉相比，它是纵向沿着牛肉的肌肉组织切割的。西冷牛排呈圆形，肉质紧实，相当于臀尖肉中的"里脊肉"。

# 隐秘的美味

一直以来，人们都习惯用煮的方式来烹饪牛前躯肉，用煎封的方式来烹饪后躯带牛腩，这种约定俗成的方式早已失去意义。畜肉的肌肉组织用途多样，尤其是采用焖的烹饪方法，可以玩出很多花样。

虽然我们无法像美国的牛排研究员或奥地利的炖肉大师那样，对德国常见的牛肉和犊牛的切割方法了如指掌，但是即便采用传统的牛肉切割方法，也可以有多达几十种有趣的烹饪方法。与牛肉部位相比，肉质的特点对烹饪方法的选择更为关键。如牛肩和牛腿部位的肌肉通常比较发达，也是活动最多的部位之一。在牛颈部和牛臀部，肌肉束在长期的营养摄入和反刍过程中的活动时间更长，活动频率也更高，因此这部分肌肉结构中明显有更多的肌腱和结实的结缔组织。牛胸部和牛腹部的脂肪层较厚，因此这两个部位有层状结构，最适合煲汤和烹饪大杂烩。

从重量上来看，牛肩肉在牛前躯肉中占比最高，一般而言，牛肩肉的肌肉纤维较长，被很多结缔组织包裹着，但肉质较为精细，所以与牛腿肉上的绝大部分肉相比，它的肉质更为鲜嫩。因此，绝不要低估牛肩肉的价值，通过焖、煎、低温慢煮或烟熏等手法烹饪后，牛肩肉就能变成餐桌上鲜嫩可口的烤牛肉、红烧牛肉或五香牛肉丁。

牛肩肉（鞑靼牛肉正是选自牛肩肉烹制而成的）可以整块一起炖。块头大一些的带板腱肉的牛肩肉适合制作醋焖牛肉和勃艮第烤牛肉，而牛肩盖更适合做成水煮牛肉。整块牛肩肉也可以切成小块做成炖牛肉、五香牛肉

> 在德国，焖肉的地位神圣不可撼动。
>
> ——亚历山大·赫曼

钩子上挂着重约90千克的牛肉。牛前躯肉加上牛蹄肉、牛肩肉和牛肋条（顺时针方向）都比较适合用来做炖牛肉。

丁或肉糜。同样，对于纯肉用牛品种来说，它们的肩肉也可以按比例分解成牛颈肉牛排。此外，整块牛肩肉还可以采用煎封的烹饪方法，这能使肉质更有嚼劲。牛前腿的腱子肉含有丰富的结缔组织，它的管状骨里的骨髓含量也十分丰富，这不仅能为牛肉汤增料还能提鲜，但它不适合用来做焖牛肉。

## 牛腿肉的划分

牛腿肉的肉质较细嫩，因此价格也更高一些，牛腿肉大致可分解为牛内腿肉、牛外腿肉和牛腿心肉三个部分。小牛内腿肉适合切片做成煎牛排。牛腿心肉和小牛腿心肉可以做成焖牛肉、牛肉卷和五香牛肉丁。对大面积烘烤来说，牛外腿肉太精瘦了，因此早前人们习惯把肥肉塞到牛外腿肉里再烘烤。如今，人们常将牛外腿肉切开做成牛肉卷，或者直接放到绞肉机中。但是，你也可以通过牛后躯肉的结缔组织层将它分解成几块棱角分明的肉块，这能让焖牛肉呈现出很好的造型。瘦削的牛臀肉非常柔软，甚至可以将它切成极薄的肉片做成炸肉锅。早前，肉贩往往会保留牛尾根部下方的小米龙及牛臀部和牛腿心肉之间的三尖肉单独卖个好价。

## 针对牛后腿肉的饮食研究

如今，也许是出于对烹饪的好奇心，也许是拥有了锋利的切片刀，每个人都能利用牲畜躯体上看似为数不多的有价值的部位来烹制各式各样的新菜。如将牛后腿作为食材。牛后腿肉上面的大块肌肉和粗壮的小腿肚常用来切丁做成菜炖牛肉，将牛后腿肉横向锯开分解出来的牛腱肉要么用来煲汤，要么做成牛肉煲，比较有名的是意大利传统菜肴红焖小牛膝。对犊牛来说，它的牛霖也可以整块拿来焖炖。小牛蹄的胶凝力强，可以剖开后进行盐卤。但是经验丰富的厨师也常用牛霖中间的小腿肚肉来烹饪。通过结膜可以辨认出哪一部分是水平切下的牛腱肉，牛腱肉由许多强壮的肌肉束包裹而成。只要稍加练习，就能学会怎么根据它的肌肉走向将肌肉分解开来，将它分成一个个3厘米长的小牛肉块，然后就能烹制出完美的勃艮第红酒炖牛肉。

**牛板腱肉**

牛板腱肉也称为"嫩肩里脊"，它非常适合做红烧牛肉、水煮牛肉、烟熏牛肉和香熏牛肉。牛板腱肉上面是牛肩胛盖，适合采用水煮的烹饪方法。

**牛上肩胛肉**

牛上肩胛肉是牛肩上较精瘦的核心肌肉，它由细纤维的肌肉组成，可以切开烹制红烧牛腱、牛肩柳、红烧牛肉、炸牛排和美式牧场牛排。

**牛腱**

几乎2/3的牛上肩胛肉是由特别柔软的大肌肉组成的，这部分统称为牛腱，它最适合做烟熏牛肉和醋焖牛肉。

**下肩胛衬底板肉**

下肩胛衬底板肉一般是由无法分开的肌肉组织组成的，如牛肘或牛蹄上的肉。下肩胛衬底板肉大多位于小腿肚前的下肩部，适合烹制各种香肠、肉糜或红烧牛肉。

**牛肩柳**

牛肩柳肉质纤细，由一块肌腱贯穿整块肌肉。适合整块拿来烘烤、红烧和烟熏。牛肩柳的下半部分常常用来烹制鞑靼牛肉。

**宽边牛臀肉**

宽边牛臀肉肉质纤细而精瘦，适合制成牛肉卷、炸牛排或大块烤肉。如果能将牛臀肉干烤至熟透，它也可以作为牛前腰脊肉的平价替代。

**窄边牛臀肉**

窄边牛臀肉很柔软，表面有些许大理石纹路；适合烹制惠灵顿牛排、炸牛肉锅和迷你西冷牛排。在烹饪时，如果用拇指按压牛臀肉表面感觉肉不再有弹性了，就说明可以出锅了。

**带盖牛内腿肉**

带盖牛内腿肉是牛腿肉内侧的大块肌肉。带盖牛内腿肉通常会分解成小块后烹制红烧牛肉。

**去盖牛内腿肉**

去盖牛内腿肉是制作牛肉卷最好的食材，此外，它也可以切成薄片烹制成炸牛肉锅和汁多入味的鞑靼牛排。小母牛的去盖内腿肉可以切块烹制腹腿牛排，犊牛的去盖内腿肉可以烹制炸牛排。

**牛外腿肉**

牛外腿肉指牛腿外侧的肌肉，与牛内腿肉相比，牛外腿肉的肉质纤维更粗，更适合制作牛肉卷和五香肉丁。

**小米龙**

小米龙是牛外腿肉和牛尾之间一段稍长的肌肉，经验丰富的肉铺师傅的小秘诀是：小米龙非常适合烹制小块醋焖牛肉。成熟的小米龙也可以切块烹制菲力牛排。

**臀腰肉盖**

臀腰肉盖呈三角形，是欧洲最著名的水煮牛肉食材。在南美地区，肉质厚实的臀腰肉盖也是非常受欢迎的烧烤食材。

**三尖肉**

细嫩的三尖肉位于牛臀部和牛腿心之间，是德式焖肉的绝佳食材，小母牛的三尖肉切成薄片甚至还能采用煎封的烹饪方法。

**腿心肉**

腿心肉是牛腿肉上一块圆形的肌肉，重量超过5千克，体积太大，无法整块一起烘烤。它可以分解成粗修膝圆肉、粗修膝圆扁肌肉和粗纤维的粗修膝圆肉盖。腿心肉适合烹制烤肉卷或红烧牛肉。

**粗修膝圆扁肌肉**

在奥地利，粗修膝圆扁肌肉一般用来烹制水煮牛肉，但在德国，人们更喜欢用它烹制牛肉砂锅。

**粗修膝圆肉**

粗修膝圆肉的肉质细嫩、纤维较短，适合做腌牛肉、红烧牛肉，蝴蝶形状的粗修膝圆肉切块也能烹制小牛肉卷。在美国，肉牛的粗修膝圆肉在长时间的烹饪后也可以烹制腹腿牛排。

# 牛臀肉

长期以来，因为需求不足，牛臀肉大多用来制作香肠和肉糜。仅仅低温慢煮就能让牛臀肉变得更筋道，它是星级大厨们做焖牛肉的首选。

一般而言，牲畜活动较多的肌肉肉质更强韧。完全符合这种标准的首先就是牛臀肉和小牛臀肉。反刍动物身上几乎再没有哪个部位能像臀部活动这么频繁的。牛臀肉天生就足够坚韧，它的结缔组织十分强韧。在早年时期，牛臀肉都不直接出售，相比烹制成菜肴，它更多地用来制作香肠。在19世纪，法国的肉铺主人往往将牛臀肉以最低的价格出售给军队，用以烹饪蔬菜牛肉汤。

只有将小牛臀肉（如上图）从背面切开（如右图），你才能可能到，这层肌肉中藏着多少结缔组织。在长时间的焖煮过程中，小牛臀肉会分解出明胶，成年牛的臀部肌肉也同样酥软多汁。

## 如黄油般柔软和细嫩

法国的顶尖大厨早在几十年前就发现了牛臀肉在烹饪中的优势：法国当地夏洛莱牛产量丰富，其臀部肉重达750克，借助真空低温烹饪（见150页），只要将牛臀肉真空慢煮最多3天，就可以吃到细嫩的牛肉了。当然，也可以把小牛臀肉放在烤炉里烤上几个小时等它变软变嫩。两种方式都存在一个问题，即在肉品检验政策要求下，兽医要在每块牛臀肉上切下3块深深的凹痕，以判定牛臀肉有没有被寄生虫的幼虫侵害。因此，业余厨师们常将牛臀肉捣碎成肉糜用于烹饪。专业厨师常常从荷兰或专业的德国屠宰场购置牛臀肉。在这两种情况下，每头牛只要切下1块牛臀肉做标记，第2块通常是完好无损的。

**牛后腱肉**
牛后腱肉是牛蹄肉上半部分的肌肉，它适合采用水煮或焖炖的烹饪方法。红烧牛肉的秘诀在于将牛后腱肉放在无纺布上，沿着它的结缔组织切开，再切成小块。

**牛蹄肉**
牛蹄肉指牛前后小腿肚上的肌肉，它含有丰富而强韧的结缔组织，非常适合烹制牛肉火锅和砂锅。

**小牛小腿肉**
因为整块牛小腿肉鲜嫩多汁，所以内行人常用它来做"星期日焖牛肉"，一份足够6人食用。

**牛腱肉**
牛腱肉是横向锯开肌肉组织和牛骨得到的肌肉。牛腱肉是煲汤的绝佳选择（也很适合做大杂烩）。意大利名菜"焖小牛腱肉"就是选自犊牛的牛腱肉焖制的。

# 你也喜欢吃牛肉吗?

全世界几乎没有人不爱吃牛肉。但是德语中的牛腰扒用意大利语怎么说呢? 在美国, 臀腰肉盖一般怎么说? 以下是牛肉最受欢迎的30个部位用7种语言表示的说法:

| 中国 | 德国 | 奥地利 | 瑞士 | 意大利 | 法国 | 美国 |
|---|---|---|---|---|---|---|
| 牛颈肉 | Hals, Kamm, Nacken | Hals | Hals | Collo | Collier | Chuck Eye Roll |
| 背脊肉 | Hochrippe | Hinteres Ausgelöstes, Rostbraten | Abgedeckter Hohrücken | Sottospalla | Côte, Entrecôte | Rib |
| 板腱肉 | Schaufelstück, Mittelbug | Schulterscherzel | Laffendeckel | Copertina di spalla | Paleron | Top Blade, Flat Iron Steak |
| 嫩肩肉 | Falsches Filet | Schultermeisl, Mageres Meisel | Laffenspitz | Girello di spalla | Jumeau, Macreuse | Chuck Tenderloin |
| 横膈膜中心肉 | Nierenzapfen | Herzzapfen | Leistenfleisch | Lombatello | Onglet | Hanging Tender |
| 侧腹横肌肉 | Saumfleisch, Zwerchfell | Kronfleisch | Kronfleisch, Saumfleisch | Hampes | Hampe | Skirt |
| 后腰脊翼板肉 | Bauchlappen, Dünnung | Bavette, Platte | Spiegel | Bavetta | Bavette | Flank |
| 牛胸肉 | Brust | Brustkern | Brust | Bianco costata | Gros bout de poitrine | Brisket |
| 牛上脑 | Hohe Rippe, Fehlrippe | Rostbratenkrone | Côte de Bœuf | Roastbeef | Basse Côte | Prime Rib |
| 牛前腰脊肉 | Roastbeef | Beiried | Roastbeef | Tagliata | Déhanché, Faux Filet | Striploin, Sirloin |
| 牛后腰脊肉 | Rumpsteak, Flaches Roastbeef | Beiried | Nierstück | Bistecca | Côte | Strip Steak, NY Strip Steak |
| 肋眼牛排 | Zwischenrippenstück, Entrecôte | Rostbraten | Entrecôte | Controfiletto, Costada | Entrecôte | Rib-eye, Delmonico |
| 肋眼盖牛排 | Hochrippendeckel | Rieddeckel | Hochrippendeckel | Copertina di entrecôte, sottospalla | Dessus d'entrecôte | Ribeye Cap |
| 带骨腰肉牛排 | Rumpsteak mit Knochen | Club Steak | Club Steak | Costada | Côtes | Top Loin, Club-Stec |
| 红屋 | Porterhouse | Porterhouse | Porterhouse | Porterhouse, Fiorentina | Steak de gros filet | Porterhouse |
| 丁骨 | T-Bone | T-Bone | T-Bone | T-Bone, Fiorentina | Steak de petit filet | T-Bone |
| 牛里脊 | Filet | Lungenbraten | Filet | Filetto | Filet | Tenderloin |
| 牛里脊头 | Filetkopf | Lungenbratenkopf | Filetkopf | Testa di filetto | Tête de filet | Wing |
| 牛腰肉 | Filetmittelstück | Lungenbraten-Mittelteil | Chateaubriand | Chateaubriand | Chateaubriand | Chateaubriand |
| 中部臀腰肉 | Hüftsteak | Hüferscherzel | Huftsteak, Hüferscherzel | Scamone | Rumsteck | Sirloin butt |
| 牛内腿肉 | Oberschale | Schale mit Deckel | Hüftli, Eckstück | Fesa, Controgirello | Tende de ranche | Inside Round, Inside Out |
| 粗修米龙 | Unterschale | Tafelstück mit Weißem Scherzel | Unterspälte | Sottofesa | Sous-noix, Semelle | Outside Flat |
| 腿心肉 | Nuss, Kugel | Nuss | Vorschlag | Noce | Ronde, Tranche Grasse | Round Steak |
| 三尖肉 | Bürgermeisterstück, Pfaffenstück | Hüferschwanzel | Bürgermeisterstück | Punta di scamone | Aiguillette de baronne | Tri Tip |
| 臀腰肉盖 | Tafelspitz, Hüftdeckel | Tafelspitz | Huftdeckel | Codone | Culotte d'aiguillette baronne | Top Butt Cap, Culotte Steak |
| 小米龙 | Schwanz-, Semerrolle | Weißes Scherzel | Runder Mocken | Girello, Magatello | Rond de gîte noix | Eye of round |
| 牛腱肉 | Beinscheibe | Hinterer Wadschinken | Beinscheibe | Ossobuco | Tranche de jambe osseuse | Shank cross cut |
| 牛肝 | Leber | Leber | Leber | Fegato | Foie | Liver |
| 牛腰 | Nieren | Nieren | Nieren | Rognone | Rognons | Kidneys |
| 牛尾 | Ochsenschwanz | Schlepp | Ochsenschwanz | Coda | Queue | Oxtail |

**牛眼肉**

牛眼肉是牛肋骨和牛脊骨之间的一块肉，因为它的外形像眼睛一样，所以称为牛眼肉。牛眼肉肉质纤细，常用来烹制炸牛排和肉眼牛排。像肋骨牛扒这种块头大一些的牛眼肉需要先煎一下再煮。

**牛上脑**

牛上脑位于牛颈肉和牛眼肉之间，重约1.2千克，中等大小、肉质多汁，适合做德式焖肉或醋焖牛肉。

**牛背肉**

牛背肉是所有一流牛排都会选用的牛肉部位，无论是无骨肋眼牛排、臀肉牛排，还是低温烤牛排和部分牛颈肉牛排，都会用到它。

**小牛背脊肉**

如果要说犊牛身上哪些部位最适合采用煎封和小火煨的烹饪方法，那肯定包括牛肋骨、带骨牛肋条、去骨牛后腰肉和牛里脊肉。

**牛裙边肉**

牛裙边肉是位于牛里脊肉旁的一层薄薄的肌肉，它的油脂含量多，且被肌腱包裹着。在烹饪时，牛裙边肉大多会被剔除，但是牛裙边肉很适合制作肉汁和调味汁。

**牛肋排**

牛肋排指牛身上第3~7根肋骨之间的那段。在焖或煨牛肋排时，要把牛肋排的骨头露出来并刮干净。较长的牛肋排可以绑在一起拱成一个圆形，看起来就像一个皇冠。

**烤小牛腰**

烤小牛腰是一种呈卷状的烟熏牛肉，这道菜源自奥地利，选取牛后腰肉和成熟的牛腰。此外，烤小牛腰也常选取牛腹肉或牛胸肉，再填上一些猪腰。

**牛前腰脊肉**

在用文火煮牛腰脊肉前，牛前腰脊肉常常会被剔除。牛前腰脊肉是烟熏烤牛肉的经典食材。用牛前腰脊肉烹制的热菜中比较有名的要数英国传统食物"周日烤肉"了，常见的冷菜做法是将牛前腰脊肉切片再配上烤土豆。

# 牛肉料理

近年来，德国人对水煮牛肉的热情有所减退，水煮牛肉所需的烹饪时间较长，要求掌握一定的烹饪知识，因此很多消费者在超市里选购肉类时，更愿意购买那些烹饪时间较短的牛肉部位。这是一件令人感到惋惜的事情，因为牛肉各部位在烹饪中都有很多可圈可点之处。

虽然水煮牛肉在德国拜仁州的一些地区、瑞士和奥地利等地区至今仍是家常菜，但在德国的其他地区，已经很难在餐桌上看到水煮牛肉这道菜了。因为从大体上来看，水煮牛肉少了烤肉的香味，也可能是因为买肉者往往觉得水煮牛肉与烤牛排相比在视觉上逊色很多。最初有人说水煮牛肉像医院里的病人才会吃的东西，但是很快就被一道热门菜烤土豆配牛臀腰肉片打脸了。如果你太把卖相当回事，那购物也不需要什么建议了，直接看外观购买就行了。

另外，购买性价比高的经典水煮肉食材，能省下一笔不小的开支。最受欢迎且最适合做水煮肉的牛肉部位有牛尖肉、牛胸肉和牛腿肉。被长肋骨包裹的牛腹肉更适合煲汤，而肉质丰满的牛胸肉（由牛胸尖肉、中切牛胸肉和牛后胸肉三个部分组成）的肉质更结实，拥有更均匀的大理石纹路，更适合切成小块做成牛杂汤和一锅炖。在美国，人们喜欢把中切牛胸肉炖上几小时后制成烟熏牛胸肉，而色泽呈暗红色的牛后胸肉几乎不含脂肪，适合做成焖牛肉。一般而言，人们会按照烹饪时间的长短和肉散发出来的味道，以及分解出来的明胶来区分不同部位的牛肉的用途。除了牛腹肉外，牛颈肉、牛胸肉、牛腱肉、小牛蹄、牛骨和小牛骨大多以水煮牛肉的标签售卖。

**如果有人说不上来至少十几个水煮牛肉的菜名，他在维也纳一定是那种淡泊名利，不愿加官晋爵的人。**

——约瑟夫·韦克斯伯格

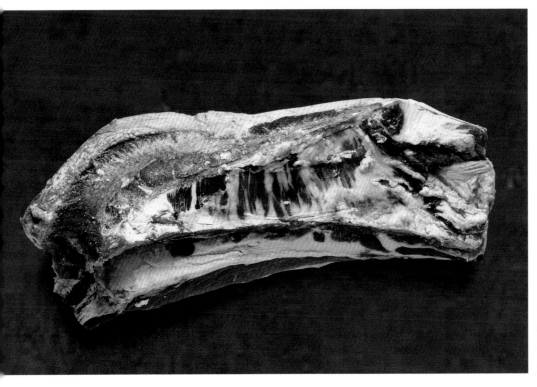

图中是重约14千克的牛胸肉，也是煲汤的完美食材。此外，使用牛胸肉烹制的烟熏牛胸肉或盐腌牛肉也让人充满惊喜。

**中部牛胸肉**

在美国，几乎没有人像欧洲人一样会拿中部牛胸肉下锅。它是"圣三一烤肉店"烟熏烤肉的必备食材之一。

**牛胸尖肉**

对于性价比高的牛胸肉来说，人们很少买牛胸尖肉这块肉质最肥的部分。因为把牛胸尖肉煮沸后留下的都是毫无用处的脂肪。

**牛后胸肉**

牛后胸肉较为扁平，适合切片煲汤和制作牛杂一锅炖。你也可以拿整块肉来做水煮肉（水煮牛胸肉），或者切开去骨，做成炖肉卷。

**去骨牛肋条**

去骨牛肋条大多是汤已经煮沸了以后才派上用场：切成小块水煮吃。去骨牛肋条是牛身上比较精瘦的中切肌肉，也可以将它切成薄片放在烤架上烤着吃或做成铁板烧。

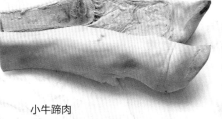

**小牛蹄肉**

小牛蹄肉煲汤能增加汤汁的鲜味，如果怕肉质松散，你甚至可以将它结冻。也可将小牛蹄肉纵向剖开，烹制成焖牛肉。

**牛前腱肉**

牛的小腿肉质纤维较粗且较坚韧，因此最适合煲汤。

**带骨牛肋条**

因为带骨牛肋条的骨头较多，所以非常适合煲汤。在美国，人们喜欢将带骨牛肋条腌一夜，烹制成烤牛小排或焖牛小排。

## 水煮牛肉中的"超级巨星"——牛臀腰肉盖

如果牛肉呈纤维状且较精瘦，结缔组织含量较少，就可以用较短的烹饪时间使牛肉变得美味可口。除了牛腱肉和小米龙或三尖肉这种精细牛腿肉外，符合这种标准的牛肉部位当然非牛臀腰肉盖莫属了。牛臀腰肉盖首次作为一道食谱出现是在1911年作家阿道夫·弗里德里希·卡尔·赫斯《餐桌文化》一书中，牛臀腰肉盖为三角形，它位于牛尾根部，肌肉分布均匀，呈大理石状纹理，顶层有脂肪层保护，煮熟后肉质鲜嫩多汁。牛臀腰肉盖可谓是水煮肉界的"超级巨星"。

# 牛肉各部位的不同说法

　　尽管从身体构造上来看，奥地利和瑞士的牛与德国的牛并无不同，但是在牛肉的切割方法方面几个国家却截然不同。尤其是几个世纪以来以花样繁多的水煮肉闻名的维也纳。

　　在世界范围内，再没有一个国家能像奥地利那样把水煮牛肉需要的牛肉各部位玩出那么多花样了。在奥匈二元王朝时期，奥地利这个泱泱大国的所有王室世袭领地的饮食潮流和肉类加工技艺汇聚于首都维也纳，成了饮食文化汇聚之地。自15世纪以来，维也纳已经是牛肉消耗大市了。然而，直到弗朗茨·约瑟夫皇帝在世纪之交时将水煮牛肉钦点为他最爱吃的菜时，维也纳的厨师才开始竞相推出花样百出的水煮牛肉菜肴。

　　作家和散文家约瑟夫·韦克斯伯格曾打趣道："如果有人说不上来至少十几个水煮牛肉的菜名，他在维也纳一定是那种淡泊名利，不愿加官晋爵的人。"而牛肉的热销也是有实际的理由的：奥地利地区的养牛业完全无法满足这座国际大都市对牛肉的狂热需求。因此，批发商将上千头牛从匈牙利草原运往维也纳。

## 用25个牛肉部位打造200种水煮牛肉菜式

　　当然，在奥地利，牛肉也可以炖着吃或制作成烤牛排，但是花式水煮肉的传统在世界范围内都是独一无二的。在恺撒时期的特色餐厅里，客人可以从24道不同的菜肴中选择自己想要的水煮牛肉部位。宫廷里的厨师甚至自诩熟知多达200种不同的烹饪方法，所以贵族总能品尝到新式的水煮牛肉吃法。

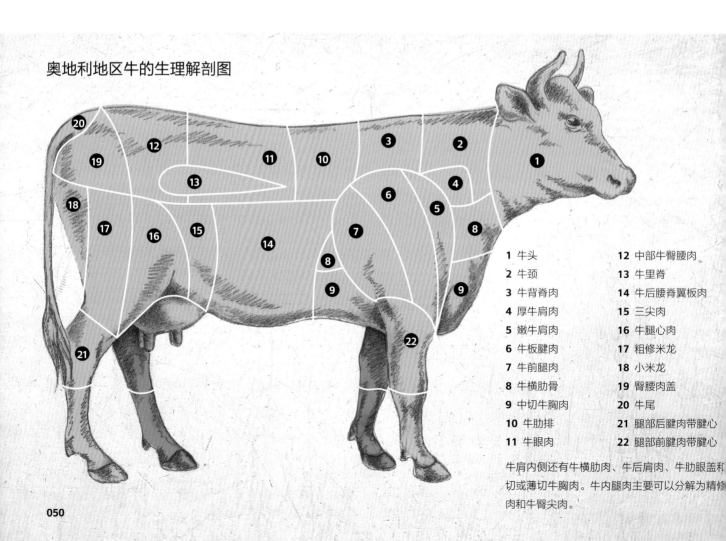

## 奥地利地区牛的生理解剖图

| | |
|---|---|
| 1　牛头 | 12　中部牛臀腰肉 |
| 2　牛颈 | 13　牛里脊 |
| 3　牛背脊肉 | 14　牛后腰脊翼板肉 |
| 4　厚牛肩肉 | 15　三尖肉 |
| 5　嫩牛肩肉 | 16　牛腿心肉 |
| 6　牛板腱肉 | 17　粗修米龙 |
| 7　牛前腿肉 | 18　小米龙 |
| 8　牛横肋骨 | 19　臀腰肉盖 |
| 9　中切牛胸肉 | 20　牛尾 |
| 10　牛肋排 | 21　腿部后腱肉带腱心 |
| 11　牛眼肉 | 22　腿部前腱肉带腱心 |

牛肩内侧还有牛横肋肉、牛后肩肉、牛肋眼盖和切或薄切牛胸肉。牛内腿肉主要可以分解为精修肉和牛臀尖肉。

# 瑞士地区牛的生理解剖图

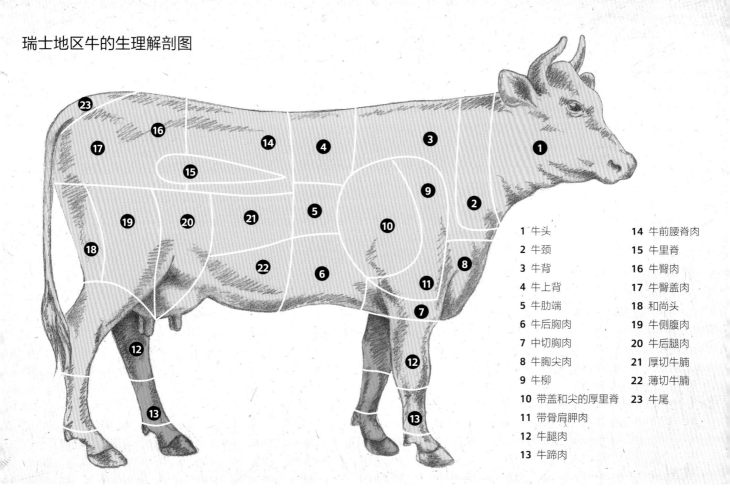

1 牛头
2 牛颈
3 牛背
4 牛上背
5 牛肋端
6 牛后胸肉
7 中切胸肉
8 牛胸尖肉
9 牛柳
10 带盖和尖的厚里脊
11 带骨肩胛肉
12 牛腿肉
13 牛蹄肉
14 牛前腰脊肉
15 牛里脊
16 牛臀肉
17 牛臀盖肉
18 和尚头
19 牛侧腹肉
20 牛后腿肉
21 厚切牛腩
22 薄切牛腩
23 牛尾

## 奥地利的牛腩文化

现在介绍一下20世纪初维也纳这个水煮牛腩文化盛行的饮食文化中心。下文将围绕坐落于维也纳第一区的迈塞尔·沙登餐厅的菜单展开。当时很多经典菜肴还能在一些饭馆里看到，迄今为止，在很多奥地利以外的人们眼里，很多用牛肩肉和牛臀肉烹制的特色菜听起来就像是《茜茜公主》电影里的桥段：如Blattrippe在当地指牛横肋肉，Bug指带骨肩胛肉，Brustkern指中切胸肉。另外，如今在维也纳最有名的水煮牛肉餐馆Plachutta里，世界闻名的水煮肉是最受欢迎的网红菜肴：首先是牛臀腰肉盖汤，接着是烤牛骨髓抹面包，最后是牛臀尖肉切片佐以蔬菜和香葱酱、苹果辣根酱。

## 瑞士地区对牛肉各部位的称呼与法国地区相似

瑞士地区对牛肉各部位的称呼与德国地区大相径庭，瑞士地区切割牛肉的手法不像它的东边邻国奥地利那么精细。瑞士地区牛肉的很多烹饪方法都与邻国法国相似，如薄切牛肉片芝士火锅、蔬菜炖牛肉粒、煮小牛肉片、牛肉锅。每个瑞士士兵至今还能记得从军时期最常吃的一道菜：蔬菜牛肉汤。这道菜是选用性价比高、油脂含量丰富、肉质精细的牛颈肉搭配细纤维的蔬菜烹制而成。

不管是在繁华的奥地利帝国时期还是十九世纪末的颓废时期，维也纳的牛腩餐厅里的三尖肉都广受欢迎。

# 牛内脏的内在价值

在欧洲国家，牛内脏在绝大多数人的家常菜谱里都不太常见。这是一种很奇怪的现象，因为内脏以前在欧洲国家，甚至如今在世界范围内的其他国家里都是可以与牛排、煎肉排口感相媲美且营养丰富的食物。

除了牛肉外，牛内脏也可以丰富我们的日常饮食。牛内脏的组成部分多种多样，从狭义上看，主要包括牛心、牛肝、牛肺、牛腰、牛脾脏、牛胃、牛胰腺，也包含部分横膈膜和横膈膜中心肉、牛骨和牛骨髓。牛头部的牛脑、牛舌、牛骨髓、牛口鼻部和牛臀部，以及牛身外侧的牛乳房和牛睾丸也统称为内脏，有时牛尾也包含在内脏的范围内。

在中世纪，人们认为牛内脏能够治病。如今，牛内脏具有丰富的营养价值，维生素A、B族维生素、维生素C、矿物质、铁、锌、叶酸、钙和磷的含量都较高。它的嘌呤含量也很高，患痛风的人需要谨慎食用。当然，牛内脏中也含有如重金属等有害物质，会加重人体的排毒器官（包括肝脏、腰和脾脏在内）的负担，因此禁止售卖年长动物的内脏，自2000年欧洲疯牛病暴发以来，牛脑、牛眼和牛舌骨也禁止买卖。

当然，如今绝大多数动物在幼年时期就被屠宰了，因此几乎不用担心这些猪和牛的内脏中含有过量有害物质。犊牛的内脏肉质特别细嫩和美味。厨师一般将内脏分为红白两种，像肝、心或肺等色泽呈红色的内脏大多易煮熟，而像脑、肠、乳房或肚等色泽呈白色的内脏所需的烹饪时间（包括清洗、浸泡、煮沸几道工序）较长。绝大多数人都接受食用内脏。在东欧，将羊内脏放在曼加尔烤炉里制作的烤肉比芝士汉堡还受欢迎。在阿拉伯国家，羊睾丸或羊肝可是一种特色美食。在南美，"阿萨多"烧烤节上如果没有牛小肠简直是无法想象的。在亚洲，几乎所有动物内脏都是可以食用的。而很多西方国家对这些动物内脏却越来越不感兴趣了：仅仅在德国，近25年来，动物内脏的人均年食用量就从1400克下降到200克。

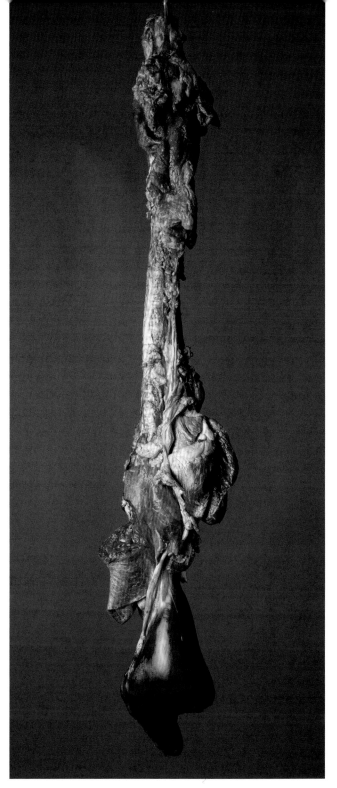

挂钩上挂着的内脏包括：牛食管、牛肺、牛肝等。

## 小牛脑

自2000年欧洲疯牛病暴发以来，德国就禁止了所有关于小牛脑的市场贸易。小牛脑的加工过程烦琐，且必须在动物刚屠宰后立即加工。

## 小牛肺

小牛肺是维也纳牛杂碎的一种不可或缺的配料，此外，也可以用来制作香肠。小牛肺是一种准备起来非常耗时的食材，它的烹饪时间很长。

## 小牛脾脏

与幼牛脾脏相比，小牛脾脏更为柔软，可以用它来酿入牛肉酱馅料，或者把它夹在小白面包片里配汤吃。

## 小牛胰腺

小牛胰腺是位于牛心脏附近的一条生长腺，牛胰腺会随着年龄增长而萎缩。它是牛内脏中最昂贵的一个部位，口感与小牛脑相似，但是比小牛脑更有嚼劲。

## 小牛腰

小牛腰是苏黎世风味小牛肉片的关键食材。由于它的腥味较重，小牛腰几乎无法直接食用。将它泡在牛奶里可以减轻腥味。

## 小牛舌

与幼牛的牛舌相比，小牛舌的体积更小，肉质也更细嫩。因此它所需的烹饪时间较短，如果采用腌制的方式烹饪小牛舌，它的营养流失率也更低。它可以制作腊肠，口感和组织结构与火腿相似。

## 牛舌

除牛心外，牛舌是牛身上最活跃的器官，幼牛的舌部肉质细嫩多汁，但是所需的烹饪准备时间较长。首先得将牛舌煮3小时，接着剥去表皮，然后腌制、熏制，再制作成香肠或马德拉酱牛舌。

## 牛乳房

只能选取那些还未生育的母牛的乳房作为食材。很有名的柏林煎肉排就是用牛乳房烹制的。首先要将牛乳房煮上几小时，冷却后进行压制，再切片，像做煎肉排一样裹上面包或鸡蛋一起煎烤。

### 小牛头肉

尽管小牛头的一部分骨头裸露在外，但是像牛脑、牛舌、牛面、牛脸颊上的肌肉这些位于牛头内部或表面的器官都属于牛的内脏。由于2000年欧洲疯牛病暴发，已经无法在当地的市场上买到完整的牛头了。

### 小牛面肉

经过约3小时的烹饪时间后，幼牛的脸皮和头肌是香肠和碎肉冻的绝佳食材。小牛面卷是法国的一道经典菜式。

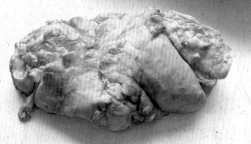

### 牛脂

高烟点（超过200℃）和浓烈的香味使得牛脂成为煎炸牛排所用辅料的不二之选。有名的比利时炸薯片之所以有独特的香味，也是因为在电炸锅里放入了牛脂，这可是一道热门菜品。

### 牛睾丸

牛睾丸是德国唯一允许食用的动物生殖器官，它的肉质细嫩，气味温和。可以整块拿来烧烤，如美国的经典菜肴落基山牡蛎就是用它烧烤而成的。在西班牙，美食家们喜爱的一道美食就是采用牛睾丸做成的牛杂锅。

### 牛口鼻部

牛口鼻部位于牛面部前端，因为它的结缔组织含量高，所以烹饪时间或腌制时间极长。牛口鼻部也可以做成牛肉酱、碎牛肉冻。在德国施瓦本地区，它也用来作为沙拉的食材。

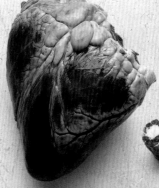

### 牛骨

牛身上的约150根骨头中，尤其是牛腿上充满骨髓的长骨，是一种能带给你很多烹饪乐趣的食材。牛骨关节上的松质骨只适合煲汤。

### 牛骨髓

每100克牛骨髓的热量约为850千卡，它是营养最丰富的食物之一。作为身体器官而言，骨髓还能生成红细胞和白细胞。比较常见的烹饪方法是将牛骨切成小块，露出骨髓，再加上香菜一起烹饪。

### 牛心

心脏是所有脊柱动物身上最活跃的肌造器官。牛心的肉质结实，呈细纤维状，气味浓烈。牛心可以采用焖和煮的烹饪方式，或者切成条做成蔬菜炖肉。

### 牛尾

因为牛尾中骨质、软骨和结缔组织的含量很高，所以它是众所周知的主要煲汤食材。牛尾根部较粗的那部分鲜嫩多汁，尤其适合烹饪锅烤肉。烹饪时，先用文火煮一下再烤味道最佳。

# 内脏中的精品

　　动物的肝脏几乎在全世界上都被认为是内脏中的精华。毫无疑问，动物的肝脏不仅美味可口还有益健康。

**牛肝**

通常，将牛肝从牛身上切除，再剔除牛胆总管后清洗干净再称重，重量约150克，所以牛肝大多是肉铺里赔本赚吆喝的商品。

　　动物肝脏不仅可以制作香肠、肉丸和烧烤食材，甚至在很多地区还是最受欢迎的生吃食物。在中火煎封前，要先剔除动物内脏中的血管和胆管。以前人们习惯通过将动物内脏浸在牛奶中来减少苦味，现在也可以有别的方式，如用焦糖和具有甜味的食物（如洋葱、苹果等）和动物内脏一起烹饪也能起到相同的作用。小牛肝本来就有点甜味，色泽呈淡红色，表面沙沙的。

## 肝脏是一种美味但需要谨慎食用的食材

　　肝脏含有丰富的铁、维生素和叶酸，脂肪含量仅4%，是一种有益身体健康的食材。此外，它的嘌呤含量高，痛风患者和孕妇要谨慎食用。

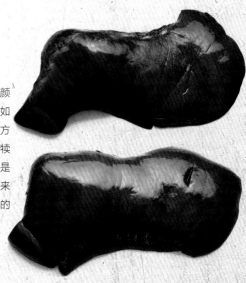

**小牛肝**

幼牛的肝比犊牛的肝颜色要深很多。但是，如果采用煎封的烹饪方法，幼牛的肝就没有犊牛的肝细嫩。生牛肝是极限运动的运动员用来补充体能的最受欢迎的食物之一。

**牛肚**

清理干净的牛前胃（由重瓣胃、蜂巢胃和瘤胃三个部分组成）所需的烹饪时间近6小时。牛的这一部位也称为牛肚，它是农家特色大杂烩中的一种常见食材。

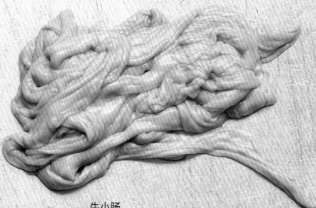

**牛小肠**

近50米长的牛小肠可用作很多肝肠和血肠的肠衣。但是，自2000年欧洲暴发疯牛病危机以来，牛小肠只能靠海外进口。

猪肉

# 猪肉养活数十亿人口

猪肉是德国人最喜爱同时消耗量最大的肉食品种，猪肉贸易给全世界的饲养者和经销商带来巨大的销售额。据统计，全球年均有14亿头猪被宰杀。其他任何一种牲畜都无法满足如此大规模的食物消费。

9000多年前，人类开始驯养野猪及其不同亚种，并形成一个直至今日对我们的饲养方式都至关重要的思想：作为杂食动物的猪虽然是潜在的食物竞争者，但将它们驯化和圈养起来，反倒因此能将所有田地和厨房里的残余废料都完美利用起来。猪虽然不会犁地也不能产奶，但能以相对较快的速度产出高品质的健康的肉：一头母猪每年两次产崽，每次产出10只仔猪（在理想的饲养条件下最多可达14只），这些幼崽可在短短数月内长到出栏体重。而且与牛相比，猪对空间的需求小到可以忽略：规模化的猪圈十分拥挤，仅仅3.12米$^2$的土地（包括牧场上给料的空间）便足以产出一份烤猪所需的肉量。

## 猪——一个世界性的成功故事

猪的商业性价值很早就开始被利用，大约公元前5世纪开始出现刻有野猪和家猪形象的钱币，罗马史料记载：从公元前3世纪起，人们开始饲养家猪，并用烟熏和盐渍的方式将肥厚的猪腿保存起来，制成火腿。而直到公元2世纪开始，才出现仅适合圈养的品种，这也是数十亿量级猪肉市场的前提：全球每年有约14亿头猪被宰杀，总价值超过2000亿欧元（约15636亿元人民币）。这一市场的领导者是中国，并且市场容量还在增加：2013年，中国双汇国际控股有限公司以71亿美元（约511亿元人民币）的价格收购了史密斯菲尔德——美国最大的猪肉供应商。欧洲的猪肉市场领导者是两家丹麦公司，一家是肉品加工企业维扬食品集团（Vion Food Group），年销售额逾140亿美元（约1008亿元人民币），紧跟其后的是全球最大的肉品出口公司丹麦皇冠集团（Danish Crown AmbA）。丹麦是全球唯一一个猪的数量超过总人口数的国家（统计数据跨越整个生命周期）。每一个居民，对应的猪的数量约为2400头，根据这一数字，排在丹麦之后的欧洲国家有荷兰（680）、

比利时（640）和西班牙（590），德国（300）位居第13名。德国猪肉市场的主导者Tönnies公司每年屠宰生猪足足1600万头，而全国每年约有5900万头猪被宰杀（2016年）。平均每个德国人一生中要吃掉46头整猪，但人均37千克猪肉的年消耗量还是低于欧洲平均水平（41千克）。

家猪根据年龄、用途及是否阉割分为几类：仔猪会继续接受哺乳，喂养到5~8周时作为乳猪宰杀；阉割的仔猪即阉猪，断奶的仔猪。其中母猪用来产崽，未阉割的公猪继续饲养，至少等到屠宰前八周时再阉割，这样可以减少难闻的公猪气味。

## 神奇的排骨越来越多

现代养殖环境下，我们身边一半以上的猪都跟1000多头同类一起挤在猪圈里生存，与它们的（半）野生祖先已经没有太多相似之处。它们中90%以上都是基因优化后的杂交品种，仅仅6~7个月就能达到100千克左右的平均出栏体重。与20世纪早期的全身只有15对肋骨的品种相比，现在的杂交猪多长了两对肋骨。过去的野猪只有12对肋骨，经过大量繁殖手段的介入，如今的母猪品种更高产，全身肋骨多达17对，这样屠户便可以多卖10根排骨。除了排骨，围绕猪的身体和历史还有很多大家熟悉的却也惊人的故事，我会在接下来的几页为大家详述。

**我推荐半个猪头作为一顿浪漫的晚餐：越过金黄焦脆的猪脸，给您的最爱投去一道深情的目光。**

——摘自费格斯·亨德森的烹饪著作《从鼻吃到尾》

**马鞍猪**

猪身有一圈浅色带状皮毛，形似马鞍，施瓦本哈尔猪是当地主要养殖品种，在美国叫汉普夏猪，英国人称之为马鞍猪。其肉质有嚼劲，脂肪紧实，很受人们喜爱。

# 纯种猪

德国屠宰的90%以上的猪不归属于某一特定品种，因为规模化猪圈里饲养的"肉猪"是若干育种分支的杂交品种。烹饪时更有风味的是古老的品种。

**杜洛克猪**

这种周身红棕色皮毛的美国品种自20世纪80年代以来在德国主要用于配种，培育出脂肪丰富的品种。不久前西班牙开始越来越多地在野外放养纯种的杜洛克猪，这种环境下产出的杜洛克猪，其肉口感平和醇厚，是制作风干火腿的绝佳材料。

**德国品种**

德国商用猪的主线品种直至1969年才被认可为独立猪种。目前也常常用这个品种与德国大约克夏猪或肌肉强壮的皮特兰猪杂交。这样培育出的品种可产出大量瘦肉，口感偏柔和。

**皮特兰猪**

皮特兰猪是猪中的肌肉猛男，原产于比利时的皮特兰镇，由巴克夏猪和大白猪（大约克夏猪）杂育而成。这个品种的猪肌肉增长速度极快，肌肉率高，但肉质纤维很粗硬。只适合与特性相似的本特海姆黑斑猪配种。

**曼加利察猪**

曼加利察猪肉因脂肪丰富，一度用来制作著名的匈牙利香肠，这个也称为绵羊猪的品种在30年前几近灭绝，后来成为品种培育爱好者的生物技术专家的最爱。经过每年两次换毛，曼加利察猪的"绵羊毛"十分坚硬，即使在冬季也可以生活在户外。该品种猪肉脂肪纹路明显，口感浓厚。

**伊比利亚猪（西班牙黑猪）**

该猪因其标志性的猪蹄外形也称为Pata Negra（黑蹄猪）。这一猪种原产自西班牙，与野猪血缘相近。近年来，经过橡实饲料的喂养，黑毛猪的肉脂肪纹理丰富，香气扑鼻，曾经饱受诟病的黑毛猪肉再度登陆星级餐厅。同样闻名的还有用黑猪肉制成的顶级赛拉诺火腿和伊比利亚火腿。

## 幸运猪——母猪和人类的过去和现在

又撞大运了吗？——德语原句字面意思为：又有猪了吗？这个对彩票赢家溢满羡慕之情的问句早前可彻彻底底是原本的字面意思。中世纪的很多比赛中，人们会给惜败的末位者颁发一个安慰奖——一头活仔猪。猪从很久以前开始就一直是多产（母猪一胎可产14只崽）和幸运的象征。对被授予这个奖品的失败者来说，这个长势迅猛的小家伙也意味着一份小小的财富。这头猪仔最后会变成杂食动物，从厨余垃圾到花园里的橡子都是它的美味，饲料上的开销省下了很多，几乎是自己把自己喂到了出栏体重。到了中世纪晚期，越来越多的人迁居到拥挤的城市，没法再像以前一样每家每户养一头猪，人们甚至因此成立了协作社，社员向农户支付从兽医到屠宰的费用，最终大家会分配到肉、肠、猪油和其他猪副产品。这一形式后来演变为如今的集中屠宰。很多收集硬币所用的储蓄罐是猪的形状，这种动物对人类的价值由此可见。将零钱储蓄在一个象征财富、安全和幸运的形象中，倒也是理所当然的想法。再后来，猪形存钱罐又担起了教育孩子的任务，就像饲养一头真正的猪一样，存钱罐也需要很长时间的投喂（放入硬币），直到装满，才能迎来收获的时刻。在英国，故事又变成另一个版本：据说，过去人们将钱币（以及跟钱一样珍贵的盐）储存在高高的陶制容器里，而烧制这种容器的陶土叫作"Pygg"，后来衍生出了Piggy Bank，也就是今天的猪形存钱罐。

## 猪的特性

虽然少数几个有名的火腿是用牛肉做的，如五香烟熏牛肉、意式风干牛肉或格劳宾登风干牛肉，但火腿、香肠和培根还是用猪肉制作风味最佳。

火腿

熏猪肉

**熏猪肉：** 过去几百年间，人们从猪的腹部、背部或脸颊取一大块肥瘦相间的肉，经过盐渍和（或）烟熏，做成熏猪肉，便可让一些家庭度过凛冬。人们甚至还培育出了专用于做熏肉的猪种。现在世界上消费最多的熏肉取自猪腩，一般切成薄片，作为培根或早餐熏肉售卖。英国的外脊培根是一种特色熏肉，制作时，将猪腩肉连同一块外脊肉一起加工，并在烟熏前用针头向外脊肉中注入盐水，这样处理过的肉明显变得更多汁。而用猪腩肉制作的蒂罗尔熏肉和意大利的潘塞塔腊肉在加工时却故意让肉风干，以便保存。据说意大利北部的烧炭工们用潘塞塔腊肉做成了一款特色比萨，名为"卡尔博纳拉"（Carbonara）比萨。而从这里往南的拉齐奥和翁布里亚，厨师们更喜欢用盐渍、风干后的猪脸肉做料理。德国北部，人们喜欢将猪脸肉放在羽衣甘蓝里熏制。不管何种加工方式，都能说明没有任何一种家畜的肉在熏制后有熏猪肉这样完美的风味。也正是因为如此，那些新加入素食阵营的人们总是最后才忍痛放弃吃猪肉。居家保存熏猪肉时，最好将其放在数层厨房纸巾里（不要用保鲜膜）卷起来，放置在冰箱最底层。

**火腿：** 除了取自猪背脊头的生火腿和猪肩肉火腿之外，几乎各种火腿都是用猪后腿肉制成的，而人们也常常直接将猪后腿叫作"火腿"。火腿区别于熏猪肉的主要特征在于其脂肪较少，而且很多可以直接食用。黑森林熏肉和南蒂罗尔熏肉虽然名为熏肉，实际是配面包吃的火腿。猪肩肉火腿、猪后腿火腿或布拉格火腿都经过盐渍和烹煮（有时也会煮熟后稍加熏制或烘烤），常常用于制作比萨或跟鸡蛋搭配做成菜肴。风干而成的名贵品种如帕尔玛火腿、巴约纳火腿、伊比利亚火腿、巴兰科斯火腿、圣丹尼火腿和齐贝洛火腿都售价高昂。

**血肠：** 公元前3世纪，罗马历史编纂者马尔库斯·波尔基乌斯·加图·森瑟瑞斯（Marcus Porcius Cato Censorius）曾提到，自己最喜欢的猪肉制品除了火腿就是血肠，当时，猪从献祭品变为肉畜。将动物血烹煮成香肠的做法更早之前便有记载，但并非猪血。在希腊史诗《奥德赛》的第十八章中，安东尼斯的颂词里提到一种食物："这些是山羊胃，里面填满了脂肪和血，我们把它放到灼热的炭火上熏烤，这便是今天的晚餐。"今天人们规范了这道美食的做法：在血肠、黑香肠、红肠、舌香肠和熏肉肠里应含有70%煮熟的猪肉皮、熏肉块，有时会加入一些猪内脏和30%的猪血。法国的布丁（Boudin）血肠，西班牙和南美的莫尔西利亚（Morcilla）血肠，芬兰的穆斯塔马卡拉（Mustamakkara）黑血肠或英国的黑布丁（Black Pudding）都是世界闻名的血肠品种。

**猪油：** 德国大部分地区售卖的猪油实际上都是挂羊头卖狗肉，因为它们都是用猪腩熏肉和猪背脊肉加工的。只要你尝过真正的猪腹壁油脂（板油），就能立刻分辨出两者的差别了：相比于那些替代品，正宗的猪板油柔软得多，油脂更丰富，香气也更浓厚，而油渣部分也更松脆。

血肠

猪油

熏猪肉、火腿、血肠、猪油——全猪宴，
人们因为这些美食爱上猪肉。

# 家庭自宰

　　猪必有一死，不然哪来的火腿、香肠和排骨。很早之前，当献祭用的牲畜越来越少，家畜越来越多地转变为食物，每次杀猪，总能让全村人为之雀跃。今天这种形式的屠宰场最早出现在19世纪。在此之前，人们都在农场主的院子里宰杀牲畜。帮着一起干活儿的人还能给饥肠辘辘的家人们带回去一罐香肠汤，大方的主人家会往汤里放进满满的香肠。过去家养的猪跟现在相比要明显壮硕得多，而且会养更久才宰杀：根据喂养的饲料不同，农户家自己屠宰的母猪最重可达400千克（如今屠宰场的母猪约100千克），能解决整个大家庭整个冬天的口粮，还能有多余的分给几个邻居。第二次世界大战结束之初，德国几乎一半的猪都是家养后自行屠宰的。直到经济重新复苏，对猪肉的需求剧增，同时，肉食生产进入工业化时代，家养自行屠宰的猪肉数量才出现了急速下降。在德国，1980年，家养猪的屠宰比例占总屠宰猪肉的10%；1990年，这个比例降到了3%，同年德国全年平均的猪肉屠宰数量约为5000万头，其中农场屠宰的猪肉不超过15万头。它的主要原因在于2007年颁布的欧洲食品卫生协定。这项协定加强了家养屠宰猪肉的肉品卫生许可和检验流程，同时禁止个体户买卖自行屠宰的猪肉。这类猪肉只能自己家用，也不允许赠予他人。严格意义上来说，甚至不能赠送给自己居住在邻村的祖母。

实行工业化的肉类加工之前，每家每户的宰猪的日——通常在入冬前，是整个村庄的节日。

# 猪肉分切部位

从嘴到尾巴：猪可谓全身都是宝。

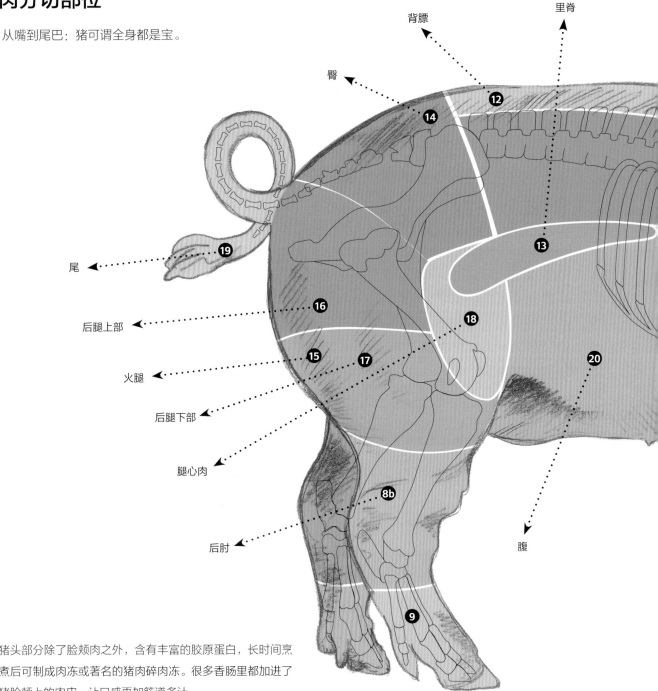

❶ 猪头部分除了脸颊肉之外，含有丰富的胶原蛋白，长时间烹煮后可制成肉冻或著名的猪肉碎肉冻。很多香肠里都加进了猪脸颊上的肉皮，让口感更加筋道多汁。

❷ 猪的脸颊肉几乎都是红色的肌肉纤维，因此需要长时间焖煮。如果是乳猪则稍加煎烤即可。

❸ 猪的口鼻一般是屠宰时被丢弃的部分，其肉质介于肉和脂肪之间。

❹ 猪耳朵含大量软骨，煮久一点后切成极薄的猪耳片，对懂行的人来说是一道特色美食。

❺ 猪胸脯肉是从猪皮和肋骨之间切出来的，适合焖烧。

❻ 猪颈部有脂肪和结缔组织穿过，分布着很多不同的肌肉束。适合切成大块焖烧或煎烤，或切片作为猪颈肉排煎烤。

❼ 肩颈肉在西班牙会做成大家喜爱的烤肉，如香烤猪肩或汤汁丰富的炖猪肉。或者整块放进熏烤炉里做成手撕烤猪肉。

❽ 猪肘上段可以烤着吃，也可焖烧，或者做成腌肘子和红烧肘子。

❾ 猪蹄部分肉少，胶原蛋白丰富，适合制成肉冻；意大利人用猪蹄皮做肠衣，塞进各种材料，炖煮成赞波尼（Zampone）猪蹄香肠。

❿ 猪背脊肉做成的快熟肉排肉质最精瘦：如猪里脊（去骨背脊肌肉），整块切出或做成快熟猪排均可。还有前端的大里脊及后端带小块里脊的里脊肉排。

⓫ 猪肩胛肉可做成香肠。

⓬ 猪背部的这块肥膘因纤维紧实，非常适合切成细条后塞进其

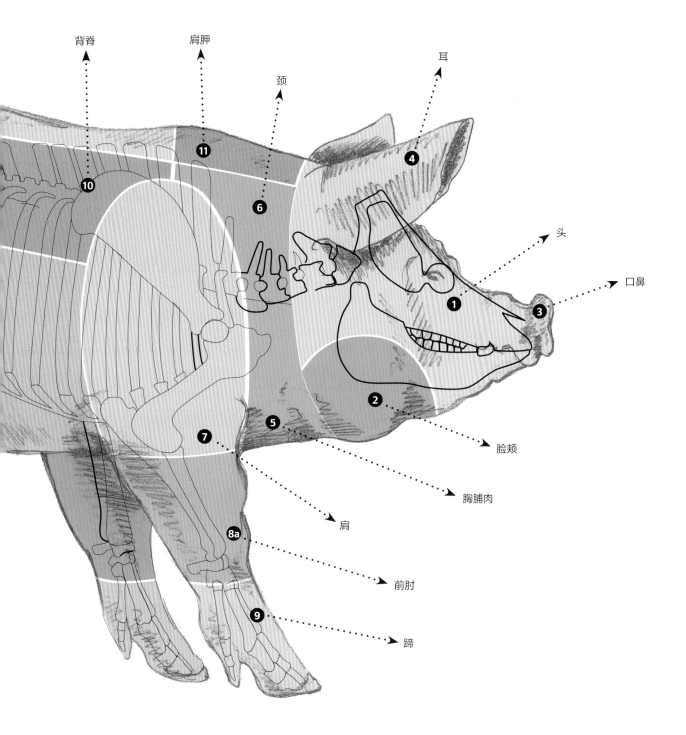

背脊

肩胛

颈

耳

头

口鼻

脸颊

胸脯肉

肩

前肘

蹄

**①** **②** **③** **④** **⑤** **⑥** **⑦** **8a** **⑨** **⑩** **⑪**

他食材中，捆绑扎紧后炖煮，可起到滋润的作用。意大利的
传统料理拉多（Lardo）就是用这种方法制作的。

**⑬** 里脊是猪的背部肌肉，平时运动得最少，因而也是猪身上最
柔软的部位。

**⑭** 猪臀肉是后腿肉的一部分，可以焖烧，也可以盐渍制成熏
火腿。

**⑮** 猪后腿也称"火腿"，占胴体重量的1/4，可以切分成后腿上
段和后腿下段。

**⑯** 后腿上段，可烤制，或者做成煮火腿。

**⑰** 后腿下段，可做成炸猪排、调汁肉片，或者带皮烤制。

**⑱** 肉质柔嫩的"腿心肉"适合做瑞士芝士火锅和坚果火腿。

**⑲** 猪尾能丰富"杀猪菜⊖"和猪肉冻。

**⑳** 猪腹部的肉有30%脂肪，是全身最肥的部分。肥硕的猪腩肉
通常做成熏肉或腌肉，肋条则用来做炖菜或烤肋排。

---

⊖ 杀猪菜：德国特色菜，由酸菜、白肉、血肠和猪肝肠等混合烹制而成。

# 煎&烤

从猪颈肉排到烤小香肠，从炸猪排到烤肋排，猪全身很多部位肉质鲜嫩，结缔组织较少，非常适合做快熟料理。

德国人特别钟情于烤猪肉：大约3/4的人吃烧烤时最爱吃猪肉，其次是禽类（58%）和牛肉（41%）（数据源自2016年Wiesenhof烧烤研究报告）。根据德国屠夫协会的统计，烤肉架上用得最多的是腌制好的猪颈肉排。猪颈部位的肌肉肥美多汁，脂肪含量非常适合煎烤，它是一顿完美的烧烤大餐的保障，如同三脚架上的白兰地杯那样神圣。

猪的其他部位也可以快速烹煮成各种美味料理：大腿上段或下段做成的炸猪排；肥美的猪腩熏肉，取自猪腹部或胸部；因为带着长长的骨头而格外香的炖排骨。当然还有背部的黄金部位——猪肋排、里脊肉、切薄片做成快熟猪排的背部核心肌肉。

**猪身切半1**
这个悬挂着的猪肉胴体很直观地向我们展示了猪全身出肉量最大的部位：肩部和后腿

**带肥猪脸肉切片**
肉铺的猪脸肉通常都做成熏肉出售，是冬天煮一锅炖的点睛之笔，搭配羽衣甘蓝也不错。

**脸颊精肉**
剔出来的咀嚼肌部分要是丢进绞肉机就太可惜了：小猪脸颊上的咀嚼肌可以做成美味多汁的烤肉小食，或者稍加焖煮，做成柔嫩的炖肉。

**颈部肉排**
猪颈肉排价格便宜，通常做成烤肉，肉汁四溢。带颈椎骨的炖煮成略带韧劲的猪颈肉排骨。

**胸部小排**
取自肋骨前部，这部分排骨较小，没有腹部的排骨肉多。适合做炖菜和烧烤。

**腹部肉**
可烟熏或做成炖鲜猪肉，可以切片烧烤或用来做大锅炖菜。还可以切得极薄作为早餐培根享用。

**猪仔骨**

猪排骨的后半部有8~13根骨头为猪仔骨，肋排之间的肉相比前半部更多。因此也适合用于不接触明火的烧烤和烟熏。

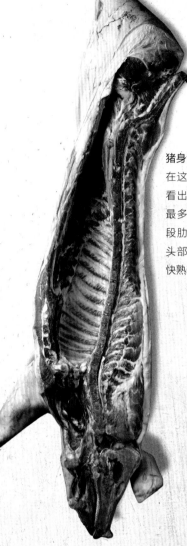

**猪身切半2**

在这半边猪胴体上可以明显看出，猪身后半部分的肉量最多。沿着脊柱依次是下半段肋骨、脊骨和肩部排骨，头部主要是脸颊肉可用来做快熟料理。

**里脊肉排**

猪身上的T骨部位同样也有一长条位于骨头内侧的里脊肉。因此也叫作小里脊或里脊肉排。

**后腰肉**

后腰肉脂肪很少，适合做成小块炸猪排或快熟猪排。西班牙人用牛奶把柔嫩的里脊肉煮到呈粉红色。

**蝴蝶肉排**

这是后腰肉快熟料理的经典切法：中心部位稍稍烹煮至半熟即可，不然肉会太干。裹上面包糠亦可炸成小份的蓝绶带肉卷（用肉卷住火腿和芝士，再裹上面包糠炸制而成的料理）。

**炸猪排**

从猪后腿肉上段（更佳）或下段沿纤维方向横切出一块肉。可以裹上面包糠炸成维也纳猪排，或保留自然风味，做成猎人炸猪排（Jägerschnitzel）（配以菌菇和调味酱的猪排）。

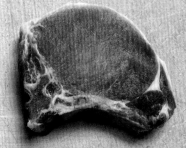

**猪肩肉**

肉铺老板的秘密武器。猪肩肉相比其他部位价格较低廉，位于肩胛骨之上，肉质非常柔嫩，适合烧烤。也可用真空低温烹制法预煮。

**大里脊**

肩部排骨和里脊肉排之间的经典部位。带有长长的骨头，可以做成烧烤战斧猪排。腌渍后稍稍熏制便可做成卡塞尔（Kassler）熏猪排。

**三角肉**

后腿连接臀部的骨头上有一块扁平的肉，因其脂肪纹路呈扇形，也叫作"蜘蛛肉"。每头猪身上只有约300克。极柔嫩，做烧烤吃美味多汁。

# 烟熏烧烤

烟熏炉体形小巧，适合家庭烧烤用，一旦支起炉架，烤肉的香味便传遍街坊，就算邻居住得很远，只要主人发出邀请，没人会拒绝一顿美味多汁的烤猪肉大餐。

想要给烤物增添些许烟熏的香气，除了可以用香木碎屑烧烤，也可以借助木炭或燃气烤炉。但只有将炭火和肉分隔开的传统烟熏炉才能使烟在烧烤时保持适宜的热度，这样烤出来的肉方能拥有独一无二的风味和汁水充盈的口感。如大家爱吃的手撕烤猪肉就是用这样的方法烤制的。用同样的方法烤肋排，肉会酥软到几乎直接从骨头上脱落下来。最适合烟熏料理的部位是那些结缔组织丰富，多软骨多肌腱的部位，这些地方的肉即使用别的烹饪方法也需要很长时间，用真空低温技术烹制又不免太过乏味，且肉块过大，并不适合。

烟熏烤肉在美国很受欢迎，有的猪肉部位块头巨大，没法放进任何烤箱或煮锅，如整个猪颈或从猪肩到猪蹄的一整片肉，或是起码4千克重的带肋骨猪腩肉，又或是整个硕大的猪后腿。其实关键问题在于，要处理这么大块的肉需要很长时间，等到烹饪温度计（推荐使用）的指数达到理想的80℃，估计一天就过去了。

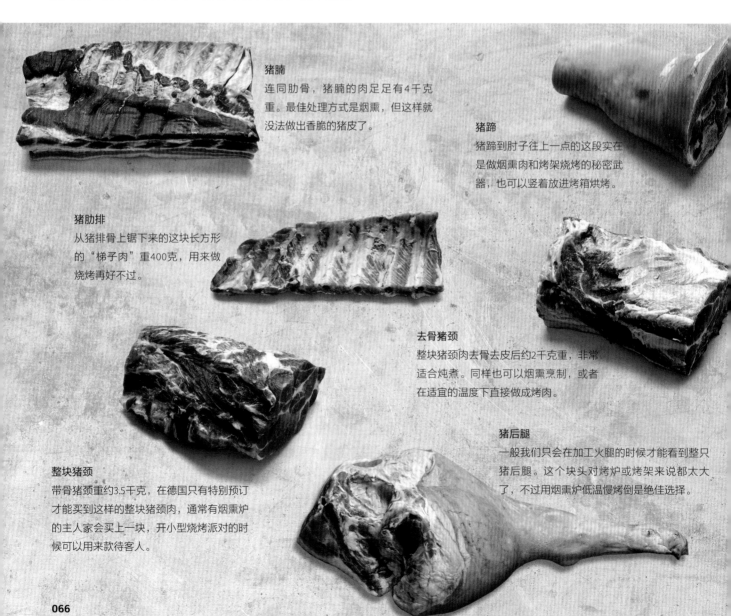

**猪腩**
连同肋骨，猪腩的肉足足有4千克重。最佳处理方式是烟熏，但这样就没法做出香脆的猪皮了。

**猪蹄**
猪蹄到肘子往上一点的这段实在是做烟熏肉和烤架烧烤的秘密武器，也可以竖着放进烤箱烘烤。

**猪肋排**
从猪排骨上锯下来的这块长方形的"梯子肉"重400克，用来做烧烤再好不过。

**去骨猪颈**
整块猪颈肉去骨去皮后约2千克重，非常适合炖煮。同样也可以烟熏烹制，或者在适宜的温度下直接做成烤肉。

**整块猪颈**
带骨猪颈重约3.5千克，在德国只有特别预订才能买到这样的整块猪颈肉，通常有烟熏炉的主人家会买上一块，开小型烧烤派对的时候可以用来款待客人。

**猪后腿**
一般我们只会在加工火腿的时候才能看到整只猪后腿。这个块头对烤炉或烤架来说都太大了，不过用烟熏炉低温慢烤倒是绝佳选择。

# 一切美好都值得等待

"Low"和"Slow"是美国南部最受欢迎的烹煮方式：即低温慢煮，长达数小时，适合烹饪大块肉。最原始的户外烧烤甚至还会在一块巨大的木炭上烤制一整头猪。

很多超市早就开始提供手撕猪肉这道熟菜。但这种烤肉通常是大规模工业化加工制成，再配上有烟熏风味的烧烤调料出售，与美国南部地道的手撕猪肉相差甚远。那里做正宗的手撕猪肉，会将整头猪放进高高垒起的炉膛内，低温慢烤24小时以上，直到可以用两把叉子轻松撕开肉汁丰富的猪肉纤维。再佐以苹果醋和辣椒酱享用，烤得酥脆的猪皮则剁碎了塞进小面包里做配餐。把大块猪肉置于火塘上方的灼热烟气中熏烤，是非常古老的烹饪方式。时至今日，在美国的卡罗莱纳州、乔治亚州、亚拉巴马州、田纳西州、阿肯色州、俄克拉荷马州和科罗纳多州，烧烤早已成为一项时兴的活动。

## 烤整猪

还有一些典型的猪肉部位适用这种烧烤或烟熏的烹饪方式，其中部分可追溯到早些年间。在美国，这些次级切件，也称侧边切件会以相对低廉的价格出售。肉较少的猪肋骨或牛肋骨，整片猪肩肉或纤维较长的牛胸肉组成了烟熏界的三位一体：排骨、猪肩或整块猪颈肉做的手撕烤肉，以及牛胸肉的黄金组合。负责掌控烧烤火候的人称为Pitmaster，即烧烤大师，这个头衔也源自早期户外烧烤。早先填满炭火的大坑或烟熏炉的炉膛都叫作Pit，而烧烤的火候则由大厨们把控。熏烤时的热度平稳均衡，主要通过中段的烟气在相对低的温度下（90~130℃）将热量传递到肉上，使肉变得柔软而多汁，如果不是这样的烹饪方式，很多部位的肉就只能做香肠或汤料了。熏烤到最后，平时嚼不动的结缔组织融化成了胶状物质，咬上一口，肉汁喷涌。最早用来做户外烧烤的部位是猪或牛的肋骨，一份香烤软肋骨排有10~13根肋骨，把软骨部分切出来，可以组成一块长方形的肋排，也叫作圣路易斯肋排（St. Louis Cut）。在美国，比圣路易斯肋排更受欢迎的肋排只有重达2千克，足足50厘米长的迪诺（Dino）牛肋排了。肉铺伙计切好的牛肋排大小恰好适合放入烟熏炉。

**猪肋排，手撕烤猪肉和牛胸肉——BBQ的三位一体。**

——杰米·珀维安斯

# 炉子里的猪

　　猪肉的纤维结构比牛肉更细嫩，因此有很多适合快熟料理的猪肉部位。当然也有分别适合焖烧、隔火烧烤和炉内烘烤的部位。

　　过去每逢周日，一锅香气四溢的炖猪肉便能引得一家人围拢炉前，垂涎欲滴，这样的日子早就过去了。不过虽然炸猪排和快熟猪排成了主流食物，在德国很多地区，尤其是南部，人们还是愿意花费工夫来精心烹饪一道炖猪肉：结缔组织、软骨、肌腱、脂肪层——这些并不适合平底锅煎炸或开放式烧烤这样的快速烹饪方式，却是炖猪肉里缺一不可的组成部分。这样的食材虽然在核心温度超过70℃时才开始慢慢发生变化，但这种慢工烹煮的成果总是令人惊叹：炖煮到最后，肉片汁水四溢，纤维入口即化，却又不失嚼劲，口感湿润。

## 适合炖煮的部位

　　猪身上最重要的炖煮部位是结缔组织丰富的肩部和胸部，以及肉质更均衡一些的后腿肉。传统的烧猪肉（表皮切成菱形，口感酥脆）主要取自厚厚的猪肩肉、肋骨肉（带骨带皮）或者柔嫩的猪后腿肉上段。最适合炖煮的当然是猪蹄髈和靠近肩胛骨部位的肉。

**猪胸肉**

肉铺伙计通常会在这个部分横向切开一个口子，方便客人做焖猪肉的时候往猪胸肉里填塞配料，猪胸肉包含大量软骨和骨头，20%以上都是脂肪，很适合长时间炖煮。

**猪腹**

整个猪腹部，连同胸部的前半部分，重量足有6千克，是美国熏烤料理中最大的部位。猪腹肉也适合焖烧。在德国很少有整块猪腹肉出售。

**猪肋骨前部**

猪背脊前半段，连同肋骨剔出并将其清理干净后，这个部位居然接近4千克重，可做焖猪肉。剔出8根肋骨以上，也可绑成皇冠造型。

**猪腰肉**

猪腰部的肉去骨去皮，如煎烤，捆扎起来烹制或低温慢烤可以防止肉质过干，确保口感柔嫩不油腻。

**里脊肉**

这是猪身上最嫩的肌肉，通常被切成圆形用于快熟煎烤，不过也同样适合用低温慢煮方式料理，通常可切薄片，裹上甜味配菜卷成肉卷煎煮。

**猪背脊肉**

包含了脂肪、猪皮和脊骨的这块猪脊肉完美适应任何炖煮方式。

**猪肩肉**

带肩胛骨和上腿骨的最大块的煎肉部位（重约6千克）。不包括猪肘部位的猪肩肉在德国很少整块出售，美国人经常用这个部位的肉做手撕烤肉。

**薄切猪肩肉**

德国弗兰肯和巴登地区用带骨猪肩肉做成烤猪肩（Schäuferla）。剔骨后烹饪，如做煎肉卷，应将骨膜保留在肉上，可起到隔热作用。

**猪蹄髈**

最重可达1.5千克，德国南部煎煮用肉的代名词，通常做法是腌制后再煎煮。猪皮包裹四周，中间是骨头，应该称得上猪身上最多汁的部位。

**圆卷火腿**

完整带皮猪腿肉，取自猪腿上段和下段，但不包括臀肉，适合烟熏或长时间烹煮。意大利人也会用它加工成熟火腿。

**猪外腿肉**

猪后腿外围一圈带皮肉重约2.5千克，这是一大块煎煮用肉，肉铺通常把它加工成硬皮火腿，或切成薄片做猪排肉出售。

**厚切猪肩肉**

调味后可以做成多汁的红烧肉，但通常做法是整块煎烤（重约1.5千克），猪皮切成菱形，烤熟后外皮酥脆，猪肉汁水丰盈。

**腿心肉**

这块圆形的猪后腿核心肌肉（1.5千克）可做小块炸猪排和芝士火腿肉排，肉质上乘，可做火锅涮肉片，亦可加工成口感柔嫩的烟熏风味的"腿心火腿"。

**带盖臀肉**

猪后腿内部的这块肉，是做猪排的绝佳材料，可做成红烧肉或调汁肉片，肥肉最少。连皮带肉，可以一整块做成烤肉（约2.7千克）。

**臀肉**

这是后腿肉去皮去外围带筋膜部分的肉，是除里脊之外猪全身脂肪最少，纤维最细致的部分，非常适合做嫩猪排和快熟肉卷。

**臀部煎肉**

臀部的这块肉用来炖煮相对较小（重约1.2千克），但脂肪较少，汁水丰富，是肉铺的秘密武器。

**猪排部臀腰肉**

也叫作火腿熏肉，最常用的烹饪方式是做煮火腿。适合做红烧肉，或者加工成火锅涮肉。

# 脂肪库

　　没有其他任何一种畜类像猪这样产出如此丰富的不同种类的脂肪，适用于各种各样的烹饪方法，甚至可以用来加工蛋糕和饼干。不过重点是要根据不同的用途选取正确的脂肪种类。

　　几百年前，猪的油脂和猪肉一样珍贵。大规模制奶业出现之前，西方国家的厨房里动物油脂甚至比黄油更重要，不管烹饪菜肴还是制作甜食，它都能派上用场。因其极佳的抗热性，理所当然地适合高温下的煎烤料理。此外，动物油脂由不饱和脂肪酸和饱和脂肪酸均衡混合组成。后来由于黄油价格降低，以及更易储存的植物油的推广，动物油脂的重要性大大降低——而这跟当今饲养的肉畜品种脂肪含量减少也有分不开的关系。二战结束以后，平均每头牲畜身上获取的脂肪量降低了2/3，已不足4千克。

　　猪身上品质较高的脂肪主要出自5个部位：腹部、背部、猪腰、网膜和脸颊。腹部除了能加工成脆渣油脂的猪网油（腹壁脂肪），以及猪腰周围分布的脂肪组织外，更有大量夹杂其间的猪板油，可以直接煎熟享用，肉质肥美多汁，也可切片做成大家喜爱的风味烧烤，还可腌制并（或）烟熏后做成一锅炖的配菜，或用于烹饪时的提味，还能配面包吃。而覆盖在背脊肌肉束上，肉质更为紧实的背膘则通常直接生切薄片，裹覆在其他肉表面一起煎烤。

　　猪腹部肥膘调味后腌制数月，便成为意大利人喜爱的美食拉度（lardo）。另外两种猪油即便是高档的烹饪艺术也同样热衷：一种是覆盖在内脏器官表面的油膜，可延展成一张1米²大小的油网，可以用来包裹食材，煎炸成各式美味料理。另一种是脸颊部分的脂肪，在德国基本只用来做香肠或搭配羽衣甘蓝烹煮。而在意大利，人们会将它风干制成一种特色烟熏猪脸颊肉（Guanciale），用于烹饪传统风味的奶油培根意大利面（Alla Carbonara）。

## 当猪皮成为超级食物

　　猪皮，即除去脂肪和肉之外的皮层，当我们把皮下脂肪和皮表的猪毛细致地清除干净后，猪皮主要由中间的乳突层和网状层组成。这个部分胶原蛋白极丰富，煮透后析出的油脂不足3%，而产生的蛋白含量却超过35%。将其切成细长条，放进微波炉里烤至酥脆蓬松，仅凭这个小妙招，猪皮就能成为一道"超级食物"了。

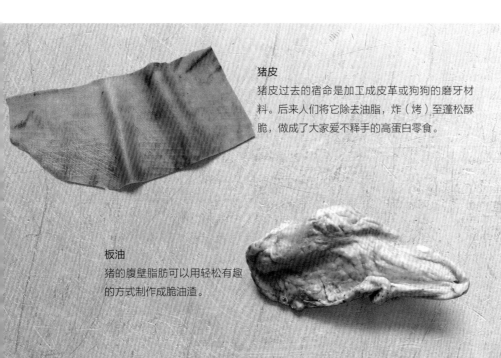

**猪皮**
猪皮过去的宿命是加工成皮革或狗狗的磨牙材料。后来人们将它除去油脂，炸（烤）至蓬松酥脆，做成了大家爱不释手的高蛋白零食。

**板油**
猪的腹壁脂肪可以用轻松有趣的方式制作成脆油渣。

**背膘**
背部肌肉上的脂肪层不夹杂其他成分，可生切成薄片包裹着其他肉一同煎烤，使肉口感更滋润，或做成酥皮盖在汤碗上。

## 冷腌和热熏

　　腌制或烟熏后的猪后腿肉一直以来代表了人们对最喜爱和珍贵之物的想象，这点从文学艺术作品里对"极乐乡"一词的描述中便可看出——树上到处挂满了火腿。从臀部到蹄髈之间的猪后腿肉肉质紧实，肌肉较多，比其他任何部位都更适合长时间储存、即使没有冷藏条件，可通过脱水（干燥）、盐渍或烟熏杀菌的方式保存。至今为止还没有其他任何肉畜制品可与之媲美。火腿的纤维和口感除了跟猪的品种有关，主要取决于空气湿度。阿尔卑斯山往南的地区采取缓慢风干的做法；德国的传统做法是将其悬挂在屋檐下烟熏。这其中包括各种地区风味，如黑森林地区和威斯特拉伦地区的圆卷火腿或荷尔斯泰因州的红鲑火腿（Katenschinken），制作这种火腿的是价格高昂的核心肌肉，当地人将其命名为"Pape"。不过在火腿的品质和价格上能角逐世界之最的却是意大利和西班牙。意大利帕尔马省的古拉泰勒火腿售价为每千克150欧元（约1173元人民币）。不过相比于西班牙产的伊比利亚橡果火腿，它的价格反倒显得亲民了。这种火腿来自西班牙吉胡埃洛产区，这里生长着霍尔姆橡树，位于西班牙西南部、埃斯特雷马杜拉区的中心地带。这种伊比利亚火腿的熟成期为三年，每千克售价超过220欧元（约1720元人民币）。

# 炖煮猪肉

即便在以炖煮鲜肉为主流饮食文化的奥地利，将鲜猪肉在沸水里煮熟的做法也并不常见，这其中有生物学和烹饪原理方面的原因，不过也有一些美味的例外。

牛肉的锁水性较好，水煮后也能保持鲜嫩，而猪身上大多数骨骼肌的纤维结构都非常紧凑密实，一碰到沸腾的液体就会变得干燥。因此即使在炖肉之都维也纳，人们也很少把未经腌制的生猪肉放进锅里煮，不过在奥地利其他地区，以及德国南部和瑞士，人们还是一直热衷于水煮猪肉的简单料理，如取稍肥的猪肉（如猪肩肉），水煮后切片，搭配经典的辣根一同享用。在制作著名的恺撒炖肉（Kaiserfleisch）和熏肋骨肉（Selchkarree）时，也同样用了炖煮的方式，只不过水煮之前通过腌制或烟熏的步骤使肉先变得软嫩，类似黑森州特色酸菜配卡塞尔熏猪颈肉的做法。往煮肉的水里加入食醋也能起到类似的效果，德国北部的煮猪肉就采用了这种做法，煮好的猪肉带有大量凝结的胶原蛋白。用猪头肉或猪蹄制作的传统肉冻也运用了相同的烹饪方法。作为汤品、烩菜或羽衣甘蓝（搭配猪脸肉）的配料，一般使用适量烟熏猪腩肉，如果是卡塞尔风味，还会在烟熏前先将肉腌制好。

**哟吼！棒极了！是猪脸肉！**

——布鲁斯·威利斯《虎胆龙威》台词

## 猪肘子

在亚洲，人们甚至会将脂肪很少的猪肉部位在进一步加工之前（如包在点心、粽子或包子里）先预煮一遍。由此产生的干燥的猪肉纤维反倒让食物的味道变得更好。如制作泰国料理蔬菜酸橙猪肉（Muh Manao）时，人们先把里脊肉煮熟，然后切成极薄的肉片，和甘蓝、柠檬及泰式辣椒一起混合搅拌成鲜辣多汁的沙拉。经典菜品红烧肉，选用色泽红亮的猪腩部肉炖煮而成；还有英国人最喜欢的零食——猪肉派，也是将猪肉煮过之后再切丁，包进薄薄的面皮。但几乎没有一道炖煮猪肉的料理像前面提到的猪肘子一样世界闻名，肘子经过几小时的炖煮，肉质变得柔软香糯，搭配发酵后的圆白菜，便是经典的德式酸菜猪肘。

**猪蹄**
中国人煮猪蹄之前会将其腌制一下，否则猪蹄里作为黏合剂的大量胶原蛋白会凝结成肉冻。意大利人在猪蹄里填充各种配料后焖煮，做成酿猪蹄香肠，这是意大利名副其实的国菜。

**猪脸颊**
整个猪脸颊肉部分在德国通常加工成香肠，也可以将烟熏过的猪脸肉搭配羽衣甘蓝或炖菜做成简单的料理。

**猪前蹄**
猪的前蹄比后蹄轻800克左右，相比之下后蹄更易炖煮，而烹饪前蹄时一般将其腌制后再炖煮，用它做成的冰肘子是德国历史悠久的一道传统菜肴。

**去骨猪腩肉**
可盐渍并（或）烟熏做成熏肉，或烟熏后烤制，这个部分的肉比较肥厚，人们也喜欢在烹饪各种大锅烩菜时加入未经调味的猪腩肉作为配料。

**猪背脊**

乳猪的背脊部分，带皮带骨，总重约2.3千克。可整块炖煮，但通常的做法是将其拆解成肋排、仔排和背脊肉。

**乳猪**

一只尚未断奶，5~8千克重的乳猪便能满足小型烧烤聚会的招待所需。而一头80千克重的小猪，用烤肉叉架在火上烤熟，可以招待150位宾客。重点提示：烤好后先将其静置30分钟以上。

**肋排**

将肋排间的肉剔除，使肋骨露出并将其擦净，可将背脊这一段切件绑成环形，宛若一个华丽的皇冠。带皮焖煮，肉质馥郁多汁。

**卷猪肉**

将乳猪从肩部到前蹄之间的这段包裹着骨头卷起并捆绑固定好，重约1.5千克，是经典炖猪肉的原料，烹煮后肉质软嫩多汁。

# 乳猪虽小，滋味十足

　　烤乳猪不仅是聚会上吸引眼球的珍馐美味，它也将肉食爱好者分为两极：一部分人钟爱乳猪柔嫩的口感，另一部分人则觉得它吃起来味同嚼蜡。

　　乳猪一般是出生5~8周的小猪崽，体重超10千克为好，而且应该还在吃母乳。乳猪体重超过20千克后，肉质开始变得紧实，且香气更浓郁。早在古罗马时期，人们就喜欢按照阿比修斯的《论厨艺》（De Re Coquinaria）食谱烹制17种不同风味的烤乳猪，直到今天，意大利的乡村聚会上总少不了一道意式烤乳猪。乳猪肉质柔嫩，很适合短时间炖煮或烧烤。但整体来看欧洲人吃乳猪的热度已经消退了很多。越来越多的养殖户多年来坚持"不宰杀小猪崽"的原则，有些人认为乳猪"吃起来什么味道都没有，除非放很多盐和酱汁"。

**后腿**

整只带骨猪后腿重约3千克，可以整块做成宴会菜肴，也可以腌制成肉汁丰富的火腿。

**前腿**

从肩部到猪蹄的这个部分重1.5千克，明显比猪后腿要小，但同样含有丰富的结缔组织，因而也需要相同的烹煮时间。理想的烹饪方法是用干草将其包裹，在低温环境中焖烧。

# 世界各地的猪

世界各地切分猪肉的方法各有不同，美国人有专门适合做户外烧烤的切法，德国弗兰肯和士瓦本地区有独特的猪肩肉切件。但用创新方法拆解猪肉的大师还属西班牙人。

猪肉是地球上最受欢迎的蛋白质来源之一：每年全球有约14亿头猪被宰杀。尽管猪肉切件都是类似的，但欧洲各地在拆解猪肉时在切法上还是有所不同。首先从猪肩肉说起：在德国巴伐利亚州弗兰肯地区，烤猪肩绝对称得上周末特色烤肉。肉铺伙计卖猪肩肉时会将肩胛骨沿水平方向锯开。切分后的部分最重达800克，炖肉时，Y形的骨架从三个方向将肉保护在其中，而外层猪皮也避免了猪肉被炉温烤干，这样煮出来的猪肩肉口感柔嫩多汁。德国黑森林外围的居民也很爱吃烤猪肩，但通常他们会把肉先腌制并（或）烟熏后在汤汁中炖煮。爱吃户外烧烤的美国人也有一些区别于德国的猪肉切分方法，如波士顿香煎猪肩肉，用不同于美国的肋骨切件，或最近流行起来的将猪的侧腹肉切分做成煎猪排，北德地区称之为侧腹猪排（Flank Steak）。

开发出最多猪肉切分方法的是西班牙的屠户们。这还要得益于当地伊比利亚猪优良的品质。这一品种主要以"半野生"状态生活在埃斯特雷马杜拉巨大的橡树林里。每头猪有1公顷（10000米²）左右的活动区域。在温暖的冬天，它们要吃掉近乎2倍于自身体重的橡树果。

这样的饮食习惯，最终也反映到伊比利亚猪肉典型的坚果香气和完美的脂肪分布上。

## 猪肉重新回归到星级餐厅的菜单上

这种欧洲几十年来无法复制的猪肉品质诞生出西班牙特色猪肉切件，如嫩肩肉（Presa），肩肌肉（Secreto），下巴肉（Papada）或羽毛肉（羽毛状猪柳，Pluma），它们首先在烹饪艺术高度成熟的西班牙北部米其林三星餐厅备受青睐，随后受到全欧洲众多顶级餐厅的欢迎。因为伊比利亚猪的顶级肉质，让很多之前放弃对猪肉继续加工的高端厨房乐于重新呈上这道特色美食。下巴肉（Papada）就是很好的佐证：西班牙人将猪脸颊到下巴沿着肌肉纹理切出的长长一条肉，称之为Papada，这个部分因为脂肪含量较高，成为后厨的抢手食材，大厨们常常用它搭配龙虾菜肴，增添风味。德国本土大多用烟熏后的猪脸肉配羽衣甘蓝烹煮，而下巴肉则被奥地利人拿来加工香肠。

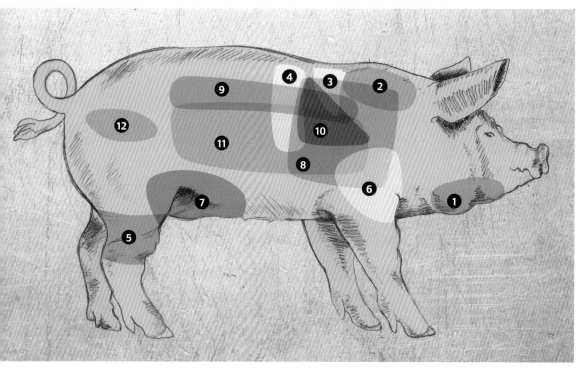

全球特色猪肉切件
分布图：
**1** 下巴肉
**2** 嫩肩肉
**3** 羽毛肉（猪梅肉）
**4** 肩肌肉
**5** 翅膀肉
**6** 猪肩肉
**7** 侧腹肉
**8** 波士顿肩胛肉
**9** 猪肋排
**10** 圣路易斯风格肋排
**11** 整块猪肋排
**12** 三角肉

**肩肌肉**

这是西班牙人的厨房秘诀：油花清晰，薄薄的扇形肌肉，位于前腿和腰椎肉之间。平切后做成快熟猪排或用作卷烤肉的外层均可，香气浓郁。

**侧腹肉**

不久之前侧腹肉还是最受欢迎的"新式"烤牛肉部位，现在人们也从猪的肋腹切出这个部位。同样纤维较长，肉质紧实，汁水丰富。

**猪梅肉**

这块位于猪颈中心的小小的（约300克）呈扁平三角形的肉让人联想到一片羽毛（西语"Pluma"）。西班牙人过去将它风干成伊比利亚猪里脊熏肠（Lomo Embuchado），今日在欧洲成为风靡顶级厨房的快熟猪排部位。

**嫩肩肉**

这块肩颈核心肌肉（重约600克）在西班牙被单独切分出来，肉质非常柔嫩，可切薄片烤着吃，或做成多汁的炖肉。

**下巴肉**

相比德国的猪脸颊肉切件，西班牙的猪下巴肉脂肪要少得多，是从脸颊到下巴之间的长形切件（约650克）。西班牙的星级餐厅喜欢用这个部位的肉做炖煮料理。

**猪肩肉**

德国弗兰肯地区将猪肩肉称为Schäuferla，是猪身上最受欢迎的煎烤部位，德国黑森林地区的做法是腌制及烟熏。这个部位带皮多骨，肉汁非常丰富。

**排骨部位1**

猪肉排是一种典型的美国圣路易斯猪肉切块（约750克），它取自肋骨下部（肋尖），这个部位的骨头明显较平直，能更好地贴合在烤架上。

**波士顿肩胛肉**

取自猪肩和部分猪颈的大块切件（重约6千克）。由结缔组织，脂肪和骨头穿插组成，适合用大型烟熏炉做美式BBQ。经常被用来做手撕烤肉。

**排骨部位2**

这块方形切件取自肋弓上部，重约500克。按与骨头垂直的方向切割出来的这一部分排骨比圣路易斯猪肉排少3块肋骨。

**翅膀肉**

猪后腿腓骨处有一块小而轻的肉（约225克），与鸡翅相似，烧烤或炖煮皆可，纤维紧致，肉汁四溢，可以做成精巧的小食。只有跟肉铺伙计特别要求才能买到。

**排骨部位3**

整块肋排，包括肋尖，肉量较多，总重可达1千克，适合烟熏或非明火烧烤。

# 猪身上的特殊部位

在大多数肉铺，除了猪肝，顶多还能看到猪舌和猪腰。猪体内那些五花八门的部位其实都能用来一展厨艺，却鲜有人问津，这种情况现在已经有所改变。

内脏制品人均消费量的显著下降在猪肉品类尤其突出：除了猪肝这样日常食用的少数几个部位，超市里几乎找不到其他的猪内脏产品，走运的话还是能从肉铺老板那儿预订的。不过内脏消费在德国其实有缓慢回升，在肉制品如香肠或熟食的工业化加工过程中，内脏的实际需求量几乎赶上了猪耳朵、猪蹄和猪尾巴——这些基本全部由德国的屠宰场出口至亚洲。人们对内脏的抵触一部分来自其特殊的口感，这种味道常常让人觉得过于浓烈而难以接受。另外内脏也很难加工，且极易腐坏。不过也许星级餐厅和烧烤风潮会带来内脏消费的转机：烟熏猪脸颊肉、沙拉里调味过的猪脸颊肉皮和猪舌，或者选用牛横膈膜肉做成的浓香多汁的肉排，再加上"从鼻吃到尾"（Nose to Tail）运动的兴起，或许宣告着猪内脏的一场复兴。

**猪耳**
在中国，人们用卤汁长时间炖煮猪耳朵，做成一道美味菜肴。猪耳切成细丝，裹面包糠后油炸，又是一款精美小食。

**猪舌**
猪舌大部分加工成肉肠。经过一系列复杂的预加工后（煮、去筋、腌制或烟熏）成为可以取代牛舌的营养食品。

**猪鼻**
单独切出，或连同部分口唇一并切割，这块组织的质地介于肉和脂肪之间。长时间烹煮并调味后可制作肉冻，用作汤料也是不错的选择。

**猪头**
取出眼睛、面颊和猪舌之后，头部剩余部分通常加工成碎肉冻。幼崽头部的肉也适合炖煮。

**肠**
每头猪身上可以取出足足20米的小肠、大肠和直肠，猪肠可以用作血肠、肉冻香肠或腊肠的肠衣。小有名气的要数德国弗兰肯地区的细肉肠（Bändeldarm）了。

**猪脑**
猪脑质地非常柔软，经过复杂的预处理后用沸水泡熟或煮开，再切片煎烤。猪脑配炒鸡蛋，是过去屠夫们钟爱的小食。

**猪脸颊肉皮**
可以卷成紧实的肉皮卷之后长时间炖煮，它不像牛脸颊肉皮那么受欢迎，但放凉后切成片佐面包享用，倒是蛮别致的搭配。

**猪尾巴**
猪尾胶原蛋白含量很高，人们喜欢把它加入豆子汤里一同炖煮。含肉量较少的猪尾烤着吃也是一道美味小食，裹面包糠后油炸亦可。

**猪肝**

猪肝非常柔软，呈暗红色，但作为排毒器官，有时会沉积大量毒素和有害物质，仅推荐食用相对幼龄的猪的猪肝。大部分猪肝都加工成肝肠。

**骨头**

猪的骨头早前也是用来煮汤的，只不过通常会先腌制一下。现在人们很少用它做汤料，而是与肉一同炖煮煎烤，香气十分浓郁。

**猪血**

每头猪屠宰时最多可获得5.5升猪血。现在猪血大部分用来加工成血肠。过去人们常常用猪血来调配酱汁。

**猪肺**

猪肺即便预订也很难买到。其内部结构呈海绵状，一般只用作香肠的填料。

**猪腰**

过去人们除了猪肝之外最爱吃的猪内脏就是猪腰了：将猪腰切片（不要过薄），仔细清洗干净后蒸煮或烧烤均可，但只有幼猪的猪腰没有刺鼻气味。

**猪膀胱**

因其富有弹性的结构和可吹胀的特性，猪膀胱过去曾用来做小孩子玩的足球。也一直用作香肠的肠衣。

**猪肚**

即便从大小来看，猪的胃部也非常适合做肉冻香肚和灌猪肚的外皮。可与填充物一同食用。

**猪网油**

包覆在猪内脏表面的网状油脂层非常适合做猪网油香肠（Crepinettes）、烤肉丸（Faggot）或煎碎肉饼的外皮，油脂熔化时散发出诱人的香气。

**猪心**

发育良好的猪心肌肉重约300克，适用多种烹饪方法：焖烧、烧烤、快速煎炸或水煮均可。猪心腥味不那么重。

**横膈膜肉**

横膈膜是除了舌头之外唯一由横纹肌构成的内脏部位。成年牛和犊牛的横膈膜过去只用来水煮。随着美国烧烤文化的传播，德国本土也越来越常用横膈膜做烧烤，而猪的横膈膜更是美味。

**食管**

这是很少有机会看到的一个内脏部位，剔除肌肉后的食管延展性较好，可在加工生肉肠时用作肠衣。

**脾**

在德国，生猪脾几乎不拿来出售，但它却是很多种煮香肠的重要配料之一。猪脾脏搅成碎肉后还能用来熬汤。

绵羊肉和山羊肉

# 羊

绵羊和山羊有很多用途：羊奶、羊肉、羊毛、羊皮，还有羊身上的油脂（灯油）都大有用处。甚至羊的排泄物都可用作肥料或建筑材料。

全球约有10亿只绵羊和羊羔，以及7.5亿只山羊，其中大多数生活在亚洲（40%）和非洲（20%）。羊的头号出口大国却是新西兰，有3500万只羊生活在那里，大概是其居民总数的9倍之多。自20世纪50年代羊毛市场衰败以来，绵羊更多地用于产奶和羊肉加工。

## 从极软到极硬

绵羊和山羊都是反刍动物，可以根据宰杀年龄和阉割状态对其进行区分。8周到6个月大的羊羔吸食母乳，尚未开始吃植物饲料。其肉色泽较浅，纤维较短，肉质柔软，口感温和。羊肉香气明显更浓郁的育肥羔羊已经在草地上活动，出生起一年内需宰杀。而养到2岁再出栏的则是幼年绵羊或阉羊（去势公绵羊），它们的肌肉颜色较深，纤维粗，通常带有厚厚的紧实的脂肪层，羊肉特有的膻味比较突出。与之相比，未经阉割的山羊（大约5个月月龄，性成熟），其羊肉几乎难以入口；而更年长的山羊（2岁以上），羊膻味也更浓烈。山羊一般脂肪含量很少，根据不同年龄分为小山羊（6个月月龄以内）、幼山羊（6~12个月月龄）和成年山羊（12个月月龄以上）。绵羊一般除了背部之外，后腿肉最精瘦，其次是结缔组织丰富的肩部和颈部。脂肪最多的是腹部。但对于宰杀时年龄较大的绵羊，胴体其他部位也会呈现紧实的浅黄色脂肪，幼年绵羊身上这些部位的脂肪在50℃以下的环境中可凝固。因此用绵羊肉制作料理时应保持菜肴始终处于高温状态。

绵羊比山羊更结实矫健，也更容易适应环境。它们拥有惊人的攀爬能力，即便在其他反刍类牲畜无法触及的地点，如树杈、羊圈顶棚或岩石密布的山地，它们也可以寻觅到稀少的食物。因此过去人们在众多岛屿间乘帆船航行时，会把山羊作为活动的口粮在沿途放养，而它们可以在野外自给自足。在全球已确认的约180个山羊品种中，德国本土以杂色改良山羊为主，首要原因是其产奶量高。德国山羊曾经被看作"穷人的口粮"，在经济迅猛发展的年代，牛肉、猪肉和禽类肉品的供应随经济发展迅猛增长，山羊的价值一度被遗忘。此间它们（和欧洲盘羊）一样凭借作为自然界"景观设计师"的贡献经历过一次小小的复兴。

## 绵羊的市场份额较小

这里说的市场份额并非指山羊的产肉量，因为关于德国山羊肉的人均消费还从未有过数据统计，只有绵羊肉的整体消耗量——人均每年仅有700克。这些绵羊肉仅有半数来自本土，其余主要从新西兰和不列颠群岛进口。德国的绵羊肉人均消费量低于欧洲平均值（约2千克），消耗较多的主要是希腊（9千克）、英国和西班牙（各约3.5千克）。北非和中东的很多国家，情况则完全不同，在那里，羊羔、绵羊、阉羊和山羊通常覆盖了一半的肉食需求。

欧洲盘羊
虽然德国只有2%的羊是欧洲盘羊，但这一品种还是因其标志性的羊角成为明信片主角，闻名全国。盘羊肉基本只能从德国北部养羊户那里直接购买，口感略接近野生羊肉。

# 小羊品种

纵览所有物种，绵羊是典型的四种用途动物，可提供羊奶、羊毛、羊皮和羊肉。
而山羊皮因为非常轻薄且柔软而倍受欢迎。
一些新培育的山羊品种如今甚至可以产出与绵羊同样多的羊奶。

罗姆尼绵羊
此为莱斯特羊和英国罗姆尼地区长毛绵羊的杂交品种。它是新西兰最常见的品种，在当地绵羊中的占比超过70%，这也归因于其庞大的养殖规模（可逾万只）。罗姆尼绵羊肉带有自然香气，羊膻味并不重。

设得兰绵羊
这一品种身形相对较小，抵抗恶劣环境的能力极强，全年被放养在爱尔兰的草地上。设得兰绵羊肉带有浓郁的草本植物香气，而其羊毛结实柔韧，设得兰针织羊毛衫也由此得名。

德国杂色改良山羊
公认的育种山羊里大多数是牛黄野山羊的后代，德国本土常见的杂色山羊也出自同源。这种奶山羊自1928年起被认证为独立品种，产奶量高，平均每天产奶量可达4升。

## 绵羊和山羊特色产品

绵羊养殖范围广，其羊肉和内脏产品也丰富多样，这些产品的共同点是都带有绵羊特有的浓烈味道，而羊羔肉的特点是其肌肉十分柔嫩。

1. 梅尔盖茨香肠：这种结实的辣味煎香肠最早在北非称为"Mirqaz"，是用山羊肉、咸柠檬和辣椒加工制成的。法国人用羊羔肉做梅尔盖茨香肠，口感更温和。北部高海拔地区也用羊羔肉加工香肠，如芬兰的Ryynimakkara燕麦香肠，以及同样用碾碎的食材制作的葡萄牙Maranho米香肠，其做法是将配料放在山羊胃中煮熟，再加入薄荷增添香气。只不过前者使用的是碎燕麦，而后者用的是碎米粒。

2. 肉馅羊肚：这道美食起源于苏格兰，用绵羊的心、肝、肺、羊腰部脂肪及洋葱和燕麦粉混合填充进羊胃烹煮而成。对热爱羊羔肉的食客来说，这是一份美味多汁、让人超级满足的周日大餐。1786年，英国诗人罗伯特·彭斯曾在其作品《天空的韵律》中赞美过这道美食。

3. 羊肋排：大家最熟悉的羊羔肉部位，也是餐厅菜单和家庭餐桌上最常见的一道菜，通常和剔出的羊骨一同呈上。带肋骨的羊羔背部适合整块煎烤，两侧的肋骨和另一面厚厚的脂肪层保护住其间的羊肉，在直接受热时可防止羊肉烤干。

---

## 从替罪羊到精致美味

羊羔、绵羊和山羊几乎在所有人类文化里都是最先和最常被拉来顶罪的动物。这主要因为羊总是随处可见，毕竟它们是人类最早驯服的役畜之一。之前，人们饲养绵羊的幼崽主要是为了维持牧群的强大，直到它们不再能给其余动物提供羊奶和羊毛，才会被宰杀和食用。只有8~16周大，还在喝母乳的小羊羔的肉被当作精致佳肴，但和其他役畜的幼崽（乳牛、乳猪）一样，比起那些已经在草地上自行觅食一段时间的小动物来说，口感还是无趣了点。而春天产下的羊羔，在晚秋时节宰杀做成烤肉，柔软度与刚出生的乳羊无异，羊肉的香气却浓郁得多。春天的羊羔肉也是复活节大餐的秘密武器，因为它们在草地上放养数月后，还有一整个冬天的时间可以在羊圈里长大成熟。但在德国，由于市场上只有一岁以内的羊才能当作"羊羔"售卖，顾客便无法获得这种特色羊肉了。不过如果能在附近找到自售羊肉的牧羊人愿意售卖16个月月龄的羊，那倒是一件幸事。

---

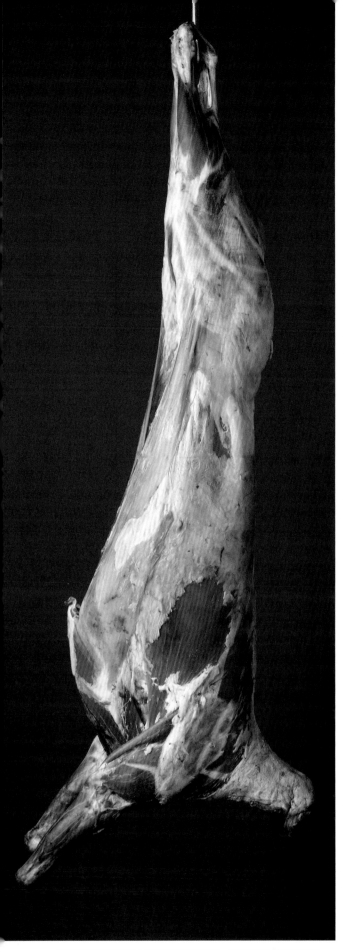

从悬挂着的羊羔身上可以清晰辨认出，后腿部分比前腿部分（包含颈部）要小。

# 绵羊和山羊分解部位

这两种动物粗略分解下来基本一样。

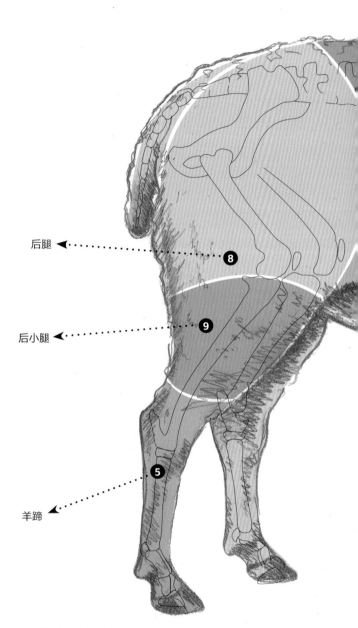

后腿 ◄······· ❽

后小腿 ◄······· ❾

羊蹄 ◄······· ❺

❶ 绵羊和山羊头在欧洲的烹饪艺术里几乎无迹可寻，斯堪的纳维亚人会用羊肉制作炖煮料理。而羊的脸颊肉、羊舌和喜食内脏的朋友爱吃的羊脑，即便在德国也是少有的特色菜。

❷ 羊的胸部很少整块售卖，通常只能看到胸尖部位，与猪的这个部位一样，通常适合用作馅料或焖煮后享用。

❸ 结缔组织丰富的肩部是制作焖烧菜品的秘密武器，也适合非明火烧烤和烟熏。山羊的肩部一般都不会拆解售卖，而是连同胸部的一部分及腹部作为前侧1/4整块出售。

❹ 山羊羊羔的前腿因为太小而不能作为独立的分解部位。绵羊羔的这个部位也更多用来给汤增添风味，或凝结成肉冻。

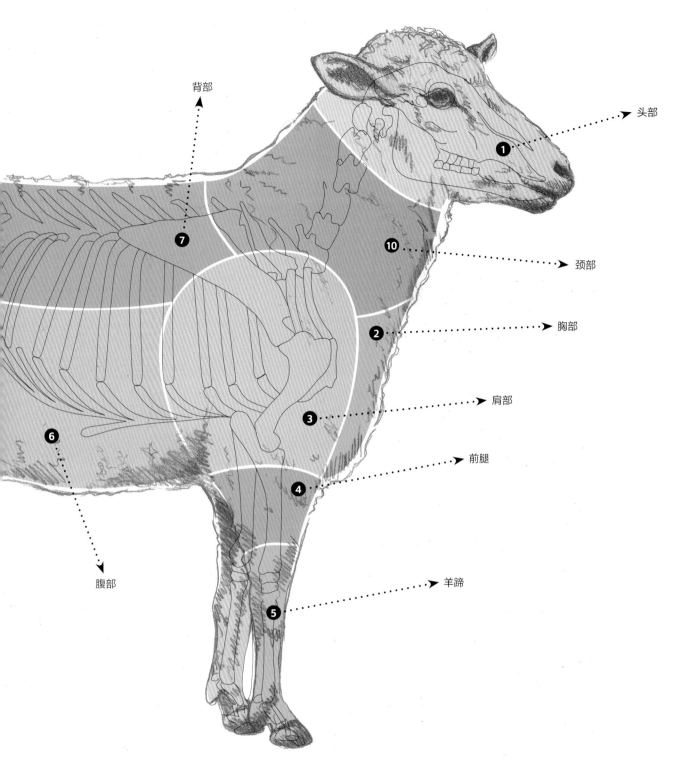

背部

头部
①

颈部
⑩

胸部
②

肩部
③

前腿
④

羊蹄
⑤

腹部
⑥

⑦

⑤ 绵羊蹄和山羊蹄几乎只用来做动物饲料和狗狗的咀嚼训练用
品。有的国家的居民经常用羊蹄和羊头做一锅炖。

⑥ 羊羔腹部总体来说脂肪肥厚，含肉量较少。可以和肋排一起
整块烟熏，更多用来做烤肉卷，因而只取腹部侧翼的肉捆扎
成卷。

⑦ 跟其他肉用哺乳动物的胴体一样，羊的背部藏着所谓的黄金
部位：内侧的小块里脊，以及和脊椎方向平行，同样非常柔
嫩，稍加煎烤即可享用的背部肌纤维束，后段（腰部）可切
分出羊排，前段肉质更结实。

⑧ 小羊的后腿加上羊蹄部分正好能整个塞进一个标准家用烤

箱，通常适合焖烧或烤制。最常见的做法是将后小腿上段去
骨，填入配料并卷起扎紧，送入烤箱焖烧。羊的臀肉可做成
肉排，稍大一点的羊羔可取后腿上下两段做烤肉卷、烧羊肉
或咖喱羊肉。

⑨ 羊的后小腿是制作焖烧羊肉的经典食材。但去除大腿后稍显
小，基本每份就要用一只小腿。

⑩ 羊颈部的脂肪和瘦肉交织混杂，在德国，几乎只有提前预订
才能买到整只羊脖子，这个部位焖烧或烟熏都非常美味。从
羊背部与颈部的连接处可以将颈部排骨分离出来。

# 老饕推荐的特色美味

德国众多羊羔肉爱好者借由"从鼻子到尾巴"的运动重新发掘了许多绵羊身上被遗忘的内脏和特殊部位。而羊蹄、羊胃、脾脏、肠和肺在很多国家从此被视为珍宝。最受追捧的则是羊睾丸。

要想在旅途中尝试典型的乡村菜肴，就不要对内脏或浓烈的羊膻味有所抵触。德国最受欢迎的度假小岛上，人们经常会把一道叫马约卡式炒羊肉（Frito Mallorquín）的菜当作餐前小食误点，呈上桌来，才发现是一大坨滴着油的、切成小块的油炸羊羔内脏。在西班牙，被德国人加工成动物饲料的羊下水成了羊杂锅（Patorrillo）：在一口大锅里，同时炖着2千克的羊肠和至少24只羊蹄。此地再往北，法国地中海沿岸地区的厨师们把羊蹄塞进羊肚，配上胡萝卜和番茄，倒入蔬菜汤和葡萄酒一同焖煮，做成特色美食马赛羊蹄羊肚卷（Pieds et Paquets Marseillais）。意大利南部菜肴羊内脏卷（Gnummareddi）的做法与此类似（将羊的肝、心、肺及羊腰塞入羊肠中焖煮，用茴香籽调味）。将羊肺和羊脾的碎末用酱汁调味后做成的羊杂炖肉（Coratella di Agnello）也颇受当地人喜爱。在苏格兰和爱尔兰，羊的内脏跟羊肉一样用来制作各色菜肴，如哈吉斯、爱尔兰炖肉或牧羊人派。

## 先从眼睛开始吃

德国从不售卖羊羔和阉羊的头部，而在马格里布（非洲）和斯堪的纳维亚地区（欧洲），人们将整只羊头水煮或焖烧数小时，通常不去掉羊眼而将其作为特色美食，留给一家之主或客人享用。而在很多地方文化里，人们把在餐桌上第一个动手享用羊睾丸当作莫大的享受。羊睾丸在北非，以及高加索到巴尔干之间的地区是珍贵的美食，可焖烧、煎炸或烧烤。土耳其的烹饪艺术里将它称为"家乡之钟"。冰岛居民烹饪羊睾丸的方式非同寻常：每年冬末，在北日耳曼的宰牲节，人们将羊睾丸煮熟后凝固成肉冻，然后切成薄片涂抹在面包上食用。

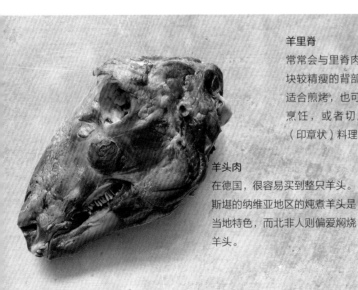

**羊里脊**
常常会与里脊肉混淆，是一块较精瘦的背部肌肉，非常适合煎烤，也可卷其他配料烹饪，或者切成圆形肉片（印章状）料理。

**羊头肉**
在德国，很容易买到整只羊头。斯堪的纳维亚地区的炖煮羊头是当地特色，而北非人则偏爱焖烧羊头。

**肋骨**
羊羔肋骨上的肉比猪排骨少得多。因此上架烧烤前无须腌制，口感同样柔嫩多汁。

**里脊**
所有肉畜身上最柔软也是最贵的部位，羊羔的里脊部分最多重100克，只需稍加烹煮即可食用。

**脸颊肉**
羊的小块的咬肌（最重达40克）不同于成年牛和犊牛的脸颊肉，只需稍加煎烤便可享用。与洋葱青椒穿在一起烧烤，非常多汁美味。

# 煎&烤

　　和所有性成熟之前的肉畜幼崽一样，羊羔身上很多部位都适合快速煎烤——其中有一些是经典的烧烤食材。

　　羊羔身上大多数适合快速煎烤的部位都取自背部。脊椎的两侧分布着大里脊肉和里脊肉排（英文是Chops），以及内侧的两块里脊肉。通常以第四根胸椎为界，切分出背脊肉和腰肉。小块里脊和背部排骨一样，无论用平底锅煎制还是上架烧烤都只需几分钟。整块背部肌肉（也称背腰肉或背部里脊）的处理方法则更灵活，可以用面皮将羊肉包裹在内，做成两人份的惠灵顿羊肉或低温煎羊肉，整块肉仅重350~400克。

## 肋排肉可以快速充饥

　　除了背部的切件外还有一些部位同样适合快速煎炸或烤制。首先是小肋排，无须腌制或用酱汁浸泡便可直接烹饪，快熟且口感多汁。同样快熟的还有非常柔软的背部排骨，其口感十分特别，即便随意调味，也不影响味道。

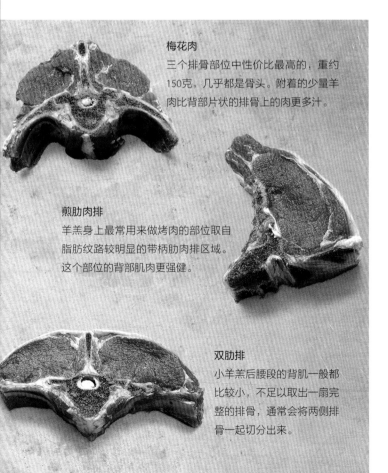

**梅花肉**
三个排骨部位中性价比最高的，重约150克，几乎都是骨头。附着的少量羊肉比背部片状的排骨上的肉更多汁。

**煎肋肉排**
羊羔身上最常用来做烤肉的部位取自脂肪纹路较明显的带柄肋肉排区域。这个部位的背部肌肉更强健。

**双肋排**
小羊羔后腰段的背肌一般都比较小，不足以取出一扇完整的排骨，通常会将两侧排骨一起切分出来。

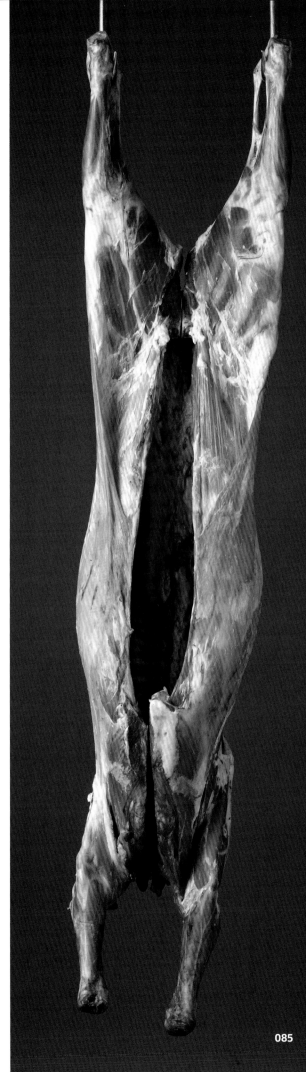

# 烤箱、炖锅和烟熏炉

羊羔年龄小的话，肉质会非常柔嫩，很多部位只要稍加烹饪即可食用。而臀部、后腿、肩部和颈部结缔组织丰富的大块部位，则适合焖烧、煎烤、无明火烧烤和烟熏。

说起背部所谓的"名贵"部位与其他部位的区别，首先可以在价钱上分出伯仲：后腿和肩部，颈部和腹部，侧腹和胸部，每千克的售价明显低于羊排和背部核心肌肉的价格。不过就算价格亲民，只要处理得当，这些部位也还是羊羔肉爱好者的心头好。

## 羊腿肉的美味之处

羊后腿整只端上桌时最为气派，一条羊后腿，连同大腿和臀部占到整只羊羔体重的30%。很少有人把整条羊后腿塞进烤箱，用来烟熏倒是最棒的选择。根据羊羔或山羊幼崽的不同年龄和身形大小，可以参考猪和牛的切分方法，将羊后腿进一步拆分为上下两端及中间的圆形腿肉。市面上最常见的是去骨后腿肉的上段，不带臀肉的部分。这个部位适合做焖肉，中间剔除的骨头留下的空隙可以填入地中海草本植物和蒜头增添风味。一般去骨的羊羔肉在焖烧或煎烤时会产生一种比带骨烹饪更柔和的香气。

其他经典的焖烧部位就不太适合用同样的方法料理了，因为肩部、胸部、腹部及颈部与后腿相比，骨头更多，较难剥离出大块适合焖煮的羊肉。在烹饪山羊羔的羊肩肉时，懂行的食客便知道这个部位也需要较长的烹饪时间：多汁且柔软的羊肉被管状骨、肩胛骨和脂肪层包裹在内。而结缔组织在焖烧或煎烤的过程中慢慢熔化成胶质，进一步增添了羊肉的湿润度。懒得把瘦肉一点点切分开的食客，也可以将羊肩肉去骨后做成烤肉卷。

相比而言，羊羔和小山羊的颈部和背脊比较难去骨。但这些部位的羊肉品质还是上乘的，竖直切开的颈部排骨只需很短的烹饪时间即可享用，而羊脖子上剥离

出来的肌肉肉质柔软，可以切成小方块烹饪。羊脖子可参考腹部或胸部的烹饪方法，最好整条送进烤箱，也可上架烧烤、烟熏，熬汤时放入锅中增加香味，或者作汤品和炖菜的配料。

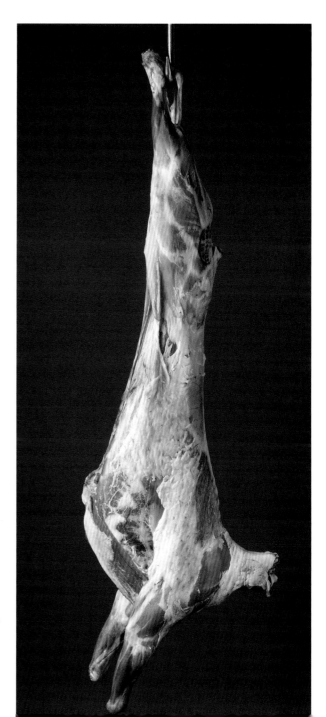

成年山羊体重达60~80千克便可出栏售卖。
小山羊一般屠宰时胴体重量在12~30千克。

**带里脊背脊肉**
羊羔背部（重约2千克）藏着最柔软和脂肪最少的部位。中心位置的脊椎两侧分布着背部肌肉束。两条小块里脊通常不会切分出来，而是纵向切分背部排骨的时候让里脊肉附着其上。

**羊排**
羊排是很多懂行的食客眼中最优雅的羊羔肉部位。背部的这块肉在烹饪时受到脊椎骨、肋骨和脂肪层三方面的隔热保护。经过低温烹煮的羊排锁住了充盈的水分，口感最为多汁，还可以捆绑成皇冠的形状。

**前腿**
与后腿相比，前腿上的肉明显少很多。却有着更多柔软的结缔组织，注定这个部位适合慢火炖煮，做炖菜时可加入前腿肉增添风味，也可做成肉冻。

**羊肩**
与后腿相比，羊肩是不为人熟知的焖烧部位。这块肉约1.7千克重，足够四人吃。一般将它切小块，做辣味肉汤、蔬菜炖肉和咖喱羊肉。

**胸肉**
从第四或第五根胸肋处切开，可以整块肉（可填入配料）焖烧，但分量较少，一块最多只够两人享用。

**羊肩肉卷**
用去骨羊肩肉裹住前腿并捆绑起来，整块焖烧，与肥厚的羊腹肉卷相比更多汁而柔软，用餐时很容易切开。

**颈部**
整块羊颈重2.5千克，可以完整地做成一大份焖肉，也可切小块炖肉汤。第一关节后较厚实的部分可切出作为颈部排骨。

**腹部**
去掉肋骨后，剩下的侧腹肉可以捆扎起来做成烧肉卷，脂肪丰厚，但香气浓郁。也可切成碎肉末。这一部位远不止1千克重，如要整块料理，烟熏更合适。

**臀部**

这块半球形的臀肉通常附着在整条售卖的后腿上，但小羊的臀肉也可以单独切出，作为快熟臀部肉排。

**带臀肉后腿**

整个部位重量超过3千克，是羊羔身上最大块的部位。应该整块慢火焖烧或烟熏。

**山羊前1/4**

小山羊的肩部相对窄小且瘦瘠。所以烧羊肩肉时通常连带一部分羊胸肉一同烹煮，加上羊胸肉占1/4。

**小山羊背脊**

这个部位差不多重1千克，通常整块焖烧。也可从中切出一些排骨（带少量里脊肉）快速煎煮。

**后腿切片**

小羊羔后腿肉切厚片，用酱汁腌泡后可作为烧烤肉排，也可用平底锅快速煎熟，或者做成红焖小羊腿骨肉（Ossobuco）。

**小山羊后腿**

跟其他部位相比，后腿部分的肉脂肪较少，肉质柔嫩，骨头也相对较少。山羊年龄越大，肌肉束的颜色就越深。

**羊腱子**

这个部位结缔组织非常丰富，需要长时间焖烧，但肉香浓郁，肉汁丰富。通常的做法是腌制后水煮，也可以不接触明火低温烤制。

**羊后腿**

中间骨头和臀肉部分可保留或去除（如图示），羊后腿是最受欢迎且最适合焖烧和低温煎烤的部位。小羊羔（1岁以内）的后腿最好整只料理，而处理年龄稍大的羊只和绵羊，可以从臀部切出其后腿的上段或下段。

**腿心肉**

这是羊羔后腿最柔软的核心肌肉，体型较大的羊这块肌肉最重达500克，分量较小，适合一整块焖烧。同样也非常适合切薄片涮火锅。

**羊脑**

疯牛病危机后羊脑也很少出现在市面上。虽然每份羊脑重量仅有100克，烹饪过程却十分费功夫，但也因其绵柔微甜的口感受到喜爱。

**羊心**

羊心部分纤维紧致，口感扎实。去除脂肪和血管后，可以将整只羊心煎熟或烤制。切成小块后加入蔬菜炖肉可丰富菜品的风味。

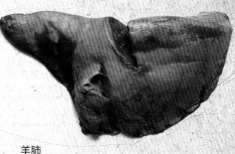

**羊肺**

肉贩们很少售卖动物的肺部，羊羔的肺更难获得。奥地利人用羊肺煮羊杂锅，但羊肺更多用作香肠配料或动物饲料。

**羊舌**

羊舌重约50克，口感细腻柔软，是一道精致的特色小食。剥皮处理后，可将其腌制、烟熏，也可直接快速煎熟或作为一锅炖的配菜。

**带脂肪羊腰**

羊腰的脂肪被比利时人炼成羊油，用来炸薯条，去除脂肪层后的羊腰仅重75克；法国的顶级餐厅用它做成香气浓郁的特色美食法式芥末烩羊腰（Rognons D'agneau）。

**羊脾**

跟其他动物的脾脏一样，羊脾几乎很少入菜。因其蛋白质含量较高（接近20%），受到健身爱好者的欢迎。

**羊肝**

去掉外层包膜后的羊肝最重可达800克，即使是羊羔的肝脏，块头也相当可观，羊肝质地柔软，香气浓郁，营养价值丰富，稍加煎烤即可享用，也可切细长条烹炒。

**羊睾丸**

对某些地区的食客来说，羊睾丸是一个小小的勇气挑战，羊羔的睾丸经过复杂的处理后可烧烤或煎炸，口感出人意料的温和。羊睾丸是德国唯一一种被允许食用的动物性器官。

**羊胰脏**

羊羔小小的胰脏（50克）近来又受到星级餐厅的追捧，和小牛的胰脏一样，在动物性成熟后完全萎缩。这个部分的组织非常柔软，有淡淡的坚果香气。

**羊网油**

腹腔网状的脂肪层将内脏器官聚拢在一起。羊网油和猪网油类似，非常适合用作烤肉卷或法式Crépinettes香肠的肠衣，本身带有一种浓郁的香气。

**羊肠**

土耳其人将羊肠绕在烤肉扦上，做法类似土耳其旋转烤肉（Döner），烤熟后切碎夹到白面包里，成为当地美食Kokoreç。在意大利、西班牙和法国，人们用羊肠做肠衣，通常这些羊肠都进口自伊朗。

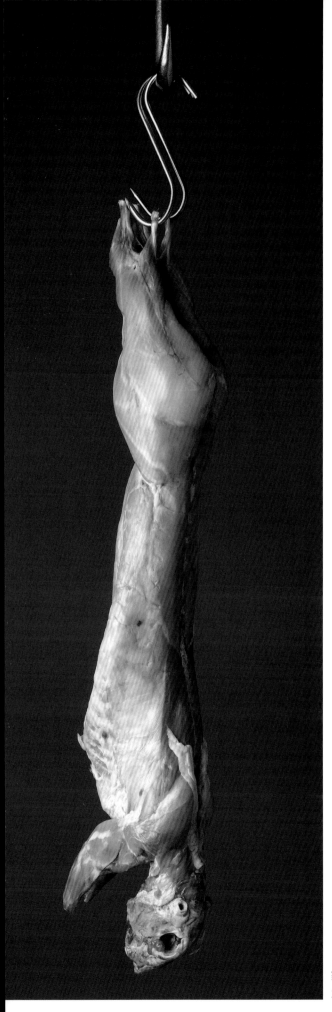

# 兔肉

## 精瘦的长耳朵

与野兔相比，家兔的口感更接近家禽而非野味。它们肉质柔软，却也非常脆弱。在中国，部分品种的野兔是国家保护动物，禁捕食。

野兔从古时起就被人们饲养在笼中供食用。欧洲专业化的大规模饲养肉兔其实始于18世纪的法国。兔肉的产量在过去的困难时期持续增长，战争和饥荒过去后又迅速回退。全球每年大约产出120万吨兔肉，在欧洲，意大利、法国和西班牙是最主要的兔肉出产国。德国大多数家兔来自约40万个小型养殖户，它们与少量商业养殖场一起每年提供约2万吨兔肉——市场很小。

肉用家兔在3个月大时被宰杀，出栏体重在2~2.5千克。兔肉非常清亮，脂肪含量极少，它的口感更接近家禽肉。家兔胴体最重的部位是其后腿，占体重的35%，其次是背部（27%~30%），前半身——肩、胸和腹部（25%），以及兔头（8%）。

## 轻食料理的不二之选

所有具备经济价值的兔子，脂肪含量接近，如雷克斯兔、安哥拉兔、荷兰兔、维也纳蓝兔和专门培育为肉用的齐卡兔——它们的背部肌肉脂肪含量不足1%，后腿部分脂肪最多达4%。家兔肉的蛋白质含量相对较高，接近25%，是理想的"健身肉"。市场上售卖的鲜兔肉通常是除去兔头的整只兔身，整块背部及后腿，很少能看到拆解开的兔里脊肉。品质好的兔肉应呈浅粉色，带有光泽，摸上去肉质紧实，无暗色部位。整只兔子拿来烧烤过于干瘦，家兔一般更适合切成小块后裹上肥肉煎熟，或放入陶土烧制的罗马锅中焖烤。

家兔身上并没多少肉，连同兔头，一只家兔体重不超过3千克：只有一半重量是兔肉，但肉质十分柔软。

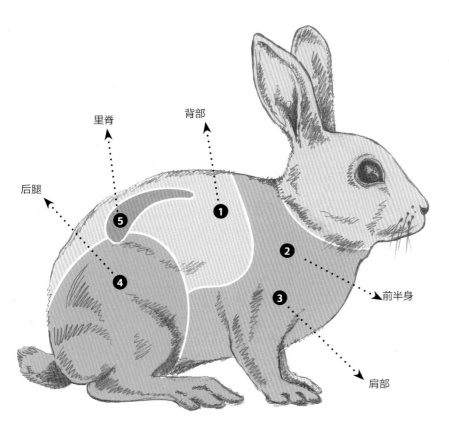

① 家兔的背部是除整只兔子外最常售卖的兔肉部位。可以整块带骨焖烧，剔出背部的兔肉作为填料加以煎烤，或切片快速煎熟。

② 因为很多兔子的肩部肉太少，没法作为一个单独的部位烹饪，所以常常和胸部及腹部肉这些相对肥厚多汁的部位一起售卖（前半身）。

③ 家兔的身体大多脂肪很少，兔肩是肥瘦比例最为均匀的一个部位，但这个部位仅重250克（其中有超过100克的肉），还不够一个人吃。

④ 家兔后腿类似鸭后腿，很适合浸泡在黄油或橄榄油中低温慢煮。如果用直火烹饪，需提前用肥肉将兔腿肉卷起来。

⑤ 两条兔里脊狭长且非常柔软，通常在背部两侧，应切分后烹煮。

**背部**

背部含里脊肉和腹部侧翼，是最常售卖的部位，适合煎、焖或明火烧烤。里脊部分最好切分后烹饪。

**前1/4**

兔肩连带胸和颈，很适合焖烧，这一部位相对来说结缔组织较丰富。

**后腿**

后腿部分足重350克，是含肉量最多的部位。因为脂肪含量很低，可以卷上肥肉片后焖烧，或者用黄油浸泡后慢火焖煮。

**背部里脊**

肉质非常柔软，但很稀少（仅50克）。切片后快速煎熟，作为沙拉配菜，十分美味。法国人常常用它做法式肉酱和酥皮馅饼。

**肝**

制作兔肉酱的关键原料，也可快速煎熟后拌入沙拉享用，或抹在黄油吐司上当零食吃。

**兔腰**

通常市场在售的家兔内脏除了肝之外就只有腰了。兔腰可以做蔬菜炖肉的配料，或多准备一些（一份只有20克重）穿成串烤着吃。

# 马肉

## 饮食本身就是一件两极分化的事情

　　食用马肉始终是一个具有争议性的话题，不仅仅因为马和骑手之间培养起来的亲密关系，马肉本身是一种有益健康的肉类，与马肉相关的陈词滥调的饮食禁忌和毫无根据的偏见都抑制了对马肉的饮食需求。在中国，部分品种的野马是国家保护动物，禁捕食。

　　2013年欧洲"挂牛头卖马肉"的食品丑闻被曝光，起因是一家食品制造商在拉萨尼亚肉饼、香肠和土耳其烤肉中掺了马肉当成牛肉来出售，消费者大为震惊。这是有理由的，因为这些食品中使用的马肉都未经申报，而且来源可疑。但是，从营养学角度上看，在许多此类事件中，在监管下用温血动物和冷血动物的骨骼肌制成的肉类食品大体上比工厂化养殖的牛肉更健康、更环保。

　　从烹饪学角度上看，处理人类和马的关系一直是一个很棘手的问题。欧洲从原始时代到日耳曼语时代，

野马是很多人竞相追逐的猎物。19世纪，法国和意大利，马肉被当作优质的食品来买卖，至今仍是一道美味。在西班牙，大超市供应的马肉切块的品种不会低于五种。

### 超级食品——马肉

　　德国像欧洲其他国家一样，马匹并不是常规的肉类来源，只有那些身体有缺陷或不适合马术运动的马匹会被宰杀后出售。

马始终都是人类的坐骑和朋友。因此，在德国，吃马肉始终是一个具有争议性的话题。

从颜色上看，马肉让人联想到鹿肉：有的是深红色的，有的是红棕色的，它的脂肪含量不到2%，肉质非常精瘦，蛋白质含量丰富，但是胆固醇含量较低（100克马肉中的胆固醇含量只有75毫克）。马肉中含有丰富的不饱和脂肪酸及锌、铁、镁等微量元素，是最健康的肉食之一，可以称得上超级食品。拒绝食用马肉的人常说的理由是马肉带有甜味，这的确是事实，此外，马肉的味道与牛肉更接近。马肉的肉质结实，所需的烹饪时间极长，要在高温环境下才能煮熟。但是从口感上来说，马肉与赫里福德肉用牛（Hereford）或安格斯牛（Angus）这些香味浓郁的肉牛品种相似。

## 从生肉到完全熟透

下过厨的人大致可以按照烹饪牛肉和小牛肉的经验来烹饪马肉，当然，一般马肉所需的烹饪时间更短一些。小马肉也可以采用烘烤和煎封的烹饪方法。与成年马肉相比，小马肉的肉质更细嫩，在较短的时间内肉质就能达到外焦里嫩的效果。而在烹饪成年马匹的一些传统部位的肉时，需要非常谨慎地规划烹饪时间，因为很难掌控火候，使其达到理想的煮熟温度（核心温度约为80℃）。如今，在德国为数不多的马肉肉铺里，能看到马背肉和马腿肉，这两个部位的肉主要用来制作香肠、肉糜，以及著名的维也纳烤马肉糕。

在瑞士的法语区，餐馆和小饭馆里最受欢迎的涮肉火锅显然更常用马里脊切成薄片来涮火锅。

在法国瓦利斯岛，人们更倾向于选择与马里脊肉的结构相似但性价比更高的部位，即马身上的小米龙，它也位于马外腿肉旁边。尽管这部分马肉不适合整块煎封，但是在涮火锅时，它比马里脊肉更容易入味。马腿肉其他部位的用途也与牛腿肉的相关部位相似，精修马臀肉可以制成肉质紧实的马肉卷，在早年间，精修马臀肉也用来烹制莱茵地区的传统菜肴，即醋焖马肉。马外腿肉肉质纤维较紧密，适合整块烹制焖肉，尤其是小米龙。马外腿肉切成小块还能烹制红烧马肉，或者和马腹肉及马颈肉一起烹制哈萨克风味的节日浓汤Bauyr-kujryk。

**马外腿肉**
与马内腿肉相比，马外腿肉的肉质更粗，因此不能采用煎封的烹饪方式，但它是焖马肉、红烧马肉和烩马肉的绝佳食材。

**马前腰脊肉**
与牛前腰脊肉相似，马前腰脊肉可以整块烘烤，或者沿肉质纤维横切后烹制臀肉排和烤马肉。行家会将肉排放在起酥皮里一起烧。

**马内腿肉**
马内腿肉是马腿肉中肉质纤维较细的部位，它由马内腿肉和臀腰肉盖两个部分组成，适合制作马肉卷、西冷肉排、大块里脊扒及莱茵地区原汁原味的醋焖马肉。

**马里脊肉**
与其他动物一样，马里脊肉是马身上最柔软的肌肉。它的肉质细嫩，呈红棕色，适合烘烤、切成薄片烹制肉排，也可切成极薄的肉片涮火锅。

# 全球热衷于肉食的地区

我们早在动物园里就见过美洲骆驼、巨蜥蜴、豪猪或树袋熊。但是，在它们的故乡，它们却是当地常见的肉食来源。

**1 | 天鹅**（产地：苏格兰）

烹饪方法：焖；天鹅身上只有鹅胸肉可以食用，在焖炖前，需要将它置于酸性腌泡剂里腌制数日，否则闻起来会有一种鲸油味。

**2 | 乌鸦**（产地：英格兰伦敦）

乌鸦肉适合烹制焖肉或蔬菜炖肉；它的味道浓郁，类似长时间风干的野鸡散发出的味道。

**3 | 山羊头**（产地：挪威）

烹饪方法：焖；山羊头是挪威本土圣诞节盛宴上的一道传统菜肴。一般会先食用山羊的眼睛和耳朵。

**4 | 獾**（产地：德国下萨克森州）

烹饪方法：焖；它的味道介于野味、鸵鸟和青蛙腿之间，有些许霉味。

**5 | 豪猪**（产地：意大利托斯卡尼）

豪猪肉可以烹制蔬菜炖肉；它的肉质较油腻，但是也比家猪肉更容易入味。在非洲，它是最常见的野味之一。

**6 | 刺猬**（产地：巴尔干半岛）

刺猬通常被放在一层黏土上烘烤；刺猬的肉质鲜嫩多汁，但是口感与家兔相似。在烘烤后，它的刺会插入黏土层中而剥离开来。

**7 | 海狸**（产地：波罗的海地区）

海狸肉适合烹制烤肉卷或熏肉；它的肉质细嫩，味道浓郁，但它并不是典型的野味。早前，海狸尾巴因为含有丰富的油脂，所以常用作熏板肉的替代品。

**8 | 土拨鼠**（产地：西伯利亚）

烹饪方法：长时间焖炖；土拨鼠的肉质肥厚，但是口感却与兔肉相似。在焖炖前，一定要把它腿下方的腺体去除。

**9 | 骆驼**（产地：沙特阿拉伯）

烹饪方法：焖；骆驼肉适合制作红烧肉，它的油脂含量少，与牛肉相似，在很长一段时间内，骆驼肉一直是波斯湾人们摄入蛋白质最重要的来源。骆驼的驼峰肉油脂含量最多，其最佳屠宰年龄是5岁。

**10 | 蚂蚱**（产地：阿尔及利亚）

烹饪方法：烧烤；蚂蚱吃起来有点坚果味，蚂蚱的上颚肉质很干燥。在食用前，要去除腿。

**11 | 斑马**（产地：纳米比亚）

烹饪方法：中火烘烤或红烧；斑马的肉质精瘦而结实，与牛臀肉牛排相似，但是吃起来带点野味。

**12 | 牦牛**（产地：中国西藏）

烹饪方法：水煮或焖炖；牦牛肉的口感和肉质浓郁程度与水牛相似。

**13 | 巨蜥蜴**（产地：印度尼西亚）

烹饪方法：间接烧烤；口感与短吻鳄相似，巨蜥蜴咀嚼起来味道与肉质较硬的母鸡相似。

**14 | 袋鼠**（产地：澳大利亚）

烹饪方法：焖炖、烘烤或烹制蔬菜炖肉；袋鼠的肉质精瘦、细嫩，色泽发暗，有些许野味。常用它与野猪肉混在一起烹制炖肉。

**15 | 树袋熊**（产地：澳大利亚）

树袋熊（考拉）的肉适合烹制蔬菜炖肉，其肉油脂含量非常丰富，口感细嫩。

**16 | 鲸鱼**（产地：格陵兰）

鲸鱼肉的肉质生冷；在格陵兰北部地区，鲸脂连同表层皮肤大多都是直接生吃的。它的肉质结实，口感却不太像一般鱼类的味道，而更像坚果。

## 17 | 熊（产地：加拿大）

烹饪方法：焖炖或烹制蔬菜炖肉；熊肉并没有刺鼻的野味，与养殖的鹿肉味道相似。用熊肉烹制的一道特色菜是炖熊掌。

## 18 | 蛇（产地：美国）

烹饪方法：烘烤或油炸；蛇肉的肉质很容易变硬，像鱿鱼一样有点胶状感，口感与火鸡相似。

## 19 | 负鼠（产地：美国德克萨斯州）

负鼠肉可以和小红辣椒一起烹制蔬菜炖肉；这些负鼠肉的来源往往是路上被车压死的，不同年龄的负鼠肉的口感有些不同，介于羔羊肉和骟羊肉之间。负鼠主要存在于美洲地区。

## 20 | 美洲骆驼（产地：中美洲）

烹饪方法：焖炖、烘烤或晒干；美洲骆驼肉色泽发暗，肉质精瘦，与犊牛相似；但是美洲骆驼肉香味浓郁，还带些许甜味，所需的烹饪时间较长。

## 21 | 短吻鳄（产地：美国佛罗里达）

烹饪方法：烘烤或打碎做成肉糜；在澳大利亚，短吻鳄的肉也是爬行动物类肉中非常受欢迎的一种，它咬起来非常有韧性，也可以剁成肉馅做成汉堡。短吻鳄肉的口感与鱼肉和龙虾有些许相似。

## 22 | 水豚（产地：委内瑞纳）

烹饪方法：焖炖或晒干；口感有点类似野猪和短吻鳄相混合的味道。水豚的肉质非常坚硬，因此必须放在木瓜汁里腌制。

## 23 | 天竺鼠（产地：秘鲁）

烹饪方式：烘烤；天竺鼠的肉质柔软又筋道，但是在烘烤时，天竺鼠肉与家兔肉一样，很容易被烤干。

---

译者注：天鹅、獾、豪猪、刺猬、海狸、土拨鼠、野生骆驼、斑马、野生牦牛、巨蜥蜴、袋鼠、树袋熊、鲸鱼、熊、部分品种的蛇、中国短吻鳄（扬子鳄）、水豚在中国属于保护动物。

# 烹饪技巧

很少有食物像肉食这样，一方面烹饪准备过程不算复杂，另一方面还能玩出各种花样。本章详尽介绍了烹饪实践的方方面面，从中你可以了解肉食烹饪准备过程中必须知晓的注意事项，细到不同种类的肉的肌肉结构和适合的烹饪方法，以及怎么使用牛、小牛、猪、羔羊和家兔不同部位的肉块和内脏烹饪出很多完美的菜肴。

# 肉食烹饪

本章的烹饪实践介绍了有效的烹饪工具和技巧，以及怎么使用这些工具和技巧发挥出食材的本味，做出美味的菜肴。

肉食始终是对人类最有价值的食物之一，这是无可厚非的。当然，鱼子酱、松露、藏红花、葡萄酒、茶或价格极其昂贵的夕张密瓜每千克的价格要比牛排、里脊肉高得多。工业化生产的确在一定程度上导致了肉类价格的下降。在一天里，没有什么比品尝一顿丰盛的、鲜嫩多汁的T骨牛排更有营养了，尤其是这块T骨来自自由放牧养殖的牛。

## 多汁性和口感是无法衡量的

如果人们对桌上的肉食非常满意，这可能有各式各样的原因。也许是选择了优良的肉质和合适的烹饪方法，并按照个人喜好烹饪，使得肉食既入味又鲜嫩多汁。然而，这意味着什么呢？香味和多汁性是人们的主观印象，只是人们自身的感受而已。得到科学认证的能够测量肉质好坏的方法只适用于测量肉质的嫩度。测量方法是，通过专业的技术仪器来精确模拟人类的咀嚼过程，以此划分肉食的嫩度等级。实际上，这种仪器很早以前就有了。

早在20世纪30年代，美国就为农林部的一个项目开发了名为"瓦尔纳布拉茨勒肉质分析器"的仪器，目的是为了对肉质进行标准化评判。这个仪器可以测出使用多大的力气使V形刀将一个1.3厘米厚的肉块分解开来。由此可以准确地计算出，人类咀嚼这块肉的难易程度。肉的口感好坏和是否多汁，是无法通过这种方法确定的。因为肉的味道只有入口后才知道。

## 为什么肉吃起来这么美味呢？

我们通常所说的"肉食的口感"，实际上不仅仅是嘴巴和咽喉里的传感器向大脑皮层传递的信号。口感指饮食过程中调动的所有感官的统称。除了甜味、咸味、鲜味这种单纯的味觉感受外，还包括对肉食的温度、组织结构、多汁性、油脂含量或肌红蛋白中混合的铁原子的金属感的感知，可以从生吃鞑靼牛排时感受出来。

然而，如果不添加任何调料，只是把最优质的牛肉当成生切牛肉片来食用，那就少了很多乐趣。只有加热过的肉才能刺激口腔。一般而言，肌红蛋白含量高的"红肉"，如牛身上几乎所有的部位，比火鸡胸、兔脊肉或猪排等"白肉"更原汁原味。实际上，我们尝到的是肌肉纤维里三磷酸腺苷的分解物，尤其是游离氨基酸。在这里，谷氨酸会让你感受到肉质的鲜味，丙氨酸和脯氨酸让你感受到甜味。如和牛肉中谷氨酸、丙氨酸和脯氨酸的含量要比安格斯牛高得多，因此和牛牛排吃起来更甜一些。但是，在食肉时，脂肪是主要的味觉载体，牛肉、猪肉和羔羊肉之间的区别只有专心品尝才能辨认出来。只有肉类中的脂肪酸能让你分辨出不同种类的肉之间的区别。最容易区分的是成年绵羊肉和成年山羊肉的味道。在这里，其实要把握好营养含量丰富的多不饱和脂肪酸和不受欢迎的羊膻味之间的界限，因为这些脂肪酸特别容易被氧化，使肉变质散发出恶臭的味道。

这里适用的一条准则是：脂肪决定了肉类的口感。纯瘦肉本身的结构复杂，尤其在未经加工的状态下，与水果或蔬菜相比，它只是保留了更多本来的味道。能够溶于脂肪的调味剂和恰当的烹饪方法能够将一块猪肉打造成一道完美的脆皮烤猪肉，将一块新鲜的绵羊肉打造成一道完美的烤羊腿或将一块牛肉烹制成美味的烤牛排。

烹饪美味的肉食除了需要掌握恰当的火候，还需要脂肪。在肉畜身上，脂肪的存在形式主要有三种：第一种是覆盖在器官表面的脂肪层，如最适合用来炸土豆片的动物板油；第二种是厚实的皮下脂肪层，如背脂或腹脂，以及牛排、煎肉排和腿肉（如臀腰肉盖）上的一些部位表面的脂肪层；第三种储存脂肪的部位对烹饪肉食来说至关重要：动物纤维组织之间的肌内脂肪，脂肪表面细微的大理石状纹理都是肉眼可见的，人们通常称这些部位为"五花肉"。

# 从心肌细胞到牛排

我们平常吃的肉，指肉畜身上结构复杂的骨骼肌，它的主要成分是横纹肌。骨骼肌由无数肌纤维组成。

### 结缔组织膜

每个肌束都由一层半透明的结缔组织膜包裹着，它主要由胶原纤维组成，咀嚼起来比较困难。流经此处的是神经和血液系统，它们是肌肉组织的控制中枢和供应中枢。胶原纤维由原纤维组成，原纤维由两种不同的原胶原蛋白构成，它以网状肌肉束的形式存在。随着年龄的增长，动物的肌肉束会变得强壮。这部分肉明显需要较长的烹饪时间才能煮熟。

### 每块肌肉

每块肌肉都被一块结缔组织膜即肌外膜包裹着。它也能使肌肉固定在骨骼上。肌肉越紧绷，各种结缔组织膜就变得越厚（这种类型的结缔组织膜也称为筋膜）。

### 肌原纤维节

肌原纤维节起着帮助心肌细胞收缩的作用。肌原纤维节中含有蛋白质（肌丝），蛋白质由蓝色的肌动蛋白和红色的肌球蛋白组成。肌肉紧绷时，肌原纤维节明显变短、变粗。因此，肌原纤维节此时咀嚼起来更加吃力。

### 肌原纤维

肌原纤维由并列排在一起的长长的蛋白质肽链和肌原纤维节组成，它以肌纤维里的肌肉束的形式存在。

### 肌纤维

肌纤维（或者肌纤维细胞）由肌原纤维束构成，被结缔组织纤维层（即肌内膜）包裹着。肌纤维的直径约为0.1毫米，足以用肉眼来辨识肌纤维的纤维方向。

### 肌纤维束

单个肌纤维通常以肌束的方式存在，肌束通常由50个单个纤维组成。这些纤维又被一层结缔组织膜包裹着。

### 初级肌束

初级肌束由几十条肌纤维束聚集而成，被紧绷的结缔组织（肌束膜）包裹着。从远处都可以清晰地看到它的纹理。

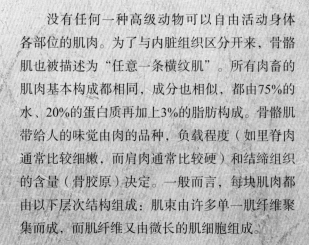

没有任何一种高级动物可以自由活动身体各部位的肌肉。为了与内脏组织区分开来，骨骼肌也被描述为"任意一条横纹肌"。所有肉畜的肌肉基本构成都相同，成分也相似，都由75%的水、20%的蛋白质再加上3%的脂肪构成。骨骼肌带给人的味觉由肉的品种，负载程度（如里脊肉通常比较细嫩，而肩肉通常比较硬）和结缔组织的含量（骨胶原）决定。一般而言，每块肌肉都由以下层次结构组成：肌束由许多单一肌纤维聚集而成，而肌纤维又由微长的肌细胞组成。

正是这些脂肪使得牛、猪、羔羊或家禽在烹饪时能呈现出不同的口味。只要掌握好火候，脂肪分子就能分解出一些物质，使得不同种类的肉散发出不同的味道，如花香味、膻味、坚果味或草本味。这层脂肪也是我们用来判断一块烤肉或牛排是否算得上鲜嫩多汁的一种方法，因为肉质是否鲜嫩多汁首先取决于这块肉的肌肉脂肪含量。

在这种情况下，专业人士还能根据肉的口感来了解肉中的液体含量，继续咀嚼肉时，可以通过感知肉中的水分含量来了解它的多汁程度。两种特性都取决于烹饪方法的选择。一般而言，肉加热的过程中，包裹肌肉纤维的胶原肠衣就会收缩。肉中的水分含量为75%，它会将原纤维蛋白压入肌纤维的间隙之中。此外，肉中的水分还含有盐、糖分、蛋白质分子和核酸，它与储存的脂肪化合而成我们喜闻乐见的美味肉香。

## 先硬后软

如果采用不恰当的烹饪方法烹制某块肉，即使你拥有再高超的厨艺也无济于事。不同部位的肉适用的烹饪方法不同。一个简单的基本原则是：一般而言，与背肉和后躯肉等肌肉活动不够频繁的部位相比，牛、小牛、猪、羔羊和山羊前躯中肌腱含量丰富的肉块所需的烹饪时间较长，烹饪过程中所需补充的水分也更多。

肩肉、颈肉和前腿肉中包括很多坚韧的结缔组织，只有经过长时间的烹调、水煮、烟熏、烘烤、焖炖或低温慢煮后才能转换为多汁的明胶。这是肉质化效应的结果，所以经过长时间烘烤而流失很多水分的肉块，在咀嚼时仍觉得鲜嫩多汁。动物后躯肉非常适合烹制美味的焖肉，后躯肉上一些部位的肌肉甚至细嫩到可以与背肉烹制的肉排和里脊肉相媲美。

如果你深度研究一下肌肉方面的知识，这两者的区别就一目了然了。肌束的生物学构造绝对是一个小小的奇观。这种长长的单细胞除了存在于神经组织中，还存在于动物体内的其他部位。肌原纤维可以长至10厘米。普通的体细胞有一个细胞核，而肌纤维有一万个细胞核，它们位于肌细胞膜的外缘，能保证信息流在长长的肌纤维里流通。

在这些细胞内壁里生活着许多肌原纤维，即肌动

## 带骨肉的烹饪方法

当我们在食用烤肉时，可以用嘴把肉骨头里的骨髓液吸出来，其中也包含骨头的主要构成物质碳酸盐。

如果人们将肉连带骨头一起烹制时，烹制出来的肉连同酱汁都更加美味可口，这是无可非议的。牛或猪身上的带骨肉的种类逾150种（羔羊肉的带骨肉的种类要少一些），并不是每块带骨肉都在烹饪中起着重要作用，但是它们都能为酱汁和汤汁提鲜。如羔羊腿和小牛腿上的管状骨，牛尾或猪蹄里的长骨。这些带骨肉都被一层美味的脂肪层包裹着，在焖炖时，它能让肉变得鲜嫩多汁且更入味。

还有一个调味剂是骨髓，它的组成成分中85%是脂肪。幼年动物的骨髓呈深红色或粉红色，当动物满1周岁时，它们的骨髓通常呈浅粉色和米白色。首先，骨髓往往位于动物腿部的长管骨中。在饮食中起同样重要作用的还有骨头上的结缔组织、肌腱、韧带、软骨和骨胶原蛋白，它们是骨生物质的主要组成部分。在长时间的焖炖和慢煮过程中，这些物质会从带骨肉中分解出来，转换为明胶。

骨头中提取出来的黏多糖能让肉酱汁更加醇厚和黏稠。在烹饪碎鱼冻时，骨头中的分解物质会结成明胶。这些明胶可以储存比它的自重多十倍的水，因此肉煮透后仍含有丰富的汁水。但还是要留心核心温度的指数：如果将温度计的顶端放在离管状骨较近的地方，温度计显示的温度会急剧升高，因为管状骨比肉的导热性好，烤炉的热度能让肉从内到外都熟透。而肋骨的导热性较差，所以即使是中火慢煮，直接连接肋骨的牛排肉还是很难煮熟。

蛋白和肌球蛋白，它们起着帮助肌肉活动的作用，在每次神经脉冲发生时，肌动蛋白和肌球蛋白会发生收缩。肌肉每秒会收缩五次，肌肉长度比静态时的长度短了近一半。

## 没有一头猪会健身

牛和猪等动物都不会进行肌肉训练。它们的肌纤维的数量是生来就固定不变的。动物的成长仅能通过扩大现有的肌纤维而实现，这只能通过额外的野外训练实现。就像人类健身一样，可食用动物也需要增加它们的肌纤维数量。这种与生俱来的特性是牛所具有的，所以在基因上具有这方面优势的牛类品种就被慢慢养殖成肌肉发达的肉牛，如巨型意大利皮埃蒙特牛。但是这种巨型牛品种也常会染上疾病。

比利时蓝牛只能通过剖腹产的方式生育，因为犊牛在子宫里时个头太大，无法顺利通过产道。此外，比利时蓝牛的养殖目标仅仅是为了增加蓝牛的肌肉量，但这与烹饪学背道而驰，因为这种养殖方法打破了两种本质上存在差异的肌肉之间的自然平衡，降低了整体牛肉的食用价值。它使牛肉中白色的肌纤维远多于红色的肌纤维。红色的肌纤维体积更小，但是更坚韧，而白色的肌纤维更粗壮，有助于牛进行短途冲刺。

耐力肌纤维在新陈代谢的过程中发生氧化还原反应，与白色的肌纤维相比，它的脂肪含量更高，为了获取能量，它能将糖原分解成乳酸，因此它也容易导致肌肉疼痛。它有一个可笑的副作用：尽管从原则上看，白色的肌纤维比红色的肌纤维更适合采用煎封的烹饪方法，如脸颊上的咀嚼肌大部分都是红色的肌纤维。但是用比利时蓝牛这种"怪牛"烹制的牛排中的肌内脂肪含量不足，而这种肌内脂肪通常位于牛背肌束里的红色纤维里。

后文详细介绍了日常牛肉烹饪实践的方方面面：从购置牛肉到不同部位的牛肉如何进行贮藏和分解，其中包括整块牛背肉（重约100千克）、牛里脊、快熟薄牛排、蓝带牛排、煎肉片或绞肉末。为此，你需要检查必备物品是否齐全，包括平底锅、盆、刀和其他烹饪工具，此外，你还要了解烹饪准备、肉食腌制和长期贮藏时的注意事项。当然，你还要留意牛肉不同部位所适用的烹饪方法：本书从142页开始介绍所有关于肉食烹饪的技巧和方法，这在如今显得至关重要。

## 热吃还是冷吃

肉几乎都是煮着吃的，或者通过如烟熏、腌制等不同的烹饪方法来改变它的性质：大多是通过加热的方式实现的，有时也使用发酵、盐浸、酸化的方法。这是因为，只有在温度升高的条件下，肌纤维深层中的谷氨酸或骨胶原才能被分解并被人体吸收。当然，首先是因为煮熟的肉味道更佳，因为在加热的过程中，肉中含有的氨基酸、糖分、脂肪酸或盐分等物质发生了化学反应，使得肉散发出各种香味。最典型的要数煮熟的牛肉散发出来的独特香味。这是因为像牛和羔羊这类反刍动物的脂肪含量稀少的肌肉组织中含有一种名为甲基十三醛的物质。随着反刍动物年龄的增长，甲基十三醛的浓度会增加，但是只有在长时间加热后，这种物质才会被分解出来，因此我们会觉得肉质鲜嫩可口。

有趣的是：我们选择的烹饪方法决定了肉产生何种风味。当烹饪温度达到100℃时，肉中分解的脂肪酸发生过氧化反应，使肉散发出香味，并发生美拉德反应（Maillard Reaction）：食物中的还原糖（碳水化合物）与氨基酸／蛋白质在常温或加热时发生的一系列复杂反应，其结果是生成了棕黑色的大分子物质类黑精或称拟黑素。当烹饪温度超过200℃时肉在热解作用下散发的香味截然不同。同样一块牛肉，如一块带着厚厚脂肪层的臀腰肉盖，烹制成水煮肉时闻起来是脂肪味，而烤着吃又会散发出一种焦香味。

# 香味配对表

肉食的巨大魅力在于寻找合适的香味，以下这个齿轮状的香味配对表能给你提供一些建议。
一些配料有几种不同的特点，但是一个色阶里的所有配料都能相辅相成。

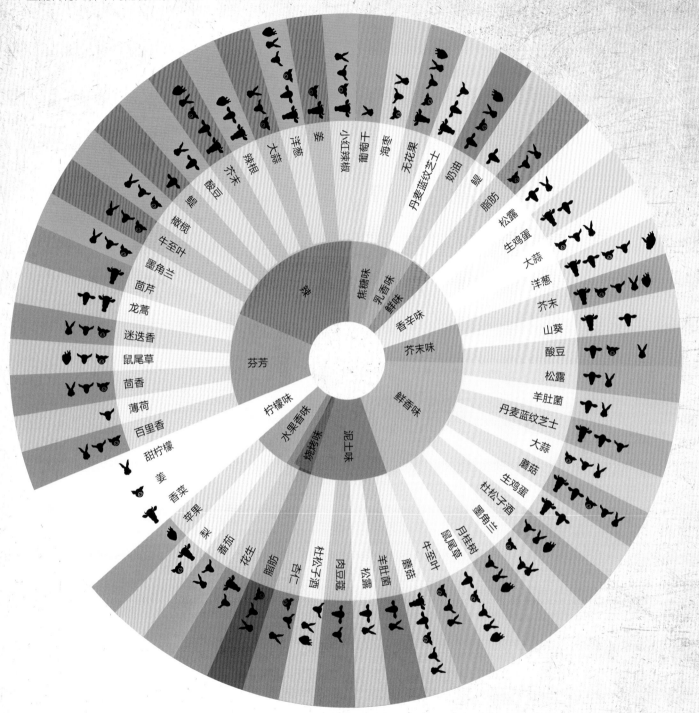

牛肉：牛肉的主要特征是肉质紧实，而且口味多样，可以散发出泥土的香味，可以是野味，也可以是辣味。

小牛肉：小牛肉的肉质咬起来很有嚼劲，烹制成乳酸味、农家风味，口感更好。

猪肉：根据烹饪方法的不同，猪肉也可以有不同的口味，如芳香味、芥末味和辣味。

羔羊肉：除了比较流行的地中海风味和香草风味，羔羊肉也可以烹饪成辣味和农家风味。

家兔肉：家兔肉的肉质非常精瘦，适合烹制成柠檬味或保留它原本的味道。

动物内脏：动物的心脏和腰适合烹制成芥末味和乳酸味。

# 肉食选购指南：如何鉴别肉质的好坏

## 购买优质的肉食

普通消费者想在德国买到真正高品质的肉，并不是件简单的事：肉铺越来越少，超市和折扣店占据了主要市场，而持续的价格压力把高品质的产品变成了价格高昂的稀缺物资。而肉类消费者无法接受某些方面的损失……

欧洲官方对牛肉和猪肉的商业质量标准和品质分级是存在问题的，症结在于没有任何一个分级标准是针对肉食在烹饪后的感官品质本身给出评判。它们都仅针对生产者的商业需求而制定。国家层面不会去检测一块符合大家所有预设标准的牛排，口味到底是合格、不错、很棒或非常美味。这些标准只关注动物的胴体尽可能肉多脂肪少，能为屠户或经销商争取到满意的价格。这种专门针对瘦肉的评级体现在官方仅有的两套评价标准"含肉量及肌肉含量"和"脂肪等级"中。对牛肉和猪肉的评判标准是一致的。

针对含肉量和肌肉含量的SEUROP体系：
S肌肉含量超过60%（在德国不可售卖）
E肌肉含量在55%~60%：优秀
U肌肉含量在50%~55%：很好
R肌肉含量在45%~50%：好
O 肌肉含量在40%~45%：中等
P肌肉含量低于40%：低
为确认肌肉含量，需要测量倒数第二和倒数第三根肋骨之间背膘的厚度及背部肌肉的厚度。但和脂肪等级的划分标准一样，并不能由此推导出烹饪方面的建议。

### 肉类标签

德国屠夫和肉贩在给肉品做标注时必须遵循牛肉标签法。这里提供一个模板，实际情况可能与之略有出入。

德国 NW84019 EG
分割加工厂许可证号
（如莱格登屠宰场）

屠宰厂（如莱格登屠宰场）

分割加工厂（如莱格登屠宰场）

内部编码
| 44 | 供货商 |
| 13 | 小母牛 |
| 30 | 臀部肉排 |
| 0028 | 塔拉生物可降解明胶膜 |

批号\|屠宰日期编号

认证机构编号——联邦认证机构

营养价值
可惜尚未纳入规定要求，但一些供货商的标签里已经将这一内容作为固定组成部分

**牛臀肉排**
新鲜真空包装

组料：牛后腿肉。真空包装。不适于生食。食用前需充分加热。

产　地：德国
饲养地：德国
屠宰地：德国NW84019

分　割　地：德国
分割加工厂：NW84019

屠宰日期：**03.06.2017**
包装日期：**20.06.2017**

保质期 +4℃环境下保质期至
**18.07.2017**

肉品类型：小母牛
身份识别号——3014 63

DE
NW84019
EG

平均每100g所含营养成分：
| 热量 kJ\|kcal： | 525\|125 |
| 脂肪： | 5g |
| 饱和脂肪酸： | 2.1g |
| 碳水化合物： | 0g |
| 糖： | 0g |
| 蛋白质： | 20g |
| 盐： | 0.13g |
| 未加工肉品说明 | |

DE-05-1998-BLES-0001-0
由Orgivent编篡

净重：
**3,280kg**

44133000284

(01) 0400233500175 8 (3103) 003280 (15) 140529 (10) 03014637

国际条形码：40——德国

003280——重量

03014637——批号——内部识别号

牛肉的品质并非一眼就能辨识出来。但左图这块肋眼牛排，脂肪清亮紧实，牛肉表面不过于潮湿，肉质有弹性，这些特征都是优质牛肉的标志。

脂肪含量等级依次为：①极低（没有脂肪覆盖，肌肉清晰可见）；②低（少量脂肪覆盖，绝大部分肌肉清晰可见）；③中等（肌肉大部分被脂肪覆盖，腹腔可见脂肪）；④脂肪明显（肌肉完全被脂肪覆盖，腹腔可见脂肪）；⑤脂肪含量很高（胴体完全被脂肪覆盖，腹腔内脂肪很多）。

## 商品质量标准的说服力

根据以上分级标准，一块E1类的牛脊肉应该卖得最贵才对，尽管肌间脂肪丰富、外部有脂肪层包裹的牛排绝对比只有边缘有少量脂肪的精瘦部位美味得多。对猪肉分级时，瘦肉同样自动划分到更高的等级。而牛肉的分级体系里，比起品质，分级的标准更侧重于牛的年龄、性别和阉割状态，由此分为等级A：小公牛；B：成年可交配的公牛；C：阉割过的公牛；D：母牛；E：未产犊的小母牛；V：犊牛；Z：尚未性成熟的小牛。相对于犊牛肉，还是更推荐未生崽的小母牛和阉割过的公牛肉。绵羊肉也是按年龄分级的。因此在德国只有屠宰年龄不超过一年的绵羊才能作为羊羔出售。所谓的"奶羊羔"屠宰年龄最大不能超过半年，而且只能母乳喂养。

新西兰的羊羔通常都是在半年时屠宰，不过此时这些羊羔已经在草场上吃过一两个月的粗粮了。而羊羔长到八个月左右会逐渐产生标志性的肉膻味。本土市场的母绵羊和阉羊长到两岁大时，其肉膻味对大多数爱吃羊肉的人来说已经很难接受，更别提屠宰年龄大于两岁，或未阉割的公羊，羊膻味更浓烈，但德国市场基本不对这类羊肉做特殊标记。尽管买肉的时候，肉铺老板没法悉数回答那些最关键的问题，但只要我们稍微做些功课，还是能分辨出品质优良和差强人意的货品。优质的肉品一般脂肪纹路清晰可见，而且价格更高。还有一些小技巧可以快速评判肉类的品质：牛肉表面应该清爽无油，最多有些轻微光泽，但不应干燥或过于油腻。牛肉应该呈鲜艳的红色（犊牛肉从鲜艳的粉红色到浅红色不等），肉质应强韧有弹性，但不能坚硬或浮肿。按标准加工程序在袋中熟成的牛肉块可能有轻微的金属味道，但发酸或有甜味就不对劲了。经过14天以内的湿式熟成处理的牛肉可能口感更柔软。烹饪羊肉之前应将其悬挂10天，而这么长时间对猪肉来说已经接近保质临界期。

不过最近越来越多古老的猪肉品种经过专业环境下的处理，其中部分可以完成数周的干式熟成；但经过这种熟成加工的猪肉会有特殊且浓烈的气味，更适合喜爱

但上述这些标志也可能混淆视听：有些牛肉疑似DFD肉（见106页），其脂肪呈浅黄色，肉呈暗深褐色，表面干燥（Dry），如果肉品摸上去十分粗硬（Firm），则说明品质低劣。如果同样外观的肉品，质地柔软有弹性，反而可能是一块价格不菲的干式熟成牛排。

猪肉的高阶食客。牛肉切分部位经过长达数月的干式熟成会变成深褐色，脂肪呈浅黄色。无论如何，选购牛肉或猪肉时，都不用抵触肥肉。因为不管是肌肉间藏着的脂肪，呈大理石纹分布的油花，还是厚厚的外层脂肪，在快速煎烤炸或烧烤这样的烹饪过程中都会让食材迸发更多美味。如果是做炖肉卷、红烩肉或烧肉，脂肪会随长时间的焖煮变得软烂，但口腔中肉汁四溢的感觉并不会变。

## 脂肪不是瑕疵

选购猪肉时应注意：颜色过于鲜红的不要买（一些古老的猪肉品种也可能呈浓郁的深红色），买回去后的猪肉在家里的厨房里看上去就没那么鲜亮，因为一些超市肉品区设置的照明会加强肉品的红色。猪背和猪颈的快熟部位应有清晰的脂肪纹路。瘦肉中间夹杂着的脂肪在煎和烤的过程中会增添风味，以丰富的汁水滋养食材。同样，好的牛肉表面应该稍许湿润。为了抵抗屠宰

前和宰杀过程中承受的巨大压力，动物机体中的大量ATP（三磷酸腺苷）被消耗掉，而紧缩的肉质纤维中的乳酸得不到分解，就产生了DFD肉。如果猪肉呈现不正常的深褐色，人们会很快发现问题，但牛肉就较难分辨，因为经过良好的干式熟成的牛肉也会呈现出这样的深褐色。

只有在储存或加工烹饪时，肉质的缺陷才会突显出来：DFD猪肉的腐败速度明显更快，生食难以咀嚼，即使用煎锅或煮锅烹饪很长时间也不会变得酥烂或只是更柔软一些。

牛和猪的屠宰时间并不是非常重要，羊倒有些讲究，夏末时节宰杀的羊肉销路最好。因为比起那些在羊圈里度过一个漫长的冬天，复活节时被宰杀的羊，夏天快结束时，羊已经在草地上活动了更长时间。而饲料对羊肉实际口感的影响也比牛和猪更强烈。这是由于羊肉的脂肪含量更高，而机体通过膳食获取的香味元素就贮藏在脂肪组织中。吃羊肉时，我们喜欢只用盐稍加调味，保留羊肉原本的味道，有些羊在海边牧场吃草长

如今的市场基本不会再出现有严重缺陷的肉品。但总会有一些泛白无光的PSE肉（暗沉、干硬的肉，见左图上方）或深色干燥的DFD肉（左图右下）。左图左下的这块肉品质最优。

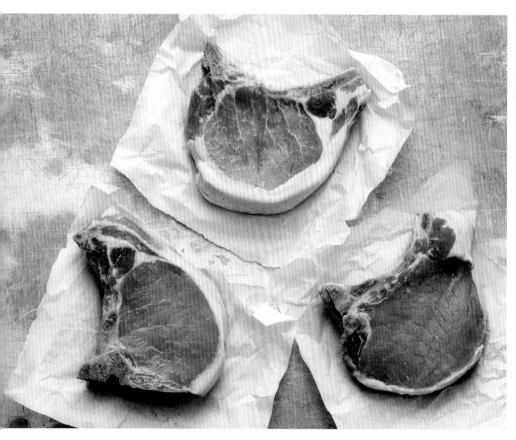

大，也有些在偏远的山地以粗粮为食，羊肉中带有草本气味，这些都能从羊肉本身直接品尝出来。谷饲牛和野外散养的猪也是如此。最好的例子就是西班牙带有坚果风味的"橡子猪"肉。

选购肉类不变的定律是：尽量购买大块肉，因为肌肉间互相牵连，每次下刀都会产生切面，而切面处会变得干燥，也可能滋生细菌，因此，条件允许的话，尽量购买大块肉，妥善储存，每次烹饪前才取出，切分出需要的分量。

大家也尽量花些功夫自己去切分肉品。将切肉时剩下的杂碎收集在冷冻层的冰盒里，放几个月也不会坏掉，积累到足够多，就可以煮出一锅美味的肉汁。骨头也绝不能当作"垃圾"，它是宝贵的"增味剂"，结缔组织还能产生胶质。如何切分，如何处理骨头和软骨，这不仅是专业大厨应该熟稔的技术，也是居家料理的必备技能。

## 肉铺五问

**1  这块肉是什么品种?**

羊肉的品种区别微不足道，而猪肉只有极少情况下才能辨认出其品种。对于快熟牛肉部位来说，品种区分极其重要，尽量向店家明确肉品品种，或者起码问清楚牛的性别（未产犊的小母牛肉为佳）。

**2  动物是如何饲养的?**

有机并不一定更好，不过草饲牛肉的品质确实不错。

**3  动物在何处生长、喂养和屠宰?**

欧洲的猪从饲养到屠宰往往会经历不同的地点变更，具备食品安全认证的本地猪肉通常品质更好。牛肉也是如此。

**4  动物运输到屠宰场的路程有多远?**

这可以推测出宰杀前的ATP消耗。运输路程肯定是越短越好。

**5  肉是怎样熟成的?**

大多数牛肉，以及几乎所有的猪肉和羊肉都是在真空袋中熟成的。这种方法无可非议，但大块牛排采用干式熟成能让牛肉风味更佳。

> 医生建议我，多倾听自己。于是我仔细听了听身体发出的声音，它说：来块肉眼牛排。
>
> ——里斯多夫·沃肯（Chiristopher Walken）

# 肉类的运输、储存和卫生标准，从肉类选购到烹饪过程中的注意事项

## 永远保持洁净

肉是一种美妙的食物。可惜除了我们之外还有很多不速之客也很喜欢肉。还好阻止微生物和病原体的侵害并非难事。

新鲜的肉是最容易被微生物侵袭的食物之一。一旦逮到机会，它们便会以惊人的速度繁殖。影响到食欲倒是小事，很多病原体从生肉中汲取能量，进而危害食用者的健康，甚至致人死亡。这其中包括大肠杆菌，它只有在高于70℃的环境中才会消亡；这个温度也可以杀死沙门氏菌和李斯特杆菌。动物被宰杀后，肌肉其实几乎

不会沾染病原体，皮肤接触才是问题的根源。病毒也有可能源于动物消化系统，或携带病菌的屠宰场工人。由于欧洲实行严格的卫生标准，如德国的QS质量体系，欧洲市场上的肉产品很少出现被病菌感染的情况。但肉食腐坏的风险却天天发生：氧气和光会分解肉类表面的不饱和脂肪酸。脂肪会氧化和酸败，而肉的口感也变得怪异（从感官而不是健康因素考虑）。脂肪氧化难以避免，但将肉食保存在冰箱温度最低的那层，可以延缓氧化。

### 避免肉类冷冻过度

肉类冷冻过度总会导致一个恼人的问题——冷冻数周后，肉的表面会变成棕色或灰白色。如果某些部位变成这种干草一样的颜色，并不代表它有毒，但还是应该把它切除掉，别不舍得。从根本上来说，这种变色其实就是一层比较薄的肉在冷冻后失水变干而已。这些棕色的斑点并不是被细菌污染的迹象，但肉变干后脂肪会加速氧化，对应部位的肉也会更快发酸、产生异味。肉类冻结褐变是其包装破裂导致的，这些裂纹细微得只能在显微镜下看到，为了避免这一情况，将肉放进冷冻层前应严格做到真空密封，且使用加固型的冷冻用包装袋（注意突出来的骨头）。理论上讲，冷冻食品里的水分在−18℃的极冷环境中冻结后应该牢牢锁在食物里。实际上当冷冻包装并不密封时，水分还是会从冻实的冰块中以气体形式挥发掉，物理上叫"升华"。结晶状态下的水跳过了变成流体的阶段，直接与冷冻室内极干燥的空气混合在一起，肉品所含的水分因而逐渐丧失。这一过程早已为工业所利用：冻干食品的制作过程就完全遵照了这一原理，如可以通过这种方法将煮好的汤迅速脱水。但这招来处理肉类却并不奏效，顶多可以制作一些熟食里的脱水肉丁。

### 肉末的制作过程使得烹饪的乐趣消失殆尽

如果买的是剁好的肉糜，必须马上烹饪，因为肉的表面在剁肉的过程中已经支离破碎，更容易被酸性物质腐蚀（或被病菌感染）。自己在家绞的碎肉也要当天料理。欧盟法规要求市场所售货品遵守相关卫生条例，如肉糜必须由商贩储存在单独隔离的区域内。不变的定律：肉切分的块越小，如肉排、红烩肉块、肉片、肉糜，其保存期限越短。如果购买已经切开分装好的肉，一定要注意区分最佳赏味期和保质期之间的区别。最佳赏味期的含义是，只要肉品储存得当，在此日期前食用可以保证其原本的口感。

超过最佳赏味期并不意味着食物已经腐坏，然而肉类比起巧克力或酸奶，还是需要更谨慎地储存才行。真正要重视的是压印在包装上的到期日。极易腐坏的食物，如鱼和生肉，在这一日期后绝不可再食用。最好碰都不要碰它们。同样要记住：牛肉因不饱和脂肪酸含量相对较低，肉质酸败得更慢一些，其次是猪肉、羊肉和小牛肉。烹饪好的肉相对不容易坏掉，因为盐分减少，一同烹煮的地中海地区的草本植物（迷迭香、鼠尾草和百里香）也可以抵抗加热过程中的脂肪氧化。用平底锅

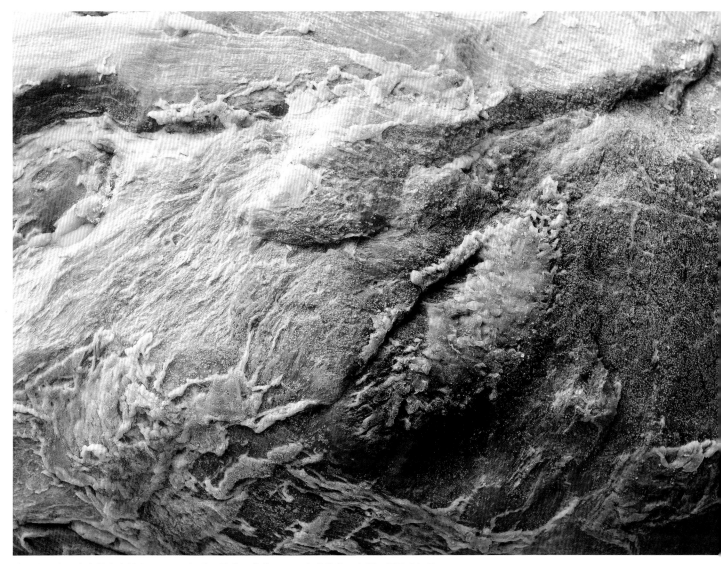

冷冻肉褐变不会直接有害健康，只需要解冻后将表面薄薄一层因水分蒸发而变得干燥的肉切除即可。

将肉的表面大火迅速煎至焦脆，也能产生抗氧化效果，但只作用于表面被熏黑的那一层，这也是沿袭千百年的一种肉食的保存方法。

最重要的一点是，你期望肉类生产加工商和经销商所保障的冷链措施，在你的烹饪或消费过程中也要严格执行。无论怎样包装的肉类，只要在后厨货物入口停滞1小时，或是在太阳下放在车内的购物袋里，其保质时间就可能缩短到几小时。欧盟对食品相关行业的所有从业人员采取严苛的监管措施。自2006年起，欧盟范围内的所有食品加工企业，从联合利华到小酒馆，都必须遵循HACCP（Hazard Analysis and Critical Control Point）体系的要求进行生产加工活动。HACCP体系基于食品加工过程中关键临界点的危险分析，重点制定出一系列防范措施，以保证食品安全达到历史最高标准。不过即使在自家厨房做饭，也建议大家妥善储存肉类食品，千万不要把它丢在冰箱里太久。

一台普通家用冰箱，冷藏区顶层也只能达到5℃。肉类的冷藏时间为：

可存放1天：烩肉和炸肉排

可存放1~2天：内脏、禽类

可存放2~3天：煮透的猪肉

可存放3~4天：煎烤过的肉排

可存放3~5天：煮熟的香肠和火腿（开封的）

**只要有三样东西我就能活下去：我的飞机，一块牛排和一份沙拉。**

——伯尼·埃克莱斯顿

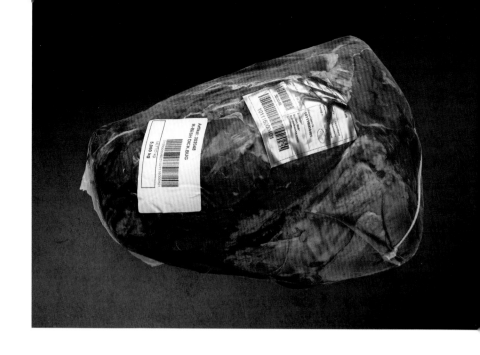

家庭用户很少能看到这种餐厅或肉铺大宗采购所用的包装。如果打开包装时能闻到典型的金属酸味，就说明袋中的肉品已经熟成。

在1~3℃的专业冷藏库里，肉可以多存放数日，严密的真空包装也可延长保质期。不过保险起见最好还是将肉充分冷冻为妙。但操作起来却并不简单。如果冻结速度过慢，温度过高，原本多汁的肉品会变得干燥。因为肉品中储存着两种不同的液体：细胞内的水分（细胞内液）和游弋在细胞外部的水分（细胞外液）。细胞内液含有的固体成分明显比细胞外液中的更多，因而这部分水分冻结速度更慢，大致在-7℃时才会结冻。也只有细胞外部的水分冷冻后，细胞内的水分才会冻结。如果环境温度太低，细胞外已经被冷冻的水结成冰晶，会不断攫取细胞内部的水分，慢慢变大，进而破坏整块肉的结构。随着细胞内的固体成分不断积聚，冷冻落差越来越大，过程越来越慢，对肉品的破坏也逐渐加剧。这种破坏性影响在专业领域叫质壁分离，表现为肉品化冻后，大量肉汁直接流失。这些肉汁就直接留在解冻用的容器里了。肉的内部细胞失去水分，肉质变得干燥。商业用的冷冻肉在-50℃时被迅速冷冻，用适当方法解冻后，口感还会和鲜肉一样多汁可口，但前提是在屠宰场时不能采用所谓的预冻结方法——在动物胴体僵硬前就将其冷冻。出于成本考虑，这种预处理方法越来越常用，但用此方法保存的肉最多被加工成肉糜用于各种肉制品的工业生产。让肉先熟成，再将其冷冻，化冻后的肉就会像你期待的那样柔软。有实验表明，取两块来源地一致、熟成程度相同的牛里脊，一块在-50℃下做瞬间冷冻处理，另一块则采取常用方法，在2℃下储存。两块牛里脊都解冻后，滴液测试的结果完全相同。经过熟成的肉品冷冻后不一定会变得干燥。

## 食品储存期限的标准值

工业冷冻的食品最长可储存两年，不过自行冷冻的肉类在-18℃的环境中也能保存较长时间且风味不变。

| 两个月以内 | 三个月以内 | 六个月以内 | 八个月以内 | 十个月以内 | 十二个月以内 |
|---|---|---|---|---|---|
| 经过数月熟成的肉糜（不要自行冷冻）、香肠、脂肪很多的熏肉、猪油、自制肉饼 | 内脏、骨头、煎香肠（猪肉或羊羔肉制），较瘦的熏肉、油脂很多的自制菜品、用来煮汤或肉汁的肉类杂碎（肉皮、油脂、软骨等） | 猪肉、羊羔肉、生火腿、煎香肠（牛肉制）、油脂较少的自制菜品、自制肉汁酱 | 脂肪含量极少的猪肉（里脊、背部肉）、羊羔的背部肌肉、自家炖煮的肉汤 | 牛肉、犊牛肉、精瘦羊羔肉（里脊、背部肌肉） | 脂肪含量极少的去骨牛肉和犊牛肉（里脊、背部肉）、熟成好的肉制品 |

## 缓解肉类的冷冻过程

如果厨房里没有速冻设备，至少可以用以下一些冷冻妙招提前做好准备：提前12小时让冷柜以最大功率运作（或关闭"节能"功能），直到内部温度达到-24℃。将肉在冰箱冷藏到5℃，切记不要同时冷冻过多的肉。冷冻柜按上述方法设置12小时后可以再次调升至-18℃。重点是：所有冷冻的肉要标注好内容物和冷冻日期。

我们知道，不够专业的冷冻措施下，冰晶锋利的棱角会从内部破坏肉的细胞壁，不过有趣的是，这一现象也可以利用在低温烹饪中：这种方式处理过的牛里脊可以切出非常柔嫩的生牛肉薄片（Carpaccio）。在-18℃的环境温度下，肉类中的分子活动会变缓，这种减缓冷冻的过程与所有生物变化过程相似。低温冷冻肉能够使大部分营养物质保留下来，同时，细菌的活动、脂肪的氧化过程和发酵酶的溶解进程都会明显放缓。但是，这一进程并不会就此结束，因此，与精瘦的肉块相比，脂肪含量高的肉块在脂肪氧化作用下更容易腐臭。在三星级冰箱（冷冻温度为-18℃）中，工业冷冻牛肉的保质期从1年降为3个月，家庭冻肉最多只能贮藏4周。如果将它放入两星级冰箱的冷冻层（温度为-12℃）中贮藏，保质期只有1周。如果将它放入一星级冰箱的冷冻层中（温度为-6℃），肉根本无法结冻。速冻食品的保质期只有几天。与冷冻同样重要的是冻肉的解冻。此时，规律完全反过来了：食物解冻的速度越缓慢，它的肉质越好。

**我讨厌现实，但这仍然是获得一块好牛排的最佳地方。**

——伍迪艾伦

## 一定要确保安全
## ——食品安全的 10 个保障

**1** 购买以后继续保持冷链：一定要先处理肉，用保鲜袋装好直接拿回家。立即放入冰箱保存。

**2** 务必重视保质期。超过最佳赏味期的肉不要购买。

**3** 包装袋或盛放肉品的橱柜底部不可潮湿。骨头上不能沾上骨屑和碎渣。

**4** 肉糜应于买肉当天加工，不要隔夜，调制肉片最多存放一天。

**5** 真空袋包装的肉要在料理前30分钟从袋中取出，流水冲洗后，用厨房纸巾擦干，放在架子上，室温下晾干。

**6** 已经解冻过的肉不要再次冷冻。除非冷冻前肉还是完全新鲜的，用正确的方法解冻后很快又再次放入冷冻室（最长间隔1小时）。不过这种肉还是要在4周内食用完。

**7** 用盐或酱汁（醋、柠檬汁）腌制调味过的肉不要用铝箔包裹——盐会分解箔纸上的铝，使其浸入食物中。

**8** 将肉放进真空袋用70℃以下的水低温慢煮，要先用高温迅速煎一下肉，杀死表面的细菌。

**9** 烧烤聚会剩下的肉切勿冷冻或放在冰箱里过夜——腌制过的肉也是一样。可以切成小块做一道调味肉丁，或干脆倒掉。

**10** 如果停电了：只有表面短暂融化的肉可以等来电之后继续冷冻起来；煮熟的荤菜化冻了，就尽快加热食用。其余的都要扔掉。

# 肉制品的常用工具

## 煮锅&平底锅

　　不一定各种锅都要有，但如果要下厨做点好吃的，还是应该对炊具吹毛求疵一番。

　　❶如果做炸猪排这种不需要煎出酥脆外皮的料理，首选平底不粘锅，煎牛排则不适用。❷直接用平底锅上菜，摆在餐桌上也赏心悦目。可以先在炉火上将肉稍加煎制，再放进烤箱中烤熟。❸高边缘炒锅通常为铝铸锅，非常适合烹饪带汤汁的肉类菜肴，如调汁肉片或奶油菌菇猪排。铸铁锅则适合大火煎炸。❹不锈钢平底锅更适合高温快速煎炸肉类食物。如果略微粘锅，可继续加热，肉自然会从锅底剥离。❺可放入烤箱的煎煮锅，锅盖较高，容量较大，可放进两只鸭子或圣诞大餐用的鹅。❻珐琅锅历史颇为久远，但因其坚固、耐磨损，且能承受达450℃的高温，近来又重获人们的青睐。❼西班牙的平底煎锅是最常用来煎鱼和肉的锅。也可以置于烤架上。❽平底铁锅是唯一能完美烹饪牛排的厨具。煎完肉后只需要擦拭干净即可，久而久之会自然形成一层防粘锅薄层。❾铜锅传热很快，但价格昂贵，并且通常不适合用于电磁炉。❿平底烤锅冬日可代替真正的烧烤，煎烤出来的肉带有烤架的纹路。⓫法国铸铁锅是所有炖锅的起源，早先为瓷制，如今多为珐琅质表层。带有厚重的锅盖。⓬多功能烤锅多由铸铁或不锈钢制成，锅盖密封性良好，且配有实用的间隔网格。⓭荷兰锅锅身分量重，由铸铁制成，可煎炸、炖煮，还能置于篝火上烘焙面包。各种尺寸均有。⓮罗马锅适合小火慢煨，炖煮一些汤汁丰富的食物，日常需要精心养护。⓯铝制或珐琅制的长形烤盘，容量可观，烤物分量较大时便于从烤箱中拿取。也有不锈钢或铸铁制的同类型烤盘。

---

## 保持清洁

　　大部分适合做肉类料理的厨具都不应长期用洗碗机清洗。粘在平底锅上的煎烤沉淀物不需要机器就能清理干净。最好用洗涤剂喷涂后放置一晚，再用刷子蘸取热水清洗。切勿用洗涤剂清洗无涂层的陶制锅具、荷兰锅！铸铁和铸铝锅、荷兰锅或平底煎锅在擦干后可抹上少许食用油进行养护，防止生锈。

2

3

4

5

7

8

9

10

11

12

13

14

15

# 工具箱

鱼类前前后后的处理需要非常专业的厨房工具，其中最重要的是一把顺手而锋利的好刀。

❶美国几乎家家户户的厨房都有敲肉锤，而德国的肉食专家对此颇有争议：煎肉排之前重力锤击瘦肉可以使其变得柔软，但往往也会让肉质变得干燥。❷根据HACCP体系的要求，餐厅厨房使用的砧板必须按不同颜色分类使用，以保证食品安全：肉、鱼、禽类和蔬菜分别使用不同的砧板。❸磨刀棒是最简单的磨刀工具，稍加学习便可使用自如。❹磨刀石打磨出来的刀刃最为锋利，但使用磨刀石却需要一定的练习，且费时费力。❺钻石刀刃磨机是快速磨刀的专业器具，各种刀具经打磨后能保持锋利数月。❻好刀不嫌多，必不可少的是一把刀刃坚硬的大号切肉刀、一把可弯曲的切火腿刀、一把里脊刀、一把去骨刀，以及一把切软骨和小骨头的剁骨刀。❼肉钳不只是用于烧烤，用平底锅煎牛排时，有一把肉钳也能方便不少。❽切片机非常适合加工生牛肉、薄肉卷和牛排。❾不是人人都需要外科手术刀，但如果要切分脆皮烤肉，手术刀无与伦比。❿刷酱用的硅胶刷应由不可降解刷毛制成，这种刷子比木质刷更抗菌。⓫肉类测温计在现代厨房必不可少；新手用电子温度计就够了，如需更精准，则用数码探针温度计。⓬肉叉是除切肉刀之外第二重要的，是吃烤肉时必不可少的。⓭牛排专用餐具外形精致，切割方便，但如果不是经常吃牛排，倒也不是必要的。

## 保持锋利

厨房里没什么比真正锋利的刀更重要的了。有这样的刀才能精准切割，避免用刀时受伤。很多方法都能保持刀具锋利，经常使用的刀具一定要每日打磨。最简便的打磨工具就是磨刀棒，但如果刀刃较长，时间久了也难免出现凹坑，那就需要用专业器具重新打磨一番。单面开刃的日本刀应用磨刀石打磨，无论干燥、潮湿或沾染油渍都不影响使用。而与惯常做法不同的是——真的做到每日磨刀，且无木质手柄的不锈钢刀，可以放心用洗碗机清洗。

# 做好充分的烹饪准备：将肉切成小块、剔肉、去筋、切肉、酿肉、卷肉、调味

## 妥善处理

即便在肉铺和超市买到的"免洗肉"，在煎煮或烧烤前也需要适当收拾一下，才能放心烹饪。

关于肉食烹饪有不计其数的妙招和冷知识，但只有两条真正的黄金准则：第一，先思考，再动手；第二，切勿跳过任何一个温度级。意思是说，不管加热哪种肉，无论使用怎样的切分和烹饪方法，都要遵循这五个典型的温度级——冷冻；刚从冰箱中取出；室温；烹饪温度和食用温度。如果试图越过这其中一个或多个温度级，做出来的料理会不尽如人意，甚至难以下咽。很多汉堡碎肉饼包装上印着的烹饪指南让人们把刚从冰箱里拿出来的碎肉饼直接放到烧热的平底锅里，这样煎出来的肉会流失大量水分，做成的汉堡十分干硬。很多厨房菜鸟都会犯类似的错误，把刚从冰箱里取出的牛排或肉饼、肉块直接放到烧热的平底锅、炸锅或烤架上。肉受热瞬间会流失大量汁水。如果是烤肉，则会随着温度慢慢上升变得越来越干燥。用平底锅和炸锅情况则相反：渗出的肉汁温度达不到100℃，之前在200℃高温下炸出的油脂此时被温度较低的肉汁迅速冷却。肉不是被油煎，而是低温煨熟，这样做出的肉通常又干又硬。煎肉或烤肉的理想初始温度大致是室温20℃。

### 隐秘的美味

有一点很重要——料理结束，要给肉一点时间，让其从烹饪温度降到食用温度（一般刚煎好或烤好的肉都有点烫，不能直接食用），我们建议要让炸肉排和厚牛排"静置片刻"，让肉汁扩散、汇聚、再重新融合。因为肉在受热时纤维收缩，细胞间的肉汁被挤压。而熟练的厨师也因此可以通过按压来判断烹饪温度。烹饪完静置的这片刻，肉质纤维舒散，一部分被挤压聚拢的细胞液重新向周围渗开。肉质重新变得柔软。美国科学家针对这一现象进行了复测，发现在静置的前10分钟内大量肉汁得到释放。在60℃下烹饪出的猪腰肉，如果直接

呈上桌切成方便食用的肉片，会渗出10勺汁水，而静置10分钟后再切开，却只有4勺肉汁流出，30分钟后则仅有1勺。中小块肉静置10分钟，大块肉则20~30分钟。但静置时间的测定上还需注意两点：其一，当煎炸的肉排或烤制的牛排放在温暖的环境中静置时，其中心部位还在继续加热；其二，肉在大约40℃时食用口感最佳。一份煎至五成熟的牛排如在室温下放置20分钟就会变得太凉。最好是将肉放在最终食用的温度环境下静置，如放于保温抽屉或预热到50℃的烤箱内。下列公式请务必遵守：牛排、羊排或猪排——保温5~10分钟；煎炸的肉排（牛、羊、猪）——保温15~30分钟。

### 灯亮了，出刀吧

其他值得了解的各种肉类的巧妙的处理方法会在接下来几页详细阐述：将整个牛背拆解成牛排；后腿去骨填料；把排骨摆成皇冠状；制作富有艺术感的牛肉卷；始终保持特定角度下刀；切分口袋装面饼和填馅；红烩肉；炸肉排；薄切牛肉；日式生肉的正确切分方法；如何根据不同的用途剁出各式肉馅；腌泡；盐渍；烟熏；烘干；调味的操作，以及内脏的处理方法。

灯亮了，出刀吧！

**如果你的刀连割伤自己都很钝，那可不是刀的问题啦！**

——丹尼尔·布吕德

# 背肌的学问

比肩、颈或后腿，活动较少的背部肌肉是最嫩的，在这一点上牛（犊牛）、猪、绵羊和山羊是一样的，而且根据不同的拆解方法可以灵活用于不同的料理。

我们可以在肉贩那里买到切分收拾干净的牛里脊。但热衷于在家里做干式熟成的朋友可以直接将脊椎两侧的肉和肋骨按照自己想要的方式拆解切分，这个过程也更有趣些。常见的各种肉畜，拆解方法基本相似，部分甚至完全一致。牛背部的里脊和其他肌肉束可切分出不同的高品质牛排。位于中间部位的背长肌及稍稍弯折的背棘肌是料理中最重要的部位，常用来烹饪法式波尔多

牛扒（Entrecôte），这两者从外观上可轻易区分。最好的带骨牛排取自干式熟成的牛背肉：从用短切肋排做的波尔多牛扒（Prime Rib Steak），到用整条肋骨做的战斧牛排（Tomahawak），还有超过1千克重的大块头红屋牛排（Porterhouse）。但其实里脊或牛腿排的切分也比很多肉食爱好者想象得更简单。

---

## 截取牛背肉

  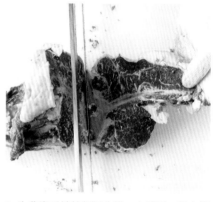

**1** 法式波尔多牛扒所用的带骨牛排取自第1~8根肋骨间。烹饪法式牛肋排（Côte de Bœuf）需要2~3根肋骨。

**2** T骨牛排取自牛脊头部往后一点的位置——美国的T骨牛排的厚度至少要达到1.3厘米。

**3** 牛背脊后端的红屋牛排。在德国，这个部位的分割方法没有统一的标准；而在美国，官方规定红屋牛排的里脊部分厚度必须达到3.2厘米。

**4** 如果要从一块干式熟成的牛脊肉中分割出一块不带骨的波尔多牛排，应该首先从脊椎部分开始切割。

**5** 第二步则要用一把去骨刀非常精准地沿着骨头进行分割。肉比较肥厚的肋骨也适合用来煮汤。

**6** 脂肪层下面的肉明显比紧贴它的背棘肌更坚硬，所以通常会将它切除。

## 里脊和牛背肉的处理和切分

粗加工：将附着在里脊上的牛腰部脂肪剔除，里脊边缘的肉筋切掉。

**2** 沿水平方向将肌腱和结缔组织划成细长条一点点剔除。操作时将刀往肌腱方向稍许倾斜。

**3** 可直接烹调的切分好的牛里脊（成年牛）应该去除周边的结缔组织和脂肪。犊牛和猪里脊的处理方法是一样的。周边多筋的肌肉适合制作肉酱和肉汁。

厚厚的里脊头部从解剖学来看类似后腿肉。这个部位肉质柔软，但跟其余里脊部位相比纤维更粗些。

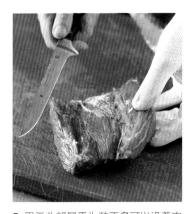

**5** 里脊头部属于为数不多可以沿着肉质纤维方向切割的部位。

**6** 里脊肉排、菲力牛排和著名的400克重的夏多布里昂牛排都是从价格昂贵的里脊中段切取的。

**7** 里脊尖部可切出两块菲力牛排。其余可以切成肉块做红烩肉，或切薄片做涮肉。

整块牛背由脊椎和肋骨，里脊和背部肌肉束组成。

**2** 去骨牛排（后腿肉牛排、法式牛扒）是由被称为Lachs的背部肌肉剔除肋骨后整理而成。

**3** 后腿肉牛排取自背部肌肉后端的狭长区域，至少要3厘米厚，应顺着肉质纤维方向切割。

**4** 肋眼排取自宽一些的背部前段，这个部位有三条可清晰辨认的肌肉束。

119

# 羊肉之王

将一块多汁的羊腿去骨，并以地中海草本植物填充进去，其实非常简单，这种绑成
环形的羊排就是烤肉中的王者。

自己尝试做准备工作也是非常有意思的，而且这样
还能省不少工费，在德国，羊排或完整的羊腿骨可比收
拾好可以直接料理的烤肉足足便宜1/3。你需要准备一块
塑料大砧板，它得足够结实而且带有防滑底。刀需要两
把：一把砍肉刀；一把锋利的剔骨刀。另外抓着肉的那
只手还得戴上防护手套，剔骨和处理骨头的时候刀子滑

动很容易伤到抓住肉的那只手，好在现在我们有了轻便
的防刺手套。以上装备齐全，不管在家里还是餐厅的厨
房，都可以做出专业的烤肉了。事先剔完骨的羊腿可以
轻松切成方便食用的小块肉。而这华丽的羊排"皇冠"
让你在满足口腹之欲的同时也享受了一场视觉盛宴。

## 把羊排绑成皇冠状

**1** 羊排较厚的那一边连着脊柱，用砍肉刀将这部分肉轻轻切除。

**2** 剔骨刀尽可能锋利，用刀尖在羊排两侧沿着肋骨（至少七根）将肉划开。

**3** 将肉从上往下向肋骨根部扯松，这样就可以去除易断的部分骨头。

**4** 把羊排翻过来，将肋骨根部的肉心地从骨头边缘分离。

**5** 把骨头清理干净：用刀子沿着每根肋骨边缘刮一圈。

**6** 剔除厚厚的油脂层和它下面的结缔组织，直到肉完全适于烹饪。

**7** 为了便于弯折，用刀在羊排背面的每根肋骨中间切一刀不超过1厘米深的口子。

**8** 用绳将羊排捆绑成皇冠状，肋骨外，骨头末端用铝箔纸裹住。

整块后腿肉至少重达3千克，是烤羊肉的最佳食材。

## 酿羊腿

**2** 用手触摸羊腿肉的髋骨，沿着骨架切开，但是切口不要太深。

**3** 在髋骨边缘处将羔羊腿沿四周小心切开，同时将肉向旁边移一些。

接着，将铲子形的髋骨直接从它下方的股骨颈上扭下来。

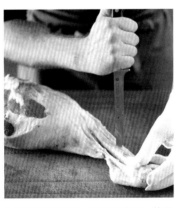

**5** 换羊腿肉的另一端接着分解：将胫骨四周露出，将软骨切下。

**6** 将胫骨抬起，在上关节端将肌腱割断。

**7** 在髋旁的股骨颈四周深切几刀，直到骨头变得松动。

触摸大腿骨的下端，按顺时针方向转动，同时将它往外拉。

**9** 接着，将羊腿肉完全去骨，在两头的开口处填入香草，如地中海香草。

**10** 在分解下来的羊腿肉四周撒上盐和黑胡椒碎，将骨头剁碎，用来制作调味汁。

**11** 将悬垂的肉末端折起，用厨房细线将羊腿肉整个捆绑起来。

# 让我们开始制作肉卷吧

一般而言，从肋骨和剔骨的羊肩肉上分解下来的腩肉和后腹肉非常适合整块焖炖。
捆扎起来后适合制作鲜嫩多汁的烤肉卷。

德国超市里很多放在烤肉网兜里包装好的烤肉卷其实是拿那些本来只适合捣碎做成肉糜的边角料切片制作的。自制的肉卷并不逊色于市场上出售的那些用经典的烤肉块制成的肉卷。在肉卷里加上蔬菜、酸泡菜或调料能给你带来全新的味蕾体验。在烹制这种填料的烤肉时，重要的是保证馅料新鲜，熟练掌握肉卷的捆扎技巧，使肉卷在煮的过程中馅料不会外漏，以及选择食品级捆扎线。

## 给猪腩肉填馅并制成肉卷

1 将猪腩肉平铺开来，在上面铺满馅料，如菠菜或白菜，注意让馅料平均分布在猪腩肉的表面。

2 在卷肉时，将肉质饱满的一面朝内，这是为了在烹饪时避免猪腩肉的脂肪层被破坏。

## 给羊肩肉填馅并制成肉卷

1 将羊肩肉切开剔骨后平摊开来，填上馅料再卷成肉卷。

2 羊肩肉上的结缔组织含量丰富，需的烹饪时间较长，因此，最好地中海风味的肉糜作为肉卷的料。

## 给小牛腰填馅并制成肉卷

1 最初的做法是将小牛前背脊肉连同里脊肉和小牛腰肉卷成肉卷，脂肪层那面朝内。

2 同理，你也可以将小牛脊肉平切成片，在上面放上小牛腰肉、干番茄和葱再卷成肉卷。

## 打结

1 在使用打结手法时，注意每间隔1厘米打一个小结，这种方法对厚实且分量重的肉块来说效果绝佳。

2 在绕圈打结时，用细线穿过线圈其联结在一起，只需要一头一尾打一个结即可。

# 选取正确的切割角度

肉类通常采用横切的切割方式，即与肌纤维方向垂直切割，否则切割起来会很费力。这种说法绝对正确吗？这种约定俗成的规则在大多数情况下是适用的，但也有例外。

在大多数情况下，骨骼肌肉都采取与肌纤维方向垂直切割的方式，在将煮熟的肉或大块肉排切割时也一样。一般而言，你需要选择一把锋利的大刀，刀刃不要太厚。先将刀摆在与肌纤维垂直的方向，在切割的过程中尽可能流畅地直切下去。在沿着肌纤维横切时，因为肌纤维束变短，所以这种类型的肉更容易咀嚼，而如果采用其他切割方法，肌纤维容易卡在刀的锯齿上。此外，在烹饪时，肌纤维会发生收缩，因此采用错误的切割方法会使肌肉变形。

但是，也有例外情况，与肌纤维呈对角线走向的肉无法采用横切的切割方式。如果想用腩肉、侧腹横肌肉、髋里脊肉和三角肉烹制肉排，需要沿与肌纤维成45度角的方向切割肉块。在切割里脊头烹制生切牛肉片时，甚至要采取沿着肌纤维平切的切割方法。

## 横切快熟薄牛排

**1** 一般而言，取自背肌束（上图中展示的是猪里脊肉）的很多煎肉排、炸肉排和里脊肉的主要部分都采用横切的切割方法。

**2** 将刀从与肉块垂直的方向切入，在流畅的切割过程中不要用力过猛。用厨房锡纸裹紧猪里脊，使整块肉的形状尽可能圆润一些。

## 沿肌纤维对角线方向切割侧腹横肌肉和腩肉

**1** 侧腹横肌肉、腩肉、三角肉和髋部的里脊肉的肌纤维以横向走向为主。

**2** 因此，这些肉块在水煮后（如果是髋部的肉块，必须在切成薄片前水煮）需要沿45度角方向切割。

## 平切里脊头肉

**1** 里脊头肉在未经加工状态下比较酥软，采用平切的切割方式能让它在水煮的过程中保持肉质细嫩。

**2** 对所需烹饪时间极短的生切牛肉片而言，里脊头的三个部分都需要采取平切的切割方式切成薄片。

# 小技巧

如果要制作肉馅或希望肉很快能熟透，就需要购置薄切的肉块，或者肉块切成薄片再下锅。

在制作烤肉卷时，人们一般首选结缔组织含量丰富的肉，无论放在煎锅还是砂锅里烹饪，这些肉块所需的烹饪时间都很长，所以肉质精瘦的里脊肉或切成蝴蝶形的肉块更容易熟透。所以要先将肉切割后再烹饪。如选自猪背肉烹制的蝴蝶猪排因其烹饪时间短而在快餐中颇有人气。它采用的是蝴蝶刀的切割方式将猪背肉从猪里脊上切下来，蝴蝶猪排也因此而得名。同样适合快炒的还有蓝带猪排。在选购肉类时，人们一般选择猪后腿肉上的肉排，但是小型双层汉堡也会选择细嫩的猪背肉作为夹馅。肉质更细嫩的部位是里脊肉，如果做填馅肉卷，需要先将里脊肉切成两三块，再用旋切的方法将它变成可卷的、薄厚均匀的肉层。比较经典的一道菜是以西梅干为馅料烹饪的猪里脊。

## 猪里脊肉卷

1 将猪里脊完全切开。首先，在厚度均匀的中里脊肉边上切2~3厘米深的口子。

2 从切口处将里脊肉分开，在厚的一面再切约3厘米深的口子。再切一次是为了让里脊肉表面变得平整。

3 接着，可以根据个人爱好将里脊肉表面拍得更平整一些，接着在表面铺上配料，如尖头绿甘蓝、肥肉或地中海香草。

## 蓝带肉卷

蓝带肉卷通常选自内腿肉和外腿肉上的肉排部分，也可以选择背柳肉切成薄片。

## 蝴蝶刀切割快熟薄牛排

1 如果你想烘烤一块厚切的蝴蝶牛排，首先要在牛背部从边缘处向内切出1厘米长的口子，不切断。

2 在切第二刀时，注意肉片厚度与第一刀保持一致，但是第二刀需要一切到底。将切下来的肉片平摊开来，将中间部分压平。

# 酿胸肉

可惜的是，以胸肉为食材烹饪的菜肴很少能在餐厅菜单或节日限定菜单上看见了，但是酿小牛胸肉或猪胸肉的确是名副其实的经典焖肉菜肴。

尽管小牛胸肉或猪胸肉逐渐被人们所遗忘，但仍是最经典和最精致的焖肉菜肴之一。从侧边沿着结缔组织切一个口子，使得上下两层肉块形成一个口袋形状的开口，在开口里填上用泡软的白面包、甘蓝、鸡蛋、嫩煎蘑菇、动物肝脏或烤小牛肉混合而成的馅料。馅料不要塞得太满，否则在烹饪时，整块肉会开裂，馅料会漏出。接着，用厨房纱线将开口处缝合，然后再放到锅里慢炖，直到汁水流出。你也可以将小牛胸肉或猪胸肉与牛肋骨或猪肋骨放在一起烘烤。这能使烤肉的味道更加浓郁，但是因为小牛胸肉或猪胸肉的边缘处较薄，里面填充的馅料又被烤得鼓囊囊的，所以很难将它切成形状规则的薄片再装盘。这道菜的精华在于：烤肉的配菜丰富，如塞在烤肉里的丸子，以及点缀烤肉的沙拉。

## 加馅料

1 取来一块小牛胸肉或猪胸肉，沿着肌肉层中间的结缔组织将小牛胸肉或猪胸肉切开一个口子，但不要完全切到底，至少要留2厘米的边距。

2 从开口处将上下两层肉块掀开，撒上调味料，如盐和现磨的各式各样的胡椒碎，或者涂上一层薄薄的辣芥末酱。

3 根据馅料的特性，用一只勺子或一个裱花袋将馅料从开口处往里填塞，但不要填得太满。否则肉块在烘烤时会开裂，里面的馅料会涌出来，因为在烘烤时，馅料还会膨胀。

4 用肉用针和厨房纱线将开口处缝合。针脚与肉和脂肪层之间最多保留1厘米的间距。用纱线打上死结。

# 裹皮烘烤

如果采用焖炖的烹饪方法，较为精瘦的肉块容易脱水而粘锅。对此，裹皮的方法能很好地解决这个问题，尤其对肉皮、牛排和肉排而言。

很少有半成肉制品不需要准备可以直接下锅就能变得鲜嫩多汁的。大多数情况下，半成肉制品还需要再进行一些处理工作才能下锅。除了将牛肉切成条或小丁外，那些块头大的不适合采用煎封的烹饪方法的肉块，以及不适合长时间焖炖的瘦肉和结缔组织含量较少的肉块都得裹层皮才能下锅。

首先，所有食用动物（包括牛、小牛、猪、羔羊和山羊在内）的里脊肉都容易粘锅。为了防止里脊肉受热而水分流失，在烹饪前，需要先在里脊肉外面包裹上合适的外皮。如果你要炸肉条或肉糜，也可以在外层包裹上绿甘蓝菜叶、玉米叶或香蕉叶。最适合用来裹皮的是脂肪，如培根、意式培根、意大利熏肉或生猪背脂

## 培根裹猪里脊

**1** 拿一片薄薄的培根或熏肉将整块肉完全包裹住，培根或熏肉片的长度至少要超过里面肉块的长度。

**2** 将调过味的里脊肉裹成肉卷状，但不要裹得太紧，否则烹饪时培根皮会开裂。然后在肉卷表面加上调料。烘烤一下培根皮的交叠处。

## 用绿甘蓝菜叶包裹肉末

**1** 如果你想用绿甘蓝菜叶或玉米叶裹肉，不能选择太精瘦的肉如猪颈肉制成的肉末。

**2** 不要在叶子里填塞太多肉馅，否则在后续的烹饪过程中，肉卷容易撑开。最后用厨房纱线将肉卷缝起来。

## 用猪网油包裹日式照烧肉

**1** 将调过味的肉块（上图用的是牛肉）放在猪网油上，然后用猪网油将肉包裹住。

**2** 将猪网油裹得严严实实，但不要太用力，防止它撕裂。这样肉香和肉汁就能从内向外溢出。

## 用白面包裹小牛里脊肉

**1** 在意大利和德国，星级美食最常用特拉梅齐诺白面包裹小牛里脊肉。

**2** 将面包压得扁平，然后放进油锅煎炸。

薄片。将生猪背脂薄片并排平铺开来，或者交叉包裹在肉上。如果你用猪背脂来包裹肉馅，还得用纱线将背脂皮缝合，给肉卷加固。如果将肉卷卷得紧实一些，不用其他辅助工具也能避免让交叠的培根片散开。有一种裹皮方法，在家庭厨房里很少使用，但是大厨常用，裹皮材料选择猪网膜和羔羊网膜（它能让肉香变得更加浓郁，更加原汁原味），这种网状的脂肪组织也能包裹小份的或切好的肉块，在焖炖时，脂肪开始分解，微微收缩能让肉卷的形状变得更紧实，避免肉汁溢出。几十年来，人们普遍认为包裹肉块的脂肪层或精瘦腿肉外层的熏肉片无法让肉香原汁原味地呈现出来，这种想法早就被证明是无稽之谈了。在烹饪时，脂肪含量较少的烤牛肉表面的小孔能让肉汁溢出来，脂肪遇热溶解能使肉变得更加多汁。在给肉块裹皮时，这种现象同样会出现，有时，你稍微烤一下里脊肉，让外皮包裹得更紧一些，比在熏肉外皮下的肉块表面戳上小孔更能让肉皮的潮气蒸发。

接下来的烹饪准备工作是：在猪皮表面戳出小孔（专业建议：可以使用外科手术刀戳孔），这个工作与将肉排拍平来扩大肉排的受热面积和使肌纤维变得酥软同样重要。在美国，肉食烹饪大师常常使用嫩肉粉工具上锋利的刀刃在精瘦的后腿肉牛排表面打孔。实际上，打孔后将后腿肉牛排直接放在锅里煎或烤，能让牛排变得更鲜嫩多汁。

## 肉排敲松

如果在炸肉排之前先将肉排敲松，肉排会变得更美味。这种方法能让肉排的体积看起来更大，肌纤维变得更松散。你可以将小牛肉排或猪肉排放入两层保鲜膜之间或放入开口的冷藏袋中包裹好。

2 用一把松肉熨斗或拍肉槌在肉排表面各处用力敲打，直到它变得足够薄。此时，你要注意，肉排表面薄厚要均匀。

## 割猪皮

在焖炖后，如果确实有需要，可以用电刀来切割猪肉皮。

2 也可用外科手术刀在猪肉皮上切出一条条菱形的切口，并在裂口上撒盐。

## 用松肉针处理牛排

1 肉食烹饪高手常用的烹饪准备方法是：用松肉针在牛排的肌纤维上打孔。

2 对于肉质精瘦、难以打孔的牛排来说（如用牛臀肉制成的牛排），你可以用锋利的刀在上面划上小口使肉块变松。

# 切肉

在烹制很多家常菜或节日限定菜肴前，都要把肉切块。下面介绍一些最常见的切割技巧。

如果你想烹制红烧牛肉、煎牛排或其他更小块的牛肉菜肴，可以在市场上买已经切好的牛肉块。但切好的牛肉有一个重大缺陷是：在将肉切成小块的短短数秒内，肉块切割面上的汁水就开始流失了。等这些汁水流干后，肉质就会变得坚硬，鲜味也会慢慢流失。因此，无论何时何地，请尽可能购买整块肉，然后妥善贮藏。等到烹饪前，再用锋利的刀切块使用。

## 切割红烧牛肉

**1** 无论是切割瘦肉还是五花肉，先沿着肌纤维将肉块横切成薄片。

**2** 接着，将肉片切成条状，再将条切成约3厘米见方的肉丁，尽能使肉丁大小均匀。

## 切割肉排

**1** 在将牛肉、猪肉或小牛臀肉（上图）切块时，首先要将肉切成薄片。

**2** 将肉片切成等宽等长的肉条，或者先纵向对半切开。

## 切割希腊烤肉

**1** 像猪肩胛肉这种脂肪含量丰富但结缔组织含量不足的肉块是希腊烤肉的理想食材。

**2** 先沿着肌纤维将希腊烤肉切成4厘米厚的肌束，接着沿肌纤维肉块横切成薄片。

## 切割和牛

**1** 将里脊肉或牛前腰脊肉先用大火稍微烘烤一下。

**2** 将牛前腰脊肉沿着与肌纤维垂直的方向切成约2厘米厚的薄片，如果选择里脊肉，肉片要切得更厚一些。

## 切割生牛肉片

**1** 牛中段里脊肉形状狭长，更适合烹制冷切生牛肉。

**2** 用刀将里脊肉切片，厚度尽量持在4毫米左右。如果片得太薄，只能和冻肉一样用冻肉机片了。

# 绞肉

不要购买已经绞好的肉末，最好购买新鲜的肉回来现绞，自己绞肉效果更好。

一台优质的绞肉机能迅速将重约1千克的肉切成7万多个小粒，让你的厨艺有更多施展空间。

如果你的厨房里正好有一台优质的绞肉机，千万不要让它闲置在一旁。现绞的肉总要优于绞好后存放多日的肉糜，但即使是自己动手绞肉，也可能会犯很多错误。唯一明确的一点是：始终要选购新鲜的肉，在-1℃的环境温度里（如果是脂肪含量丰富的肉类，环境温度必须保持在-10℃）对肉类进行加工。如果在绞肉时，环境温度超过30℃，蛋白质会凝结成块。在必要时，你可以将肉糜浸在一些小冰块里，防止蛋白质凝结。同样重要的是，每次绞肉后，必须把绞肉机上接触到肉的部件都拆卸下来，彻底清洗干净。

## 绞肉的小学问

一台优质的绞肉机重要的不是齿轮，而是锋利的刀片。这是为了将肉切成小块，又不至于把肉碾碎。如果你使用频率不高，一台手摇式绞肉机就够了。但是，即使是这样，也要注意保持手摇式绞肉机里用来切割的四翼刀的锋利程度。

在大多数情况下，绞肉机会配有三种带不同尺寸孔眼的薄片。根据绞肉机涡轮箱壳体的直径不同，绞肉机有几种不同的类型：美式5号指绞肉机涡轮箱壳体的直径为5.4厘米，美式10号指绞肉机涡轮箱壳体的直径约为7厘米。口径20和50的只有在专业级绞肉机上才能看到。如果你常常制作肉糜，或者想自己动手制作香肠，应该选择不锈钢材质的螺旋，而非铸铝材质。绞肉机必须能够来回移动。在理想情况下，它应该配有一个可以连带旋转的刀头，即所谓的锥形手用丝锥。

# 制作肉糜

几乎没有哪种肉制品能像肉糜那样能玩出这么多花样。日常饮食中肉糜无处不在，如油煎肉饼、意式番茄肉酱面、烤香肠或生猪肉面包。

同时，肉糜的存在也为当下食用动物"从鼻子到尾巴"的烹饪哲学做出了巨大贡献。肉糜使切割大块肉时产生的各式各样的碎肉残余、切肉边角料和肉边缘处的肥肉又有了食用价值。同时，你可以通过添加洋葱、鸡蛋或泡软的白面包等配料而让肉糜变得更加美味可口。以前，人们会把肉骨上的残肉剔除掉，将这种类型的肉称为"肉糜"，如今，人们更是将其称为具有极高食用价值的鞑靼牛排。因为质量最好的、最先进的绞肉机能

将肌纤维轻轻压碎，而拿一把锋利的割肉刀手工切割反而容易适得其反。但是不管采用哪种切割方法，有一点是普遍适用的：肉糜绝不会选择解冻肉，而是购买新鲜的肉回来当天就绞。根据脂肪含量的不同，鲜肉糜冷冻的保质期最多为6个月，如果肥肉多一些的肉糜保质期最多3个月。肉糜一般先放在冰箱的冷藏层解冻，然后再放到通风的环境里进行加工处理。

## 孔径为3毫米的孔板

1 除了商用绞肉机的孔径为2毫米外，孔径为3毫米的孔板已经是最精细的了，当然，这种规格的孔板很难清洗。

2 孔径为3毫米的孔板比较适合绞肉质精瘦的小牛肉或肉质更紧实的猪背肉。用这种规格的孔板绞肉两次，肉就变得像亲手用刀切得一样了。

## 孔径为5毫米的孔板

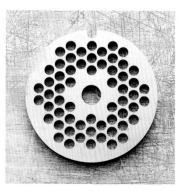

1 孔径为5毫米的孔板是绞肉机最常用的孔板，它能将肉质光滑的鞑靼牛排、肉馅和肉糜变成更小的肉球，如瑞典肉丸。

2 孔径为5毫米的孔板最适合绞脂含量不高于20%的肉或羔羊肉、肉和猪肉混合在一起的肉酱。

## 孔径为8毫米的孔板

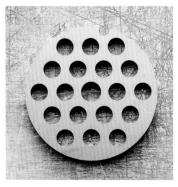

1 孔径为8毫米的大孔板也常用来对结缔组织含量丰富的肉块进行第一次粗绞。

2 孔径为8毫米的孔板很适合粗绞肉质粗糙的油煎肉饼或德国烘肉卷。

## 孔径为16毫米的孔板

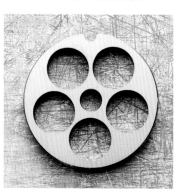

1 孔径为16毫米的孔板是市面上能买到的最大尺寸的孔板了。比这还大的只有不对称形状的特殊孔板了，主要用于粗绞肉块。

2 孔径为16毫米的孔板通常用于粗烤肠、清炖肉。

# 道最受欢迎的肉糜制成的菜肴

肉糜可以烹制成肉质紧实的烘肉卷，如这种用猪肥肉制成的培根炸弹，烹饪时你需要使用一块孔径较大的绞肉机孔板。

油煎肉饼，在奥地利被称为"炸肉饼"，它其实是牛肉、羔羊肉、猪肉和小牛肉制成的肉糜。

小肉丸俗称斯堪的纳维亚肉丸，它不仅是家具店餐厅里的热销品，也是西班牙人的最爱。

汉堡里的小馅饼需要用锋利的刀剁成中等大小的粒。这种方式能让肉少流失一些汁水。

意式番茄肉酱面中使用的肉糜最好使用孔径为5毫米的孔板来绞。如果选用羊肩肉来烹制肉糜，肉质更有嚼劲。

即使使用最好的绞肉机绞优质的牛背肉，也会把牛背肉压碎，专家一般会用刀来切割并烹制鞑靼牛排。

用孔径为2毫米的孔板可以将猪肉肠绞得和用刀切得一样精细，你可以自己选择肉的脂肪含量。

肉糜可以用来烹制蔬菜汤，你可以用绞肉机将肝脏绞成肉糜，或者像图中这样，用精修小牛肉配上松子和罗勒烹饪蔬菜汤。

## 切肉糜

如果你选择猪五花肉制作肉糜，一定要尽可能选择新鲜的猪肉。绞好的猪五花肉可以烹制洋葱生猪肉面包。

精细的肉馅，如兔肉卷，可以与其他配料一起用孔径3毫米的孔板绞。

先用切肉机将肉切成薄片，然后再切成细肉条。

2 将细肉条平铺开来（不要堆叠在一起），用一把锋利的刀将它们切得尽可能精细一些。

# 腌制

数百年来，人们习惯将肉放在腌泡汁、酸性液或调味油中腌制。你也可以借助真空技术、盐水和调味刷来增强腌制效果。

以前，在腌肉时，人们大多使用酸性液体或牛奶，这主要是为了延长肉的保质期。当然，也是为了让那些没有销路的肉不会变质。如今，人们主要用腌泡剂腌肉，这种腌制方法除了能软化肉质坚硬的肉块外，更是为了使肉香更入味。或者你可以给肉块涂上一层蜂蜜，这能让肉块的表面变得更加松脆。

除了用醋（代表菜肴：醋焖牛肉）、主要成分是丹宁酸的红酒（代表菜肴：勃艮第红酒炖牛肉）、大蒜油（代表菜肴：地中海风味羊排）或酪乳中的乳酸（代表菜肴：烤奶油小牛肉）来腌制肉块等传统腌制方法外，专业大厨常用的腌制方法还有以下几种：用腌泡汁注射器来腌制烤猪肉；将牛排放在冷榨的核桃油里腌制；将酸性液体放在真空机里通过低压作用将酸洗液注入肉中；对前胸肉进行烟熏慢烤，以此来延长肉的保质期；或者将兔肉和火鸡肉这种白肉放在香草香蒜沙司中腌制。在美国，比较流行的是盐浸腌制法，即把肉放在高浓度的糖水或盐水（加入少许氯化钙）中使肉块变得更加鲜嫩多汁。

## 传统腌制法

1 像红烧牛肉这种砂锅菜或上图中展示的用牛小腿肉烹制的勃艮第红酒炖牛肉都是通过将肉浸在红酒中腌制而成的。

2 腌制能让肉块变得更酥软，如果腌制时间超过2天，需要事先将腌泡剂煮沸并使其冷却下来。

## 脱脂乳腌制法

1 如果采用脱脂乳腌制法，如上图中显示的小牛粗修膝圆肉，选择未经巴氏法消毒的乳液，能够增强肉块的软化效果。

2 在冰箱里放了两天后，将肉块表的肌纤维放在乳酸里冷煨，将肉变得更加酥软。

## 蜂蜜涂抹法

1 烤前涂上蜂蜜能使这种大块的乳猪腿肉拥有酥脆的外皮。

2 如果在烹饪即将结束前在猪肉皮上涂蜂蜜，猪肉皮会变得更加松脆，闻起来还有一股焦糖味。

## 调味油腌制法

1 羊排肉质本来就比较细嫩，所以它不需要浸在酸性液体中使肌纤维变得松软。这时只需要将羊排浸在调味油里就够了。

2 此时，你可以将半头蒜、胡椒粒、地中海香草放入橄榄油里稍许加热，然后再腌制。

## 进阶者的腌制法

在腌制细嫩的里脊肉或前腰脊肉时，不需要使用酸性汁液，但是你可以用高纯度的核桃油和像龙蒿或牛至叶这种味道好闻的香草来腌制。

低压能明显缩短肉块的腌制时间，可将和牛肉与充满亚洲风味的黄豆酱油、柠檬醋、柠檬草和香油一起装在真空袋里过夜封存，使酱料的味道完全浸入和牛肉中。

美国人腌肉的秘密武器：一般腌泡汁里不允许加盐，但是盐浸肉块时，如果盐和糖的浓度极高，它们能使肉在烧烤和烟熏时变得更鲜嫩多汁。

一种现代化的、温和的腌制方法就是借助现磨的香草香蒜沙司给白肉（如兔肉）调味，但是必须注意不要放盐。

肉铺师傅常用的一种使腌制水完全浸入猪火腿的方法是将酸性汁液用腌泡汁注射器从多个位置注入烤肉内部。

将大块白肉放在烟熏架上，在上面重复涂抹几遍调味油，这种特别的腌制方式也被命名为毛刷腌制法。腌泡剂调味刷看起来就像一个微型的拖把头。

# 烟熏

　　熏制与前文提到的腌制都是延长肉类保质期的常用方法，但首先也为了提高肉类的鲜味。

　　熏制法、干燥法和盐腌法是延长肉类保质期的最古老的方法。

　　烟熏后，肉的保质期变得更长，如卡塞尔熏腌肉（或香肠肉）在烟熏后颜色会变红，因此肉铺师傅常将这种现象称为"红化"。但是，如果人们吃了太多腌肉可能对身体有害，要适量。在烟熏的过程中，肉也会发生化学反应，烟雾会产生一种有杀菌作用的、如皮革般坚韧的树脂质地的保护层。此外，在干燥过程中，肉的保质期延长是以水分流失为代价的。

## 在炒锅里热熏肉块

**1** 在冷熏时，即烹饪温度为12~22℃，为了使肉的保质期能达到数月之久，你需要一个专业的烟熏炉。也可以用炒锅对背膘肥猪肉进行快速热熏。

**2** 将烟粉放入用铝箔铺好的炒锅里预热，将肉放在滤网或细网架上，置于锅盖下方用烟熏10~25分钟。

## 在烟熏炉或喷烟器里温熏肉块

**1** 温熏的烟温约为40℃，热熏的烟温在50~80℃，此时，使用水烟器烟熏效果更佳，在低温状态下，可以将整块猪腩肉熏制完成。

**2** 用不了几小时，猪腩肉就熏好了，但是必须赶快将它放在冰箱里，在几天内吃完。只有冷熏法能让猪腩肉的保质期变得非常长。

## 干熏法

**1** 将腌制盐、糖和像红椒粉这种具有抗菌作用的香料撒在肉的表面，用保鲜膜将肉缠绕起来，冷藏保存。

**2** 冷藏至少14天后（火腿肉需要冷藏2个月，其间需要将盐水排出），再将猪肋排干熏成卡塞尔熏腌肉。

## 湿熏法

**1** 湿熏法不仅用于熏肉的烹饪准备，它可以使浸在盐水中的牛胸肉变成各式各样的香薰牛肉或自制的粗盐腌牛肉。

**2** 将牛肉完全浸在盐水里待14天后，下一步即可将肉腌制成香薰牛肉。使肉干燥，再将芥子、胡椒碎、糖、香菜和红椒混合而成的调料涂抹在牛肉上。

**3** 你也可以将腌牛胸肉慢炖三小时，烹制成鲁宾三明治或粗盐腌牛肉。

**4** 如果要烹制香薰牛肉，需要将牛胸肉连同调味料一起放到冰箱里静置2天，待12小时后就可以冷切和烟熏了。

## 干燥

**1** 在干燥前，在肉表面撒上盐，将溢出的肉汁小心擦拭干净。将这道工序重复几次。

**2** 如果气候适宜（如高山气候），你可以将肉放在空气中干燥。如果使用干燥器，可以让牛肉更快地变成牛肉干。

# 烹制牛心和牛腰

尽管在饮食方面，牛内脏已经很少出现在菜单上了，因为它需要烹饪者具备一定关于牛内脏的知识，掌握熟练的烹饪技巧。如果满足这两个条件，那么牛内脏的烹饪并不是一件难事。

在全球各地，牛内脏早已成为了牛肉的平价替代，尤其在那些贫困人口密集的地区。内脏是不能直接扔进锅里翻炒的。肝脏、腰和心脏必须冲洗干净，或者浸透以除去盐分。肝脏必须去皮，剔除血管和肌腱。牛肝应该放在牛奶中腌制。肝脏无法经受较长的烹饪时间，因为它的肉质很容易老化。腰必须剔除脂肪，最好对半切开，腌制几小时。牛胰脏、牛脑或切下的牛心在烹饪前都要剔除血管。

不管是哪种食用动物，舌头部分首先得放在盐水里煮好几小时，再剥皮。牛肚所需的烹饪时间更长，你最好购置已经清洗干净的牛肚。食用动物的脾脏和肺部也很少用于烹饪，肺部必须去除气管后浸泡，再慢煮1小时。

## 牛腰的烹饪准备

1 用手将小牛腰正面结实的脂肪剔除，最好连带将表面一层薄薄的外皮也剥去。

2 将小牛腰翻面，去除背面的脂肪。为此，你需要准备一把刀。小牛腰的脂肪可以用来炸土豆片。

3 将小牛腰对半切开，用刀切除内部所有肉眼可见的脂肪。最后，小心地将尿腺切除。

## 牛心的烹饪准备

1 所有食用动物的心脏的烹饪准备工作都需要遵循以下几个步骤：首先，将心脏外部所有肉眼可见的脂肪或结缔组织剔除。

2 从中心位置将心脏对半切开，小心地将残余的血渍冲洗干净，剔除血管和肌腱。将心脏腌制至少1小时。

3 将心脏轻轻地擦拭干净再烹调，可以整块拿来烟熏或切片或切丁烹制成蔬菜炖肉。

## 肝脏的烹饪准备

**1** 将肝脏清洗干净、干燥，用手指小心地剥掉肝脏表面一层薄薄的外皮。

**2** 将肝脏翻个面，用指尖剥除所有肉眼可见的器官和表皮。

## 牛舌的烹饪准备

**1** 剔除喉头肉上黏附的肉块残余。将舌头与根茎类蔬菜一起小火慢煮2小时。

**2** 将舌头进行急冷处理，在舌尖部分轻轻切一刀，用手指从切口处轻轻剥除舌头的表皮。

## 睾丸的烹饪准备

**1** 将睾丸置于冷水中浸泡。将浸泡后的水倒掉，换上干净的水，加热，用小火煨2分钟。马上将睾丸进行急冷处理。

**2** 接着，用手指将睾丸坚硬的外皮剥除。在进行下一步加工处理前，用重物压着冷藏过夜。

## 胰脏的烹饪准备

**1** 轻轻将胰脏置于流动的冷水下冲洗干净，在足量的液体中浸泡2小时。每30分钟换一次水。

**2** 用手指将胰脏表面一层薄薄的外皮剥除。将胰脏分成小块，切除胰脏表面粘连的表皮和残余血渍。

# 肉香

对于肉食烹饪来说，"简洁是智慧的灵魂"这句话并不适用，菜肴散发香气是一个过程，是对整个烹饪准备步骤的延伸。

肉食的烹饪技巧包括对肉类表面进行一些处理。因为调料能给肉食增味，尤其是整块肉一起烹饪时，只能在肉表面做文章。酸味浓度高的酸性汁液每天只能浸入肉的肌肉组织中1厘米。如果你想让肉更入味，必须将肉块切开，撒上调味料，卷成肉卷，或者在肉里塞上配料，再将开口处缝合起来。尽管使用腌泡剂和酸性汁液能让肉变得有滋有味，但是，在烹饪时，采用两种方法准备的肉散发出的味道是截然不同的。对此，了解各式各样的调料、香草、酒、酸或糖在不同的烹饪条件下会对肉产生怎样的化学反应，会对烹饪大有裨益。如可以将蒜或迷迭香、鼠尾草、百里香这些味道浓郁的香草与牛排一起煎烤。如果将同类型的芳香调味料与肉一起放在真空袋里烹饪，你肯定会闻到一股发霉的味道。另一方面，像罗勒、雪维菜、香葱或香菜这种细嫩的香草最好不要用平底锅来烹饪，因为它们易燃，很快就会失去香味。比较好的处理方法是：在烹饪即将结束的时候，将这些香草切好撒在肉上，然后就可以装盘上桌了。

## 当牛排入口苦涩时怎么处理

什么时候应该给肉撒上调味料呢？这主要取决于你所采用的烹饪方法。如果采用快炒和直接烧烤的烹饪方法，绝大多数调味品都会很快燃烧起来，使肉的表面出现糊状，肉质变得苦涩。因此，尽量不要购买事先腌制好的烤肉，因为其中包含的配料如新鲜或风干的香草、胡椒，常常还包括糖和红椒粉等不耐高温，在烹饪红烧牛肉时，烹饪时间才过了一半，汤汁就会变得黏稠，因此不能把这些调味料与烹饪温度超过120℃的食物混在一起烹饪。而在烘烤前，如果在肉块上涂抹海盐，就可以避免这种情况的发生。与旧的偏见恰恰相反，这种做法可以使牛排表面变得更加干燥，使肉出锅时变得更加鲜嫩多汁。

烹饪时，胡椒也要谨慎使用，因为在烘烤时，它很容易生出苦味。常用作调味料的胡椒有两种，这两种胡椒甚至在植物学上都不能称为真正的胡椒。一种是非洲豆蔻，也称为"天堂椒"；另一种是甘草味的、微微发甜的孟加拉荜芨。如果采用像蒸或低温烘烤这种温度较低的烹饪方法，绝大多数的胡椒都会在调味方面出现问题。只要烹饪超过1小时，胡椒的辣味、芳香味，有时还带有的木质香甚至柑橘香都会散失。

残留下来的是胡椒本来的味道，与香菜或墨角兰（又名马郁草）这种香味容易挥发的香草相似，常常闻起来有一股霉味。烹饪出美味肉食的秘诀在于烹饪过程中，在正确的时机为肉食添上正确的调味料。在肉食长时间的蒸炖过程中，起初可以使用月桂和杜松子酒来调味，也可以选择香草、肉桂、香豆、孜然芹、干红辣椒或咖喱叶来调味。在烹饪时，与新鲜的尖椒、薰衣草或小豆蔻相比，你需要将牛至叶或迷迭香更早地扔进锅里。如果柑果的皮与肉同煮太长时间，甚至容易让整道菜肴变得更苦涩，盐渍柠檬除外。

---

## 辣味能让你的味觉变得更加敏锐

---

辣味像甜味、酸味、苦味、咸味、鲜味或金属味一样，只是一种味觉。辣味是通过黏膜和皮肤的灼烧感来感知的，这种灼烧感也可传递到指甲下的敏感皮肤。在将辣椒切碎的过程中，如果没有佩戴硅酮手套，手就会感受到灼烧感。

不小心咬到舌头而涌起的血腥味会被面部的主神经三叉神经感知，咬一口尖椒也是同样的感觉。在热带地区，人们吃辛辣的肉食、鱼肉或蔬菜辣出的汗液蒸发后会带来凉爽感。此外，在热带地区，人们认为像小红辣椒、胡椒或姜这种增加辣味的调味料具有防腐和抗菌作用。因此，辛辣的饮食在世界各地都很受欢迎，因为辣椒带给人的这种灼烧感让人上瘾。

*副作用：辣味让舌头充血，舌头充血量的增加会让味蕾变得更加敏感，你能更强烈地感知甜味、苦味、肉香、酸味或咸味。因此，尝试一下辛辣的食物是值得的。当肉食变得辛辣时，你可以用法式酸奶油、奶油、蜂蜜或番茄罐头来减轻辣味的刺激。如果加了热油入锅搅拌，静置一天，再撇去浮在表面的油脂层和溶于油脂的辣椒素，即可减轻辣味。*

---

# 烹饪的秘诀

在高级料理中，烹饪一开始并不难。关键是对肉汁和汤料的把控。两者截然不同，但是它们都是你能享受到高质量肉食盛宴的基础。

精致的肉食都是从处理其貌不扬的肉骨头、肌腱切块、碎肉和软骨开始。这些不用都扔了，可以下锅煮制成肉汤，这是所有汤水的精华。或者油炸后用来烹制浓浆肉汁。将肉煮第一遍时，留下的主要是液态的肉汁，或者用肉骨和富含骨胶原的肉块（如小牛蹄）继续煮第二遍，直到汁液变得如蜂蜜般黏稠，晾凉后成肉汁冻。

我们知道：肉汁对烹饪而言就像房屋的地基一样重要。同样重要的还有与深色肉汁一同炖煮的清汤。这两者都是为了给肉类提鲜，再搭配烤蔬菜和香菜、月桂和百里香这些调味料一起，会带给人一种深邃而饱满的口感，远远超出肉本身的香味。

汤汁的魔力大概可以追溯到传统中医药的年代。在美国，由于数千年来的传统，鸡汤至今仍被称为是犹太人医学中的盘尼西林（青霉素）。这个观点甚至已经得到了现代医学研究的证实。使用牛肉、小牛肉（使用猪肉和羔羊肉的情况较为少见）或鸡肉烹饪出来的汤汁能

## 烹煮小牛汤

**1** 一般而言，所有部位的肉块和骨头都可用来煲汤。尤其是带髓的骨头和松质骨煮的汤特别浓郁。首先，应将肉块和骨头放在沸水中焯一会儿。

**2** 接着，将肉块和骨头放在冷水里静置一会儿，再换上干净的冷水再次冲洗。用文火煮上2小时。

**3** 然后，慢慢加热，撇去表面的沫，直到再无浮沫产生。

**4** 将香料包放入汤中，再加入烤洋葱和调味蔬菜（其中包括葱、胡萝卜和芹菜），再用文火慢煮3小时。

**5** 将肉汤表面浮起的白沫撇去。这时的肉汤可以用作未加盐的汤底。

**6** 用精瘦的牛肉末炖出来的汤汁更加澄清，可以用作清汤。

**7** 缓缓给汤汁加热，但不要煮沸。去汤汁表面的浮沫。此时，再给汤汁增味。

将烧煮过程中分解出来的中性粒细胞锁住，这其实是半胱氨酸，它能辅助皮肤黏膜消肿抗炎。肉汤中还含有组氨酸，能促进人体对锌的吸收，辅助人体消炎。

## 从肉汁原浆到高汤

在欧洲的烹饪历史中，肉汤和肉汁也起着至关重要的作用。汤底是法式火锅中常用的调味料，将它全天候置于火炉上，再将所有手边能吃的食物放入锅内一起烹饪，常见的食材有各式各样的肉块和肉骨块、蔬菜、香草和土豆等。在晚上细细品尝肉汤前，这些配菜常当作主菜来食用。

在将肉汁原浆烹饪成高汤的过程中，人们常常采用的烹饪方法是将喜欢的食物放在大锅里烹煮，然后再分别将肉类、禽肉放入锅中，有时也将肉类切块放在锅里慢炖上整整一天。

将所有残留的肉块、肉骨和软骨放在一个密封塑料碗中置于冰箱里冷冻贮藏。一旦肉块冻在一起，就可以用它来烹制成美味的汤汁或香味浓郁的调料底料。调味料需要新鲜的配料，因为营养丰富的浓缩肉汁需要丰富的蛋白质。有些地区人们烹饪（脱去脂肪和蛋白的）浓缩肉汁的方法非常独特：烹饪英式牛肉汤或美式马麦酱肉汤时，用一个球根状的专用容器将粗绞的肉、蔬菜和香料置于水中浸泡，盖上盖子，真空蒸煮几小时。最终，肉汤要比绝大多数采用传统方法烹煮的肉汤浓稠得多。

---

## 煎锅烹饪出浓郁的小牛肉汁

肉汁所需的配料与烹饪肉汤时相似，但是肉汁需要先烤后煮，才能煮成高汤。将清洗干净的牛肉骨及其切块置于烤炉中烘烤，将烤箱温度设定为200℃，添入少许油，通风模式下烘烤，烘烤时长为30分钟，时不时搅拌一下。

**2** 在肉汤表面铺上调味蔬菜，在烤炉里烘烤20分钟。轻轻搅拌几下，再烤10分钟。

**3** 放入香草，也可根据个人喜好，加入大蒜和胡椒粒，烘烤20分钟左右。

往肉汤中加入500毫升红酒，2勺高汤和足够的水，使肉块完全被水淹没。用文火煮5小时，烹饪温度保持在120℃。

**5** 等水蒸发得差不多时，再续上新鲜的水。不要搅拌汤汁，其间不断去除表面沉积的脂肪。

**6** 用纤细的滤网挤压肉汁，再将其过夜静置冷却。用勺子撇去肉汁表面沉淀的脂肪。

**7** 未加盐的肉汁煮好时应该是表面平滑又微微呈黏稠状。它是调味汁的基底，可以冷冻贮藏。

# 肉类的烹饪方式：煨、煮、蒸、煎封、炖、炸、煎、焖、烤和熏

## 萝卜青菜各有所爱

肉的烹饪方式有很多种，有时候很难搞清楚哪种方法是对的。在这个小小的肉类烹饪学校，我们会教你煮、煎、焖、烤和烟熏等各种料理方法。

## 冷烹饪

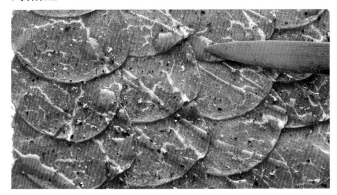

冷素食是当今最热门的膳食主题之一，但几乎只涉及蔬菜。不过肉类也可以冷食或只是稍稍加热后生食，而且可以这么制作的料理远不止鞑靼牛肉[一]，生猪肉[二]，薄切生牛肉和肉干。

## 煮、炸

青春艺术风格伟大的水煮肉文化早就成为历史了。但清炖牛肉还是让人垂涎。其实在液体环境中烹饪肉类还有很多方法：如用汤汁或牛奶炖煮，低温过油及高温油炸。

## 低温烹饪

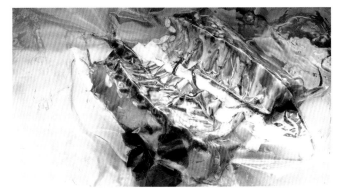

自从水浴设备的价格变得更亲民，从前只出现在顶级餐厅厨房的恒温烹饪方法也得以在家庭普及，在自家的厨房里也可以将肉封装在真空袋中烹煮。这里会介绍最重要的专业烹饪技巧。

## 蒸

蒸品很长时间内一直被认为是"病号饭"而受到抵触，随着现代化组合蒸箱的问世，用水蒸气烹饪食物成为最常用的烹饪方法。你将在本章节了解怎样蒸出美味多汁的肉。

## 用烤箱焖烧&煎烤

这是周末烤肉、红烩肉、烤肉卷或焖锅的经典做法。如果希望做出的肉入口即化、汁水丰富、表皮酥脆，就免不了要用这种费时的烹饪方法，但美好的事物总是值得等待的！

## 上架烧烤&烟熏

肉永远都是烤架上的主角。虽然调味后的炭火烤蔬菜、烤鱼也不错，但明火烤肉在肉食爱好者眼里才是正宗的烧烤。本书会详细讲解烤猪颈肉、烤香肠、腌肉汁的方法及烧烤刷的使用方法，你还有机会一睹各种烧烤科技的风采，其中不乏像火车头那么大的烟熏炉。

---

[一] 鞑靼牛肉——法式生食料理，由切碎的生牛肉搭配生蛋黄及各种调料做成。
[二] 生猪肉——德国人将剁碎的生猪肉糜抹在面包上，搭配洋葱圈或洋葱粒食用。

# 生肉的消化

肉不一定要加热后才能消化。酸性物质、冷冻或植物酶也可以让肉质纤维变得松软。

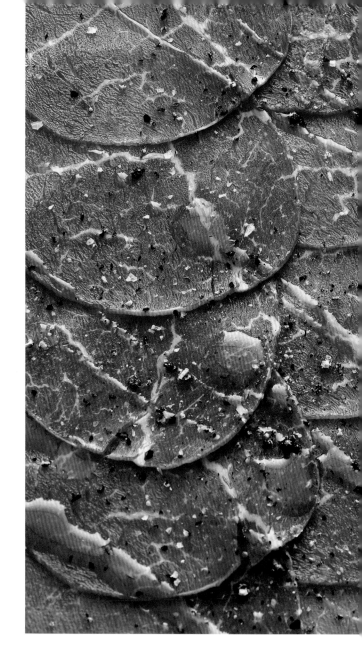

肉类不同程度的生食并不是从原始人饮食法运动后才兴起的。做鞑靼牛肉、生猪肉或薄切生牛肉的肉必须非常新鲜。蛋白质的基本组成单位氨基酸分子结构相对脆弱，只是接触酸性物质如柠檬汁或醋就能使其变性。酸性物质中具有侵蚀性的氢质子会使氨基酸以某种形式伸展开来，类似于烹饪过程中的作用。我们在化学课上把肉质纤维放在可乐里溶解也是这个原理。饮料里的磷酸含量较高，其pH也接近食醋，确实可以松散蛋白质的分子结构。虽然用酸性物质冷烹饪的方法更常见于鱼类的料理，但做鞑靼牛肉时，几滴柠檬汁就可以起到让肉质更柔嫩的效果，也不会让牛肉闻起来有酸味。做醋焖牛肉和烤牛肉的腌肉汁时加点食醋或含单宁的红酒，以及吃生牛肉切片时配餐的意大利黑醋，都能让肉质变得更松软可口。

做薄切生牛肉时，人们常用另外一种方法，让肉质未经加热就变得柔软——在切牛肉前将其稍稍冷冻一下。一方面，牛肉纤维在冷冻僵硬后能切出更薄的肉片，另一方面，经过深度冷冻后不久又重新解冻的肉，其内部细胞被尖锐的冰晶破坏，在这里反而起到积极作用。如果用这样的方法处理过的肉去做牛排或烤肉就很糟糕，因为肉的纤维束已经丧失了大部分锁水能力，在烹饪过程中会变得干硬。在处理生食牛肉时这却成了一个小妙招，可以让肉质纤维变得软嫩。即便是干式熟成后的"简易"切件，如口感接近里脊的牛肩肉或牛尾肉（只要取自正宗肉牛品种），也能切出口感柔软的生牛肉薄片，还比一般牛里脊切片的单价要便宜很多。一些前卫餐厅的"冷沉淀烹饪"也是运用了冷冻的处理方法。利用超低温（约-190℃）液态氮加工食物的做法已经延续了很多年。其中一种操作是：将切成薄片的用酱料腌制过的牛里脊肉放入氮气浴速冻，再用肉锤把冻过的肉敲散成细小的肉末然后像粉色的"雪花"一样撒在菜肴上。

## 神经毒物在发酵过程中的威胁

发酵，就是利用乳酸菌、酵母或霉菌使细胞变性的过程，相对于白菜（酸菜、泡菜）或鱼（腌小鲱鱼、韩式鱼酱）料理，可直接食用的肉类不需要经过发酵。非即食肉类，如风干火腿或香肠等肉制品的加工过程也是基于某种形式的发酵，但发酵后的生肉不可直接食用，其所含肉毒杆菌在肉的腐化过程中分泌出一种叫肉毒素的神经毒素，可威胁生命。继续深度加工的方法还有冷烟熏、干湿腌制、盐渍和烘干，很多不愿意花过高成本采购高品质肉品的餐厅和厨房，也都在加工肉类、如做

牛里脊提前冷冻一下，可以切出更薄的肉片，稍许几滴柠檬汁或食醋可以让肉质变得更加软嫩。

## 冷调味

肉类菜品的调味是一门艺术，调味时的温度也是一个关键因素。只要烹饪时试味的温度和最终菜品上桌的温度能保持一致，事情就简单多了。因为调味品、调味植物和香料直到用餐时也几乎不会发生什么变化。难度在于有些冷食的荤菜如肉馅饼或各种肉冻需要在高温烹煮的过程中调味。很多菜品温热时味道调配得刚刚好，冷切上桌后吃起来却不是太寡淡就是太重口。因为我们舌头上负责味觉——尤其是感知咸、甜和鲜味的乳头状小突起（内含味蕾）在品尝温度高于体温一半的热食时，明显对盐、糖或肉的味道更为敏感。此外，温度较低时，分子运动减缓，也阻碍了对香味的感知。而温热的食物可让口腔内的神经组织供血更加通畅，味觉也变得更敏锐。对辣椒素和胡椒碱的感知也是如此，但并不适用于对酸味和苦味的品尝和感知。因此冷食的菜品在烹饪加热时尝起来应该比正常稍稍咸、甜或辣一些。

鞑靼牛肉的时候使用一些"柔嫩剂"，它基于木瓜、菠萝、无花果或奇异果中含有的发酵酶——木瓜蛋白酶、菠萝蛋白酶、无花果蛋白酶和奇异果蛋白酶。而商业上通用的"嫩肉剂"主要由盐、糖或味精和上述这些植物蛋白酶调配而成。不过使用这类产品和其他酸味调料一样也会导致一个基本问题：肉确实变软变嫩了，但在煎烤时会流失很多汁水，而且很多价格低廉的肉品部位本来就风味欠佳，经过这样的处理后口感上会大打折扣。

# 水煮肉

比起只用作炖菜配料的肉或刚出炸锅还滴着油的炸猪排，完全浸在热水或油里烹调的肉可以呈现更丰富的美味：用汤锅炖煮的鲜香多汁的炖猪肉，与香料和牛奶同煮的柔嫩的牛里脊，在低温黄油里慢慢煎熟的兔腰肉——真是妙哉！

将肉完全浸泡在液体中烹调或与少量液体一同炖煮，其区别主要体现在温度上：油炸锅里的最高温度为175~210℃，其次是高浓度的糖浆水，温度可达150℃。纯水最高只能达到沸点100℃（在常压下），而水蒸气温度可高达120℃。水烧至95~100℃时能看到翻滚的泡泡，而用文火煨、炖食物时，即使达到90~95℃，也只有少量的泡泡从锅底涌上来。这一原理衍生出一些柔和的烹饪方式：加盐、醋等水煮（在60℃以内），在熔化的脂肪或食用油里低温煎（低于100℃）。即使将食材放入真空袋内低温水浴烹制，并不直接接触锅里的水，也要保证水温合适。

在人类饮食史中，最古老的烹饪方式并不是水煮，而是用明火烧烤。但自从人类学会制作防水耐高温的陶器后，用清水或调味后的水烹煮食物就迅速成为世界各地最常用且最简便的烹饪方法之一。虽然早就发展出更多更好的料理方法——为了在高温中保持食材完整，可蒸制；如要食物香气浓郁扑鼻，可煎烤；如果想让肉类口感丰沛，肉汁充盈，则可真空低温水煮，或佐酱汁（红酒）慢炖，还可以将肉浸泡在食用油中低温慢慢煮熟。但对很多人来说，能唤醒我们美好童年记忆的，还是那一锅咕嘟咕嘟翻腾着热气的靓汤或炖菜。但人们对清水煮肉总有偏见，认为缺少了烟熏火燎的香气，寡淡无味得像病号餐，只适合肠胃虚弱的人吃。这种想法是完全没道理的，奥地利和德国南部很多地区延续至今的水煮肉传统就证实了这一点。人们对水煮肉的抗拒主要来自过往的失败经历，很多人在烹制这道菜时忽略了一个基本原理：盐能祛味。我们在熬煮肉类汤羹时，要尽可能让肉原本的味道、盐分和蛋白质（富含能产生鲜味的谷氨酸）释放到汤汁中，这个过程中绝对不能放盐。

烹制完成后肉汤鲜美浓郁，但这鲜香之味都来自汤中的肉块，它本身则吸满了水分（从汤中肉块饱满凸起的状态就可看出）。先加盐的也有，如做维也纳牛肉清汤Tafelspitz时所用的方法，要求肉要在已经用香料调

好味的汤水中煮熟。这对烹饪温度有一定要求，而煮肉用的汤水必须放入足量的香料或盐。也可以用放入食醋或盐的清水煮肉。

水煮或煨炖应选用结缔组织丰富的部位，如肩颈肉、胸肉、腿肉，以及做传统水煮肉常用的臀肉、后腿肉。其实香肠、舌头、背部肉或后腿肉腌制成的咸肉，以及一些内脏也适用于此类烹饪方法。很多用牛或猪内脏做成的菜肴，如用牛胃制成的法式菜肴Tripes（瘤胃、网胃、瓣胃、皱胃）就只能在煮锅中经过漫长的烹制才能享用。

## 温和的水煮——保护脆弱的肉质纤维

想要尽可能保持食材柔软的内部结构不被损伤，没有比水煮更适合的烹饪方式了。小牛肉、羊羔肉、乳猪肉和兔肉的肉质极为细嫩，应在80~90℃的恒温中慢火煨炖，而不能在滚水中烹煮。这样能防止脆弱的细胞内壁瓦解。理论上来说，凡是适合快速煎烤的肉类，都可以水煮烹饪。也有一些部位肌间脂肪和结缔组织较少，需要更高的烹饪温度和稍长的烹饪时间，如里脊、臀部肉排、排骨、胸腺。很多应该用水或汤汁烹煮的食物，在100℃沸腾的液体中破坏了内部结构，人们便以为是水煮这种烹饪方式不对。Knödel（德奥风味土豆丸子用土豆块或土豆泥混合干燥的面包屑、牛奶、蛋黄等制作而成）、Gnocchi（意大利传统美食，用土豆泥混合面粉做成的面团子，类似面疙瘩）、鸡蛋、肉丸，或者馅料中不含鸡蛋的鱼丸、肉丸（以及用鱼糜肉糜挤压成的椭圆状食材）在烹饪时都需要缓慢加热。另外，所有水煮类香肠如法兰克福熏红肠、白香肠、伯克香肠（由猪肉、小牛肉加上温和的调味料和香草制成），因内馅饱满，用滚水煮制时肠衣极易爆开，也应在适宜的水温中慢火煮熟。

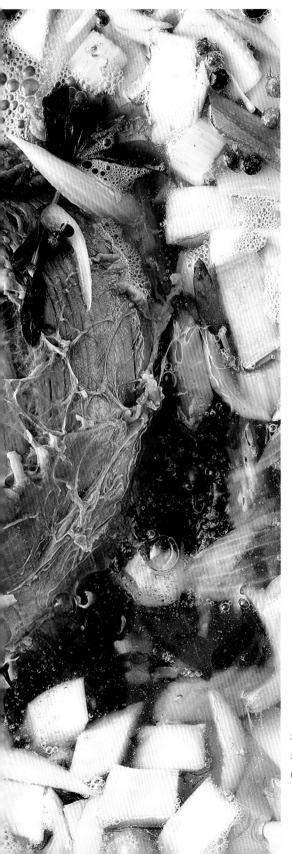

在汤中加入肉是为了增添汤的风味，如果肉本身是菜肴的主角，如水煮肉，则需要将它浸入调过味的汤汁中煮熟。

## 香气游戏

炖煮和油封时分别应使用什么香料，首先取决于这些香料是水溶性还是脂溶性的。下表提供了不同烹饪方法适用的各类香料和草本配料。

| 在水或汤汁中炖煮 | 在牛奶中煨炖 | 浸在油脂中煮制（油封） |
|---|---|---|
| 适用水溶性香料 | 适用水溶性和脂溶性香料 | 适用脂溶性香料 |
| 盐 | 迷迭香 | 迷迭香 |
| 豆蔻 | 百里香 | 百里香 |
| 丁香 | 姜黄 | 胡椒 |
| 食醋、柠檬汁 | 龙蒿 | 肉豆蔻 |
| 野蒜 | 野蒜 | 鼠尾草 |
| 香芹籽 | 刺山柑 | 孜然芹 |
| 辣根 | 辣根 | 松露 |
| 橄榄 | 莳萝、茴香 | 蒜 |
| 番红花 | 番红花 | 辣椒粉 |
| 水藻、味噌 | 红辣椒 | 红辣椒 |
| 香菜 | 柠檬草 | 柠檬草 |
| 茶叶 | 姜根、良姜 | 姜根、良姜 |

煨炖的另一种特殊形式是几乎遍布全球各地、具有不同形成和发展特色的火锅文化。其中"布吉尼奥纳火锅"，以油锅为底，吃的时候将食物放入油中快速翻炸一下即可享用。而中国风的火锅则是汤汁做底，起源于亚洲文化。宾客满座的场合，一桌宴席能吃上几小时，而不论地域肤色，总有数不清的人热爱那一口咕嘟咕嘟翻腾着香气的火锅，不管是中式火锅、芝士锅，还是蒙古火锅。说起中国火锅，早先的做法是直接将黏土容器放到火上加热，后来烹煮的容器变成了金属锅，可放在燃气灶上加热，火锅也衍生出了无数细分种类：有清汤打底的清锅；用花椒和辣椒增味的麻辣锅；或者中间隔开、一半香辣一半温和的鸳鸯锅。除了泰国和韩国之外，日本也有多种多样的涮锅料理。而在欧洲，人们熟悉的是涮牛肉的呷哺呷哺和日式鸡肉火锅（Mizutaki）。除此之外还有各式味噌火锅（Yosenabe）和寿喜烧（Sukiyaki），寿喜烧的汤汁中加入了浓郁的黄豆酱油，涮煮后的食物吃着有股焦糖的甜香。

## 肉必须能自在活动

用牛奶炖煮融合了水煮和油封两种烹饪方法。不同烹饪方法的优势得以结合，炖煮时我们常常在汤汁中加入奶油和苦艾酒，并将香料植物、姜、胡椒粒、辣椒籽或蔬菜放在锅中一同烹煮，这样可以让水溶性香料、脂溶性香料和溶于酒精的香料浸入肉中。而牛奶中的乳糖可让炖煮后的肉质地柔嫩，并带有丝丝清甜的奶香。肉直接接触水是更快的烹饪方法，热能通过对流作用迅速传递给食物，水或油分子有力的来回冲撞明显比辐射热的传播效率更高。因此肉在80℃的温水或油中比在140℃的烤箱中更容易熟透。所有将食材放在水或汤料中烹饪的关键点是：在锅里留足空间。肉要能在汁水中活动，否则锅里各种配料的间隙中会形成未充分受热的液体杂质，破坏烹饪效果。同样重要的是，不要使用太大块的食材，因为温度会在肉的表面迅速传导，而里面的肉还是生的——最好把肉切成小块，更好的办法是低温慢煮。

> 一道美味佳肴90%来自于优质新鲜的食材，还有10%来自无尽的想象。

——保罗·博古斯

## 油炸和油封

油封锅的温度如果设置得过高，里面的肉会被炸熟。175~210℃的油温当然不可能让肉缓慢自然地煮熟，此时肉分子受到强力作用拉扯。而用油封方法烹饪的肉被保护在一个外壳中，类似裹面包糠或挂面糊炸的效果。油封和油炸的共同点就是"干"烹，也就是肉在料理过程中不会接触到水或蒸汽，而完全浸泡在油里。油炸时，炸衣总是饱饱地吸满了油，因而被认为是一种不太健康的烹饪方式。

这种担心其实是多余的。一个小妙招基本可以解决这个问题。裹着面包糠的炸物从油锅取出后迅速冷却，出锅前，食物所含的水蒸气已从表面细小的纹路中析出，而此时这些纹路像海绵一样开始吸收锅里带出来的油脂，80%的油脂吸收都是发生在这个时候。专业厨师的做法是：将炸物从油锅取出后立即放进预热到80~100℃的烤箱中，垫上一层厨房纸巾吸油，这跟使用

二道油的做法一样有效，既增加香味，又能析出油。新鲜的油必须经过初炸才行，因为未经使用的油缺少可提供典型油炸物芳香的多样分解因子。而加入少许使用过的油可以加速此类芳香的释放。但如果锅里的油已经变成暗色且有泡沫形成，就必须更换了，这说明油里水和蛋白质的含量过高，这样的油炸出的食物会吸收双倍的油脂。

## 海藻糖炸法

餐饮界的先锋派开发出一种完全不吸收油脂的方法：使用海藻糖，一种只有少许甜味的二糖，熔点为150℃。高浓度海藻糖加少量水稀释后可加热到125~130℃，这样的糖浆可以用来油炸食品，且不会发生褐变。

## 煮牛肉必须玩转反渗透

水煮牛肉配肉汤炖土豆，撒上现磨的辣根，真是美味令人满足的一餐。但如果烹饪不得当，也可能煮成干巴巴没味道的一锅。问题在于：为了万无一失，必须备好两套方案，因为在微滚的水中将一大块牛肉煮熟，要么是牛肉中所有的香气都渗入汤汁里，要么是牛肉还能保持多汁柔软——但此时所用的汤汁一定是浓汤。这就是反渗透原理：当周围的液体所含盐分和矿物质比肉本身更少，肉的香味成分就会渗出。而水则反向渗入肉的肌理中，使肉变得淡而无味，肉块也明显膨胀变大。所以懂行的厨师们做煮牛肉时会先将一部分肉任意切成小块放入纯净水里，煮出一锅浓香的汤汁，并放入盐调味，然后再将真正用来做水煮肉的部分放入汤汁中炖煮。

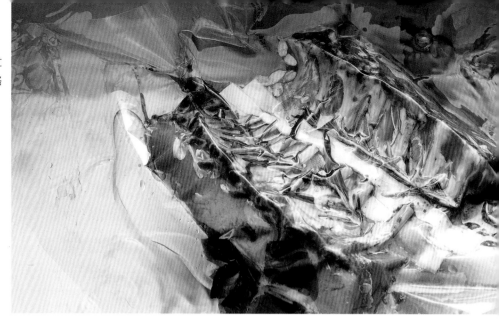

真空密封后，肉经过水浴慢煮也会变得格外柔嫩多汁。

# 真空低温烹饪

没有其他任何一种肉类的料理方式像真空袋烹饪这般彻底革新了餐饮业的作业流程，这种将食材放进精准控温的水浴中烹饪的方法曾被笑称为"塑料袋料理"。后来随着真空低温烹饪法得到认可，配套的装备也逐渐亲民化，成为普通家庭都能用得上的寻常工具。

20世纪60年代的瑞典，一批医院膳食供应商最早开发出了真空低温烹饪法。20年后，这种烹饪方法被法国顶尖餐厅重新挖掘，对高级餐厅的肉食料理带来了深远影响。不论是肉、鱼、蔬菜，还是各类混合食材，都可放进一种特制的塑料袋中，抽真空后密封，这样食物就接触不到水，烹饪时需要尽可能保持恒温，水温稍稍高于食材的目标核心温度之上，然后炖煮几小时，有时甚至需要数日，这样煮出来的食物口感柔软，原有的汁水也不会流失。法国厨师乔治斯·普阿鲁斯（Georges Pralus）在新式烹饪星级大厨米歇尔·特鲁瓦格罗（Michel Troisgros）的团队中工作时曾尝试寻找一种烹饪鹅肝的新方法，而原有的烹饪方式通常会让鹅肝中宝贵的脂肪和汁水损失大半。他将鹅肝用层层铝箔纸密实地包裹起来，然后浸入一口大锅中长时间水浴慢煮——直到今天，初涉真空低温慢煮法的人们也会尝试同样的操作方法，正是这位法国厨师将真空低温烹调法引入了星级餐厅。如果对水温上下波动的区间不用精确到0.2℃以内（星级餐厅炸鱼排的时候就得精确到这个程度），基本上只需要一个能大致控温的烤箱就够了。将烤箱在热风模式下预热到70℃（比单纯上下火加热更均匀），将室温下的肉切分好，稍加调味后放进一个大的冷冻袋中。吸出袋子里的空气，尽可能将其封紧。拿出家里最大的锅，倒入3/4的热水，在炉灶上加热到70℃，然后把锅放进烤箱里。将装肉的袋子放入水中，压上一块重物，然后盖上锅盖，煮到要求的烹饪时间后取出。对于所有的真空低温慢煮图表，包括本书中的图表，都需要注意一点——这里的时间都只是参照值。即便是多特蒙德星级主厨海科·安东尼维奇（Heiko Antoniewicz），多本真空低温烹饪专业书籍的作者，也不曾在烹饪时间上定过铁律，他认为，没有放之四海皆准的烹饪图表，因为每头猪每头牛，从基因、饲养到生活环境，都是不一样的。要领和参考值当然是有的，但没有万无一失的标准操作方法。

## 花很少的钱就能享受真空低温烹饪的乐趣

想要尝试真空低温烹饪的朋友，早晚都得置办一个台式两用真空封口机（餐厅里常用大型深口封口机），以及一个自动水浴锅。挂式恒温器可用于大容量锅，也有适用于小型恒温慢煮锅（配可拆卸蓄水器，温度波动区间在2~3℃的），价位在600欧元（约4691元人民币）以上的水浴蒸锅能够更精确地测量烹饪核心温度，温度

## 真空低温烹饪机

**1** 一般而言，家庭厨房首选铝箔袋真空封口机。

**2** 专业厨房、公共食堂和肉类加工厂主要使用槽式真空封口机，这种封装方式也能封装液体。

**3** 专业的浸入式恒温器能对食物进行精准密封，不受地理位置限制，也不受包装容器的尺寸限制。

**4** 对于块头小一些的肉，你也可以使用性价比高的低温慢煮棒来烹饪肉块。但是，低温慢煮棒不适合封装鱼肉，封装容易出现偏差。

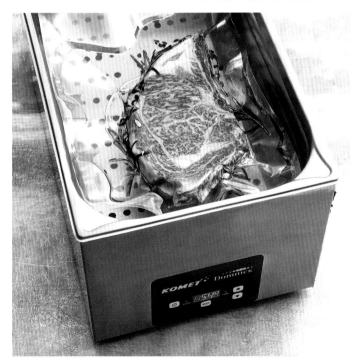

**5** 常见或者理想的封装容器是8~56升容量的蒸汽封口机。尽管它对厨房空间的要求很高，但是它能够精准封装块头较大的肉类。

## 关于真空封口机的建议

**1** 高级的桌面式封口机也容易被渗入封口机的液体腐蚀。为了避免这种情况的发生，应将肉块与其连带的液体一起封装，不要抽气，在使用尺寸较大的封装袋封口时尤其要注意。

**2** 第一个封装袋用来密封肉块及其液体，接着再拿一个袋子套在它的外层，将外袋中的空气抽空。这种封装方法也适用于密封带尖棱骨的肉块。

**3** 如果你能熟练掌握封装技术，也可以将封装袋吊在桌角，通过抽空袋中空气的方式密封肉类。值得注意的是，你必须在液体受重力作用渗入袋中之前，将肉块密封好。

**4** 避免液体渗入封装袋的一个常用方法是先将液体冻在一个平整的袋子中，然后再将其与肉块一同完成密封。当然，这种封装方法使得烹饪时间变长，因为你需要先解冻再烹饪。

## 精瘦肉块和牛排的烹饪时间

以基本的初始烹饪核心温度20℃为例，只要将肉畜身上切下的精瘦肉块（如快熟薄牛排）或里脊肉片扔进蒸锅里短短几分钟就能将它们烧熟。牛肉的肉质相对厚实一些，可以先放进水里焯一下，再放进平底锅里煎封。蒸锅的烹饪温度要比目标核心温度高1℃。

| 厚度 | 一分熟<br>核心温度45℃ | 两分熟<br>核心温度52℃ | 三分熟<br>核心温度55℃ | 五分熟<br>核心温度60℃ | 七分熟<br>核心温度65℃ | 全熟<br>核心温度71℃ |
|---|---|---|---|---|---|---|
| 1厘米 | 5分钟 | 5分钟30秒 | 6分钟 | 6分钟30秒 | 7分钟 | 8分钟 |
| 2厘米 | 19分钟 | 22分钟 | 22分钟30秒 | 24分钟 | 26分钟 | 30分钟 |
| 3厘米 | 43分钟 | 45分钟 | 47分钟 | 49分钟 | 53分钟 | 59分钟 |
| 4厘米 | 1小时10分钟 | 1小时20分钟 | 1小时24分钟 | 1小时27分钟 | 1小时27分钟 | 1小时29分钟 |
| 5厘米 | 1小时50分钟 | 2小时 | 2小时09分钟 | 2小时14分钟 | 2小时30分钟 | 2小时45分钟 |
| 6厘米 | 2小时45分钟 | 2小时50分钟 | 3小时05分钟 | 3小时12分钟 | 3小时30分钟 | 4小时 |

可以精确到上下0.1℃。对家用水浴蒸锅来说，使用的蒸汽袋的绝对密封性比稳定控温更加重要。因为真空慢煮烹饪法的烹饪时间需要2天。在长时间的密封蒸煮过程中，肉质纤维会慢慢变得松弛，在从蒸煮到切片再到装盘端上餐桌的过程中，肉质纤维不会再重新收缩（这与烤肉的烹饪过程完全不同）。此外，在隔绝空气的条件下，肉汁完全不会流失，肉质会变得非常细嫩，让你忍不住想挖上一勺尝尝鲜。

## 未知的烹饪世界

与长时间慢炖烹饪法（将肉放入烹饪温度在80~100℃的烤炉中）相比，真空慢煮烹饪法的时间更长，烹饪出来的肉质更细嫩。因为对于肉食烹饪来说，烹饪是通过加热及促进肉中分子的化合反应使得肌纤维中的蛋白质连接发生断裂。在煎封的过程中，难以咀嚼的、坚固的胶原纤维从固态转换成液态的明胶。因此，除了肌腱以外，所有其他带有肉眼可见的结缔组织的肉块都可以一起蒸煮，一般在烹饪前，你需要将它先切成小块。因为在50~55℃的核心温度下，肉中的骨胶原才开始分解，到了70℃时，骨胶原的分解过程就结束了。如果你将肉放在烹饪温度为180~230℃的烤炉中焖炖时，根据肉块的大小不同，你可能需要花费1~3小时才能将肉烧熟。如果这一过程发生在真空环境中，肉块不会发生任何氧化反应，你将肉放在环境温度不高于75℃的真空慢煮锅里蒸煮，在动辄数小时到数天的烹饪时间内，肉质会发生很多你意想不到的变化。在肉中分解的营养物质发生化学反应的过程中，烹饪时间发挥的作用几乎与控温同样重要。

但是，至少采用真空慢煮烹饪法烹饪的烤肉呈现出来的色泽与"七分熟"的牛排相似，不再是血红色的了。尽管肉块已经熟透，但是它的色泽鲜艳，仍然呈现出锃亮的玫红色。在烹饪时，值得注意的一点是：烹饪温度不要超过70℃。因为当烹饪温度达到70℃时，肉块中分解出来的肌红蛋白会与肌纤维中的氧气发生化合反应。烹饪温度越高，两者就会化合产生越多正铁肌红蛋白，使得肉块的色泽呈现出灰棕色。

**再没有什么烹饪方法能像真空慢煮烹饪法那样锁住菜肴的香味了。**

——海科·安东尼维奇

## 香煎肉扒

采用真空慢煮烹饪法烹调的富含结缔组织的猪肩胛肉的肉质会变得细嫩，色泽呈浅粉色，完全不需要提前腌制。越来越多的顶尖大厨使用这种烹饪方法来烘烤厚度超过4厘米的牛排，使得牛排呈现出这样的浅粉色。要想达到这样的烹饪效果，首先要将核心温度调至58℃，将牛排真空慢煮至五分熟。在这样的烹饪温度下，你还需注意的是：将牛排静置一会儿。

在装盘端上桌前，应将牛排放入极热的平底锅或烤架在800℃的高温烤炉中烘烤最多45秒，使它产生美拉德反应，使肉散发出香味。如果你还想让肉香变得更浓郁，在真空慢煮前，应将牛排先稍微烤一下，再置于58℃的蒸锅中蒸煮。这能杀死潜伏在肉块表面的细菌。

真空慢煮法有时在佐料上取胜，使肉更入味。与肉块或鱼肉一同密封的香草或调料（将迷迭香、百里香和鼠尾草事先涂抹上油脂，否则这些调味料的味道会变得苦涩）能将香味更好地渗透入肉块中，使肉块变得更加美味。

## 并不是所有部位的肉块都适合使用真空慢煮

当然，并不是所有部位的肉块都适合采用真空慢煮烹饪法。如内脏和切块牛肉、瘦肉或长时间烘烤容易变得干涩的牛排，如果采用真空慢煮烹饪法，肉质容易变老和干涩，甚至更容易腐烂。即使真空慢煮烹饪法也存在细菌污染的风险。除了烹饪准备过程中的清洁工作，你最好戴上硅胶手套，为保险起见，在真空慢煮前，你可以将肉块稍微烤一下，上桌前用62℃的温度，烘烤30分钟，即使这种做法会让肉块的汁水流失。此时，每个人都需要权衡，是要谨小慎微地处处顾忌，还是要享受肉食的美味。

所有新鲜的佐料必须煮熟，如浸在葡萄酒或肉汁中或浸在油脂中焖炖，然而，不能将其浸入冷榨的橄榄油中，因为在长时间的烹饪过程中，橄榄油会散发出一股金属味。此外，采用真空慢煮烹饪法烹饪的菜肴必须尽快食用或尽可能将核心温度保持在3~5℃，使肉很快冷却下来（先烹后冻）。要么将它放在专业的快速冷冻机中，或者与方形小冰块、盐和冰包一起保存。

## 富含骨胶原和肉质厚实的肉块所需的烹饪时长

对于一些富含结缔组织的肉块来说，烹饪时长往往要超过一天。烹饪时，需要注意的是：肉块的初始核心温度为20℃，将肉块置于真空慢煮锅中，烹饪温度需要调至比预想的目标温度高一度。

| 肉块 | 水温 | 烹饪时长 |
| --- | --- | --- |
| 牛肉和小牛肉 | | |
| 勃艮第烤牛肉 | 62℃ | 26小时 |
| 醋焖牛肉 | 65℃ | 17小时 |
| 牛前腰脊肉 | 62℃ | 20小时 |
| 整块牛里脊 | 57℃ | 8小时 |
| 牛肋条（牛胸肉） | 65℃ | 48小时 |
| 牛肉卷 | 66℃ | 12小时 |
| 红烧牛肉 | 75℃ | 15小时 |
| 牛腮肉 | 68℃ | 36小时 |
| 牛尾肉 | 72℃ | 60小时 |
| 牛臀腰肉盖 | 58℃ | 14小时 |
| 整块小牛腿肉 | 67℃ | 20小时 |
| 小牛臀腰肉盖 | 56℃ | 12小时 |
| 猪肉 | | |
| 猪肩胛肉 | 69℃ | 7小时 |
| 炸洋葱碎佐薄切牛排（猪颈肉） | 68℃ | 3小时 |
| 猪肘肉 | 65℃ | 13小时 |
| 脆皮烤猪腿肉 | 65℃ | 12小时 |
| 猪五花肉 | 67℃ | 30小时 |
| 猪蹄膀 | 67℃ | 16小时 |
| 猪腮肉 | 72℃ | 10小时 |
| 红烧猪肉 | 70℃ | 12小时 |
| 烤乳猪背肉切块 | 60℃ | 2小时 |
| 羔羊肉 | | |
| 羊肘肉 | 65℃ | 14小时 |
| 带骨羊后腿肉 | 64℃ | 22小时 |
| 带骨羊肩肉 | 62℃ | 28小时 |
| 羊排 | 58℃ | 8小时 |
| 炖羊肉 | 65℃ | 12小时 |
| 兔肉 | | |
| 兔背肉切块 | 57℃ | 2小时 |
| 兔腿肉切块 | 70℃ | 3小时 |

# 蒸汽的回归

长期以来，蒸汽食物都被看作"病号饭"，但是，随着现代对流蒸汽烤箱的发展，水蒸气烹饪法在饮食行业中的地位越来越重要。不仅餐饮业，家庭也越来越多地使用蒸汽烹饪法烹饪食物了。

长年以来，对肉食爱好者来说，保守的水蒸气烹饪法总让人觉得不可靠。因为如果不辅以其他烹饪温度更高的烹饪方法，肉类就无法散发出香味。一方面，因为水蒸气能阻止活性氧从肉块上分解，阻止氧化反应（随之发生的还有肉香和色泽的消退）的发生。另一方面，缺少美拉德反应，这会导致肉的表层无法变成脆皮或肉汁无法变得浓郁。蒸指在水、空气、雾气三者混合的环境中进行烹饪。此时，如果不加压，气体充斥在蒸汽锅中，那么烹饪温度不会高于100℃。对于没有任何防护的肉块而言，100℃的火温太高了。现代蒸汽烤炉提供的温度适中，一般在60~80℃。在大多数情况下，蒸比在汤或水中煮花费的时间更长。微小的水滴在肉块表面冷凝再冷却，肉块外层就形成了一层隔热层。

## 小心蒸汽

尽管肉块置于极度潮湿的空气中烹饪，也不能说明采用这种烹饪方法烹饪后的肉块与其他烹饪方法相比更鲜嫩多汁。因为热蒸汽会引起肌纤维快速收缩，肉的表面很容易变得干涩。因此，如果采用蒸的烹饪方法，烹饪温度达到甚至超过沸点时，只有肉质细嫩、脂肪含量少的精瘦肉片，如小牛里脊和牛里脊或羊腰肉才适合采用这种烹饪方法，或者像煎白菜卷那样卷成肉卷或用纸包起来烹饪。在最简单的情况下，你可以在带盖的蒸锅里放上一个用不锈钢或竹子制成的蒸汽滤网，使滤网与烹调水保持足够的距离，使佐料不会接触到烹调水。与此相反，像煮鱼汤料这种汤汁在蒸的过程中可以让鱼肉更入味。

蒸的一个重要优势在于对烹饪温度的精准把握。因为蒸汽不会高于100℃，整个烹饪过程是可预见的。烹饪温度适中，肉香不会流失。通过减少与水的接触面积，来限制水的渗透程度，防止蒸锅里的肉块水分蒸发

殆尽。蒸的烹饪法能使肉块保持原汁原味，色泽鲜艳，结构和营养物质不会被破坏。另一方面，蒸也能让你在选购调味品时眼光变得更加敏锐，只有质量上乘的配料才能用于蒸，因为根据著名的法国美食百科全书《拉鲁斯美食大全》记载："如果你采用蒸的烹饪法，每个可疑的回味都值得特别注意。"

## 亚洲人的烹饪乐趣

在亚洲，千年以来，很多菜肴都放在相互叠在一起的竹编蒸笼里烹饪，下方是烹调水，水蒸气不断往上冒。中国汉代创造了自己独特的烹饪世界，中式点心尤其风靡，小小的饺子和点心放在蒸笼里烹饪，这些点心的馅料都是全国范围内的厨师发挥自己的想象力竞相推出的品种。迄今为止，这些由竹编而成的笼屉在亚洲以外地区也被认为是性价比最高的，也是蒸技术中最有效率的一种，它不止可以应用于点心的烹饪。大米、蔬菜、水果或鱼和家禽身上肉质细嫩的里脊肉都可以使用蒸笼来烹饪。也可以选择价格更低廉的孔状不锈钢蒸屉，它可以与所有常见的蒸锅尺寸相匹配。价格稍贵一些的是电蒸锅。你也可以将像鲈鱼这样的大型鱼类整条放入蒸锅内烹饪，与绝大多数其他烹饪方法相比，采用蒸烹饪法烹饪的鱼肉更加细嫩，广受青睐。然而，直到现代化的组合式蒸锅出现后，蒸烹饪法才广泛应用于肉食烹饪中。

长年以来，风靡于家庭厨房里的高压锅就是组合式蒸锅的一种。蒸烹饪法在19世纪20年代在大型厨房中得到了广泛应用，获得了高速发展。高压使水蒸气达到120℃的高温，足以使很多菜肴的烹饪时长缩短一半。然而，在如今追求精准烹饪的年代，高温增压的重要性也日益衰退。19世纪80年代很常见的利用蒸汽压力加速烹饪像烤猪肉或肉卷这些典型的砂锅菜，如今早已过时。烹饪速度快的优势很容易被口感上的欠缺取而代

之，过高的温度会让烤肉的香味大打折扣。另一方面，像一锅烩或臀腰肉盖这种利用高压来加快烹饪水煮肉菜肴的做法，不利于美拉德反应的发生。在大型烹饪活动中，人们也常常利用高压烹饪法来加速水煮肉变成肉汤的烹饪过程。

## 从快速烹饪到精准烹饪

随着组合式蒸锅变得越来越精准可控，蒸法成为除煎封以外最常用的肉食烹饪法之一，是比较精细可控的一种烹饪方法。越来越多的家用厨房也将组合式蒸锅、蒸汽火炉与传统的烹饪工具相结合来烹饪菜肴，这几乎

是万能的，你可以在60~100℃交替调节蒸的压力、烧烤温度和切换通风模式。蒸烤箱内嵌的感应器能测出当下的两个实际温度：即肉内部的核心温度和在烹饪室的热空气中测量的烘箱温度。可以自由调节烹饪过程，使蒸烤箱温度和肉块温度之间的差异始终处于可控范围之内。迄今为止，还没有其他的烹饪方法能像蒸烤箱那样烹饪出美味多汁的肉块。采用这种烹饪方法烹饪的牛前腰脊肉、猪大排或禽肉在酥脆程度上（蒸烤箱也可以调节炉内干燥的高压热空气的温度）更胜一筹，肉质更细嫩，烹饪过程中几乎不会流失水分。这种设备还能烹饪一些难煮熟的肉块，如肩颈肉这种富含结缔组织且坚硬的肉块。

## 专业厨房里的多功能蒸烤箱

蒸烤箱可以同时对食物进行烘焙和蒸煮。家庭厨房一般使用小型蒸锅，饮食行业常用的烹饪设备能够连接水管和电流，配有自动控制程序，可以同时烹饪20只猪蹄或60只法棍。这种蒸烤箱不仅能烹饪肉、面包和蔬菜，也能给蔬菜加热，让蔬菜闻起来就像全新烹饪的一样鲜美。与传统的炊具相比，智能蒸烤箱的优势明显，所以有的餐厅主管不禁抱怨起他们的肉食大厨已经将传统的蒸烤技艺荒废了。

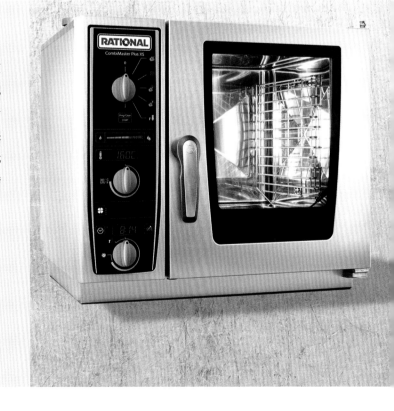

# 用平底锅和炒锅煎封

人们的生活节奏变得越快，饮食的烹饪速度也变得更快。因此近几年来，将肉块放在灼热的平底锅或炒锅中煎封变成了一种颇为盛行的烹饪方法。

烹饪速度并不是什么魔术。如果美味可口的菜肴在短短几分钟内就能出锅装盘，绝大多数人都会来就餐。如今，我们喜欢的很多菜肴都不再需要花费很长的烹饪时间，如煎肉排、羊排、牛排，烤肠、烩小牛肉、亚洲炒饭、铁板烤肉、烤羊肉块、汉堡包、油煎肉饼、快熟肉排，或者沙拉和意大利面里的一些快煎牛里脊肉条。当然，除了碎肉末以外，猪肉、牛肉或少数羊肉切块也可以采用快煎的烹饪方法。瘦削、精细和结缔组织含量较少的肉块或软骨上的切块（主要是背肉、肩肉和后腿肉切块）也是一样。

这些看似珍贵的肉块在140~200℃的干燥高温烘烤下很快就会熟透，但不会变得干涩。餐厅厨房烹饪和西班牙有名的铁板烧往往使用不带涂层的铁锅，而传统的中式炒锅常架在高火上，然后再加入适当的食用油，如精炼的花生油、棕榈油或玉米胚芽油，在煎烤过程中，烹饪温度甚至可以达到230℃的烟点。油脂可以将平底锅底部的热能有效地传导到肉块表面，同时还能有效阻止它粘锅和焦煳。但是，在这里起决定作用的是：尽可能不要让肉汁溢出，因为肉汁主要是由水组成的，不能承受超过100℃的烹饪温度。因此，绝不要将太多或刚从冰箱中拿出来的肉直接扔进还未做过足够预热处理的锅中，否则溢出的肉汁会让烘烤温度迅速下降十几度，使得肉块表面无法形成酥脆的外皮，接着越来越多的肉汁会溢出。那就不是在烤肉，而是在煮肉了，然后肉就会变得干涩、黏稠，食之无味。假如你无意间将太多冷藏的肉排放进了还没热起来的锅中，肉汁肯定会溢出，此时，你最好马上将整个锅内的食物倒进漏勺里，然后将锅擦拭干净，再重新下油热锅，将肉切成小块分别放入锅内进行烘烤。

在快煎的过程中，绝对不要用锅盖将整个平底锅盖住，因为挥发的水蒸气会以冷凝物的形式重新凝结在肉的表面。厨艺精湛的大厨可以听声来煎烤：如果肉块发出响亮而持续的嘶嘶声，就表示肉块已经烹饪完成了。如果嘶嘶声很轻而且是不均匀的，很有可能是平底锅、煎油和肉块之间温差过大，肉块无法散发出可口的烤肉香味。

**每段重要的银河文明历史都离不开对一个问题的讨论：哪里可以吃到最正宗的维也纳炸肉排呢？**

——道格拉斯·亚当斯

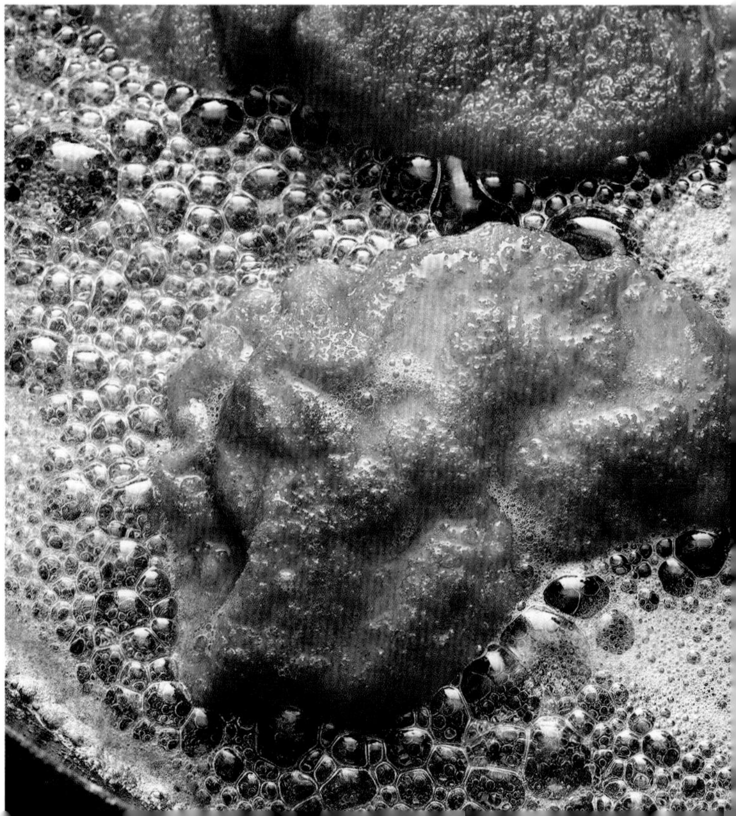

无论是像图中那样将肉块裹在面包屑里油炸，还是像香草生火腿小牛肉卷那样将肉排通过煎封的方式烹饪成不同的形状，采取了正确的方法，都可得到美味。

## 启动"美拉德反应"，赋予食物有层次的口感

法国的一位化学家首先质疑，为什么烤得松脆的肉品尝起来那么可口。这不足为奇，毕竟法国是世界著名的饮食文化大国。1912年，法国化学家路易斯·卡米拉·美拉德研究了当牛排、羊排或烤猪肉在极高的温度下烘烤时，究竟发生了什么呢？以他的名字命名的"美拉德反应"揭开了这个秘密，美拉德反应使肉在煎封、烘烤或烧烤时色泽变得更鲜艳、香味变得更浓郁，肉块表面能形成一层松脆的外壳，口感也变得更加绝妙，还微微带些焦糖苦味。在高温烹饪环境下，肉块中的分子发生化学反应，其中包括杂环化合物。氨基酸、油脂和动物体内碳水化合物分解出来的糖分相互发生化学反应，不仅让口感变得更饱满，而且肉香变得更持久。棕色的色素（类黑素）起着抗氧化的作用，它能抑制细菌滋生。但是，如果这个反应发挥效果的时间太长，或者烹饪温度太高，一切就太晚了。肉纤维会烧焦，口感的损失是无法补救的。不仅口感上大打折扣，还会产生毒素。在油脂灼烧时，牛排在发生化学反应前就已经产生了不宜食用的物质，碳结块形成容易致癌的多环芳香烃，因此，我建议你每天不要摄入太多重度烘烤的食物。烹饪使用的煎油也对煎封的食物的美拉德反应起着重要作用。在高温中，橄榄油会失去它本来的味道，被灼烧后会变得苦涩。比较推荐的做法是：在烹饪之初就选择耐高温的烹调油，其中也包括一些能够提升牛排口感的、从动物身上获取的油脂，如猪油、牛脂或牛油。

如将剁碎的肉末制作油煎肉饼，烹饪时能否让肉块表面形成一层松脆的外皮，能否锁住水分，不让肉汁溢出，就变得更加重要了。因为与未绞过的肉相比，碎肉末的表面积变大了很多。所以，肉纤维细胞里贮藏的水分的流失速度变得飞快，肉质会变得干涩。因此，在制作煎肉饼时，使用鸡蛋、洋葱和泡软的白面包与肉混合而成的面团可以使肉饼变得更加紧实，肉汁含量也更丰富。而烹饪小肉丸时也常常使用很多调味汁来使菜肴变得更多汁。将汉堡肉饼烤得鲜嫩多汁是一件难度更高的事情，你得保证肉里的脂肪含量约为20%。因此，对于牛肩颈肉或背脊肉组成的粗纤维牛肉块而言，你常常需要额外添加脂肪含量更高的配料，才能让肉饼中的不饱和脂肪酸含量变高，这些不饱和脂肪酸会在温度达到60℃左右时开始溶解。如果你想保持肉质的鲜美，也可以采用中火烘烤。

## 用50000瓦的电烤炉进行高温烧烤

由碳钢制成的传统炒锅壁薄、呈半球状，重量轻。它不需要免粘涂层。

很多西方的炒锅都有特氟龙涂层，但这种炒锅亚洲的餐馆里非常罕见。环境温度上升到340℃时，特氟龙材料开始蒸发。有的燃气灶上的涡轮发电机排气口接有至多5个并行的贮气瓶，发热量最高可达50000W。即使是质量最好的铁锅，在短短几分之一秒内能达到的最高烹饪温度也只有2000℃。你可以通过翻炒的方式来掌控火候。食材几乎不用直接接触炽热的炒锅，否则它们马上就会烧糊。在翻炒的过程中，肉被直接抛到炒锅上方冷凝区里的蒸汽中，食物在上抛的过程中可以时不时接触到炒锅上方对流区中更为干燥和冷却的空气。

爆炒肉的煎封规定也适用于所有其他菜肴，从牛里脊切条到薄切小牛肉排或猪肉排，再到用来制作波隆那肉酱调味汁的烤碎肉末。

在世界上绝大多数国家，这种烹饪方法被称为爆炒（Stir Frying），这个词最早出自亚洲，德语词 Pfannenrühren 就是由这个词引申出来的。这并不是指什么异国风味，因为日常随处可见各种炒菜如酸奶油牛肉丝（Boeuf Stroganoff）、苏黎世小牛肉（Zürcher Geschnetzeltes）、土豆香料炒蛋（Bauernfrühstück）、希腊烤肉卷（Pfannengyros）、奥地利葡萄干煎饼（Kaiserschmarrn）、奶油火腿通心粉（Schinkennudeln）、秋葵浓汤（Gumbo）或快炒辣椒。与源自亚洲的爆炒烹饪法相比，欧洲爆炒烹饪法最重要的区别是烹饪温度，除了炒菜外，西方爆炒菜的烹饪温度始终低于250℃，亚洲爆炒菜的烹饪温度是它的8倍。

# 完美的牛排

与牛的品种、屠宰方法、成熟程度、切割方法和运输方法相关的所有选购建议，如果你都了如指掌，也可能在最后的烹饪阶段出现失误。这样的事情本不应发生。

这个世界上真的存在"完美的牛排"吗？游历四方的美食家也许热衷于取自安格斯公牛肉烹制的5厘米厚的带骨肋眼牛排。安格斯公牛在牧场屠宰后进行专业切割，等60天牛肉风干加工成熟后，重量约为1.5b（680克），售价会高于50欧元（约388元人民币），先用真空慢煮的方法缓缓将牛排的核心温度提高到50℃，然后直接放到800℃的牛排烤架上，将牛排双面烤得焦黄。

这真是一件神奇的事情！受美国牛排屋文化影响的牛排流行趋势体现在对厚切牛腩的热衷上。然而，这种厚切牛腩着实吓跑了法国的美食家们，他们偏爱取自夏洛莱牛烹制的薄切的、纤维密集的快熟牛排。这种快熟牛排双面都煎几分钟后就可以出锅了，吃起来几乎还是生的，它被看作是快煎牛排中的顶点。除了这些极端情况以外，每个人都能找到他心中的完美牛排。为了能在自家厨房中烹饪出心中的完美牛排，进行全方位的考虑是值得的。如烹饪时需要考虑牛排热传导的问题。外行人大多想象得很简单，将生冷的、4厘米厚的牛排放进事先预热好的油锅里，热能通过肉纤维均匀地传导出去。可惜的是，实际的烹饪过程完全是另外一回事。这取决于牛排在锅里所处的不同区域及热能怎么从锅底继续传导出去。在近200℃的锅内温度下，约3毫米厚的牛排外层在直接接触热量的情况下灼烧起来，当烹饪温度降至160℃左右时，如果不及时给牛排翻面，它很容易烧焦。干燥后随之而来的是美拉德区，在这里，牛排中的分子发生美拉德反应，散发出诱人的烤肉香。在它上方约1厘米高的蒸煮区，蒸汽分子相互碰撞不停打断美拉德反应的进行。此时，肉纤维中水的温度最高可达100℃，在蒸煮过程中产生肉汁。与此同时产生的蒸汽沿着纤维束向外溢出，甚至将牛排向上抬起一些，经过几分钟的烘烤后，水蒸气蒸发使锅内发出嘶嘶的声响。距离肉边缘处约2厘米位置的肉纤维的温度可达到60~70℃。你可以看到，此时肌肉色素肌红蛋白正在发生变性反应：肌肉色泽从红色过渡到粉红色再变为灰色。烤牛排的基本原理是：将牛排翻得越频繁，蒸煮的肉汁就能将热能传递到牛排越深层的地方。牛排横切面的颜色分层会变得更加均匀，甚至整个烹饪时间都会缩短。这能减少肉汁的损失，在翻转牛排时，牛排内层的肉汁会溅得到处都是。这种烹饪方法与电转烤肉架的工作原理相似，这种烹饪方法的缺点在于：虽然烤肉专家建议每分钟要翻转4次牛排，但是如果按照这一频率在烤架或烤盘里烤牛排，牛排的静置时间会太短，无法使肉的色泽变得诱人。

## 给牛排一点儿静置时间

即使烤牛排时达到了理想的烹饪温度，也不能马上将它切块，因为在这种情况下，牛排中的肉汁会大量溢出。我们常推荐的做法是静置牛排，在烘烤块头大的牛排时，这一点更加重要，它能让牛排变得更加美味多汁。家禽肉、鱼肉和肉末加工制品不需要静置。牛排或煎猪肉排和羊肉排需要静置约5分钟。厚切牛排的静置时间是8分钟（静置时间过了一半后将牛排翻面），牛排需要置于温暖的环境中。从严格意义上来说，当牛排的烘烤温度已经低于理想的核心温度2℃时，你就要将牛排出锅了，因为传导区的导热过程并没有结束。牛排中心部位仍在加热。牛排在静置时是否能产生更多的肉汁，这种论点还未得到科学认证，但是你可以通过上颚来感知。有一种理论表明，牛排的肌纤维（90%由水组成）在烘烤时会发生收缩，肉汁会挤压进肌纤维束的间隙中。在静置的过程中，一部分肉汁重新流回细胞中。这也可能是因为，在烘烤时分解溶化的蛋白质在肉汁的冷却过程中变得越来越浓稠，以至于它留在了细胞间隙中，直到咀嚼时，你才能感受到它。

**1** 喜欢吃生牛排的人，可以选择"一分熟"的牛排。此时，牛排的核心温度通常低于40℃，肉表面只是微微有些热度，内里还是生的。

**2** 当牛排的核心温度在46~52℃时，尽管肉汁呈暗红色至微微带点褐色，但是肉表面不会有血水流出，此时，牛排为"两分熟"。

**3** "三分熟"的牛排中段还有一块肉质呈鲜红色，牛排的核心温度约为55℃。

**4** 对于绝大多数牛排爱好者来说，最受欢迎的牛排核心温度在56~58℃，即"五分熟"。当然，最好先将牛排真空慢煮一段时间，再将整块牛排从边缘到中心反复煎一下。

**5** 与真空慢煮的"五分熟"牛排相比，"七分熟"的牛排只有中心是粉色的，其他部位色泽呈灰色，边缘部分甚至已经熟透了。

**6** 当整块牛排的核心温度超过68℃时，牛排已经完全熟透了。如果选择的是奶牛身上的肉切块烹饪至全熟，肉质会变老，根本嚼不动。

## 自作聪明：烹饪牛排时最常见的误区

为了让煎牛排时令人兴奋的瞬间能起到实际效果，在这里，我简单总结了一些烹饪牛排时最常见的误区。

第一个误区：牛排越精瘦越好。在德国，市场上比较常见的脂肪含量较少的是小公牛肉，它最多只能用来烹制牛肉卷或肉末，不能用来制作牛排。牛排最好取自纯正的肉牛品种，如赫里福德肉用牛（Hereford）、利木赞牛（Limousin）、盖洛韦牛（Galloway）、安格斯牛（Angus）或平茨高尔牛（Pinzgauer），它们的肉块表面有小的、明显可见的大理石花纹。切块两周后，牛肉的色泽会从鲜红色变为红棕色，但是绝对不会呈现浅红色。世界上最贵的牛肉取自日本的神户和牛（Japanischen Kobe Wagyu Rind），它身上几乎一半的肉都是由脂肪纹路组成的。

第二个误区：便宜的牛排也不差。价格低于20欧元（约156元人民币）每千克的牛肉无法烹制出优质的牛排。德国牛的平均屠宰价格为每千克2.5欧元（约20元人民币）。屠宰一头350千克重的牛可以为农户带来约750欧元（约5861元人民币）的收入。美国经验丰富的养殖者饲养赫里福德肉用牛、盖洛韦牛或和牛直至宰杀所需的高级饲料费用可达每头5000美元（约35990元人民币）。因此，宁可少吃点牛肉，也不要购置每千克价格低于20欧元（约156元人民币）的牛排。

第三个误区：取牛排的肉牛越年轻越好。尽管牛在幼年时期的肉质更细嫩，但是牛的年龄在8~18个月时，肉质就变得坚硬和索然无味了。取自小母牛（生第一胎小牛前至约2.5岁的小母牛最佳）和小公牛（被阉割的公牛）的肉烹制的牛排口感最佳。此外，取自加利西亚地区的熟龄肉牛身上核心部位的肉烹制的牛肉扒（取自超过15岁的熟龄肉牛烹制的煎肋肉排）也是价格高昂的精品牛排之一。

第四个误区：牛排切得越薄越好。一块牛排至少要有1.5厘米厚。如果你切得太薄，牛排很容易烤得熟透，肉质变得干涩。在这里，薄切牛里脊肉片是一个特例，在烹饪和牛里脊肉片时，只要双面分别煎上短短数秒即可出锅。快熟牛排也不能煎太久，否则肉质会变硬，但是你需要选择质量上乘的纯正肉牛。里脊肉的理想厚度在4~5厘米，臀肉牛排和无骨肋眼牛排的理想厚度在3~4厘米，而T骨牛排和红屋牛排的肉质要更厚一些。在选购牛肉时，一定要注意牛排的厚度要均匀。

第五个误区：禁止冲洗牛排。从真空袋中拿出的牛肉表面潮湿，常常还带有一股难闻的酸臭味。这是由天然乳酸引起的，只要冲洗牛肉就可以去除这种味道。紧接着，将牛肉放在一块网格板上，使它缓缓恢复到室温，且肉块表面变得干燥。如果它闻起来还有一股酸味，那绝对不能再食用了，应该拿着牛肉去找卖家退货。

第六个误区：去掉牛排的油边。在烘烤前，要不断修整牛肉边缘处长长的油边，这是为了让牛排在烘烤时不会变形。但是，其实牛排的油边不需要去除，因为它能增添美味的油脂。

## 牛排的成熟程度

世界各地的人几乎都爱吃牛排，有人偏爱近生的牛排，有人钟情全熟的牛排。然而，在不同核心温度下，牛排的成熟程度分别为多少呢？下表用6种语言表达牛排的熟度。

| 牛排熟度 | 近生，肉汁呈暗红色 | 内生，肉汁呈暗红色到棕色 | 中心近生，肉汁略呈红色 | 半熟，肉汁呈粉红色 | 接近全熟，肉汁呈浅粉色到灰色 | 全熟，肉汁呈浅灰色至蛋白色 |
|---|---|---|---|---|---|---|
| 德语 | blau | blutig | englisch | rosa | halbrosa | durch |
| 英语 | blue rare, very rare | rare | medium rare | medium | medium well | well done |
| 法语 | bleu | saignant | à point, anglaise | anglaise | demi-anglaise | bien cuit |
| 意大利语 | molto al sangue | poco cotto, al sangue | media cottura, rosa | a puntino | medio | ben cotta |
| 西班牙语 | vuelta, sangrante | poco cocido | jugoso | a punto | bien cocido | muy hecho |
| 中文 | 一分熟 | 两分熟 | 三分熟 | 四分熟 | 五分熟 | 全熟 |
| 核心温度 | 38~45℃ | 46~52℃ | 55℃ | 60℃ | 65℃ | 高于71℃ |

第七个误区：牛排需要味道浓郁的调味料。其实牛排除了需要添加少许盐外，不需要添加任何佐料来增强口感。只有当炙烤的过程结束（牛排开始进入静置状态）时，才需要将胡椒碎撒到牛肉上。以前，厨师在煎牛排时，也喜欢在黄油或调和油中加入一些地中海风味的佐料，如拍扁的蒜瓣或迷迭香嫩枝，以达到增加牛排香味的效果。

第八个误区：不能用高火烘烤牛排。平底锅和油脂始终都很灼热，理想的灼烧温度是稍微低于油脂烟点的温度，蛋白质能快速溶解，在牛排表面形成一层保护壳，使牛排的肉汁不易流失。如果烘烤的牛排温度过低，牛排会淹没在溢出的肉汁中，肉质逐渐变得干涩和坚硬。因此，最好另外再找一个锅来高温烹饪像蘑菇或洋葱这样的配菜。还有一种被证明行之有效的方法是：先用耐高温的油将牛排双面快煎一下，然后去除表面漂浮的油脂，再将牛排放入新鲜的黄油或橄榄油中用中火煎或放在烤箱里慢烤。但是，如果牛排的厚度大于5厘米，优先选择先烤后煎法，而非真空慢煮法，即先用70℃的温度慢烤，再使用高温烘烤的方法使牛排变得松脆可口。

第九个误区：带血的牛排质量不好。牛排不可能一直往外流血水，因为动物屠宰后血已经流干了。当你在切割牛排时，流出的其实是肉汁。肌红蛋白将肉汁染成了红色，当烹饪温度超过71℃时，肌红蛋白分解成正铁肌红蛋白，牛排的色泽就变成灰棕色了。

## 关于牛排气孔的误区

直到最近，人们还确信，在腌制牛排时，在锅中加入灼热的油可以使牛排的气孔处于闭合状态，从而防止食用价值高、香味浓郁的肉汁溢出，使牛排内层鲜嫩多汁，外层松脆可口。这个论点早就被驳斥为谬论，它是在德国一名著名的化学家和以他的名字命名的浓缩肉汁的发明家贾斯特斯·李比希（Justus Liebig）的理论基础上产生的。在1850年，他断定，在快速加热的过程中（不一定要在锅里，也可能在沸水中），牛肉外层的气孔处于闭合状态，牛肉表面会形成一层防水层。当时，这个观点很快就被整个烹饪界所接受，甚至当时最有名的烹饪大师并著有食谱的作者乔治·奥古斯特·埃斯科菲耶（Georges Auguste Escoffier）也接受了这一观点而忽略了事实：只有动物表皮上才有气孔，皮下肌肉组织中并无气孔。直至1930年，李比希的论点才被科学理论推翻：通过近距离观察，牛排的外壳被证明是不能防水的。他也通过自己的观察推断出，如果在密封的状态下，牛排在灼热的油中不会发出嘶嘶声（因为肉汁蒸发了），牛排表面就不会有肌红蛋白染成的红色液体，牛排如果没被切割，盘子里也不会留下红棕色的肉汁。当然，李比希和他的追随者有一点说对了，牛排表面形成的松脆外壳闻起来香味浓郁，食客都垂涎欲滴，因此他们主观上认为牛排本身也变得更鲜嫩多汁了。

尽管牛排表面形成的完美外皮不能完全阻止肉汁溢出，但是能带有浓郁的烤肉香味，还能让肉质变得更加鲜嫩多汁。

## 露天焖炖

在德国，家庭烹饪周中令人期待的是：每星期日，烤炉里的牛排让整个房子都充满了浓郁的烤肉香味。一切美好的事物都值得等待。牛排的焖炖和烘烤也需要数小时的时间。

与烧烤或水煮相比，烘烤和焖炖块头大一些的牛排（煎牛排大致可以区分为去盖牛排或带盖牛排两种）是一种较为新鲜的烹饪方法。在很久以前，人们将肉置于黏土制成的容器中，然后用柴火在地沟里烘烤它。这是如今常见的筒状泥炉的前身，也是像"Big Green Egg"品牌陶瓷烤炉的蓝本。这种类型的烤炉能让肉块均匀受热，适合烘烤羊腿肉或整块家禽肉。对这种烹饪方法而言，温度上下几度或烹饪时间长短几分钟都不会影响肉块的口感。因此，在很多餐厅厨房里还能见到很多传统且温度跨度较大的烤炉，它们基本能满足绝大多数菜肴烹饪的要求。

在家庭厨房中，比较实用的做法是：先将牛排两面分别煎一下，除了有时需要浇上烧烤汁外，你可以直接将牛排放入烤炉中烘烤。在烘烤牛排的过程中，你可以从容地准备菜单上的其他菜肴。同时控制好几道菜肴的烹饪时间本身就不容易，人们经常会手忙脚乱，要么就是到了最后1分钟才将牛排出锅，要么就是将快焖炖好的牛肉放进蒸烤箱中重新加热。无论是将牛肉放在浅口的煎锅里（或者直接放在深口的烤盘或盛液盘里），还是将它放在密封的锅内进行焖炖，整个烹饪过程都由3~4个阶段组成：第一个阶段，将肉块烤成棕色；第二个阶段，中火焖炖；第三个阶段，将烹饪温度下调至比理想核心温度低3℃左右后，进行焖炖；第四个阶段，用铝箔将肉块裹好用80℃的温度进行焖炖，或者将烹饪温度调至目标烹饪温度，将肉块放在电热屉里烘烤。

首先，将牛排表面完全浸在盐中（特例是腌制菜，如醋焖牛肉，它只能采取风干的方法烹制）；其次，将牛排放入大平底锅先煮一会儿，再用如澄清黄油或玉米油这种耐热的油脂稍微煎一下牛排的两面。在这一过程中，牛排的色泽逐渐变为棕色，四周形成了一层香味浓郁的外壳，使之后浇上去的调味汁也散发出一股诱人的烤肉香（美拉德反应）。此外，这一过程也能让牛排的肉汁变得更加丰富。以前，牛排的第一遍烘烤通常在高温烤炉里（炉内温度为230℃）进行，但是与油煎法相比，这种烹饪方法的缺点很多。

通过干燥的炉内空气进行热量传输的速度要比通

过热油进行热传导的速度慢得多。在肉块不适合采用轻煎烹饪法的情况下（烹饪整块家禽肉，或者细嫩、块头较小的肉），如鹅肉，可以直接跳过这个步骤，将它直接放在热空气流通的烤架上烘烤，直至它的色泽转为棕色。像里脊肉或兔肉这种肉质细嫩的肉块根本不需要形成烤皮，你可以用薄薄的覆盖物或干草将肉块包裹起来，避免肉块在直接烘烤的过程中脂肪被分解。

## 烤皮的去留问题

在大多数情况下，烤皮决定了肉块需要密封烘烤还是在流通的空气中进行烘烤。如果你想让猪蹄肉、猪肩胛肉或猪板腱肉、乳猪肉、带皮猪肉卷、脂肪含量高的家禽肉和烤鸡肉表面形成一层松脆的烤皮，至少在烹饪快结束的时候，将盖掀开再烤一会儿。对于那些表面没有形成烤皮的肉块而言，它被烤成棕色的外皮也能让整块肉散发出诱人的香味（其中包括牛前腰脊肉、整块牛背肉、羊腿肉和野猪肉），去盖烘烤也是一种不错的选择。

## 炖煮出的美味

在这里，将先焖后炖烹饪法与通过自动化程序控制的蒸烤箱相结合往往能达到更好的烹饪效果。在烹饪过程中，你可以随时切换不同的烹饪温度，也能随时调节肉块表面的蒸汽量。与此相反，所有需要事先腌制的菜肴，如醋焖牛肉或勃艮第烤肉、红烧牛肉、牛肉卷、嫩烤小牛肉、整块里脊肉、红焖小牛膝或公牛尾肉和牛背

肉，最好采用密封焖炖烹饪法。只有在烹饪快结束前，你才能掀开锅盖，让锅外流通的温度更高的热空气与肉块表面接触，使肉块继续散发出诱人的香味（产生美拉德反应）。与此同时，你也可以通过收汁的方式让肉更入味。

在欧洲国家，焖炖烹饪法在一段时间内也是一种很受欢迎的烹饪方法。由此，法国人还发明了专门适用于焖炖法的搪瓷铸铁恒温焖锅（小炖锅），这种锅至今仍很受欢迎。起初，它是由瓷器或黏土制成的，与19世纪80年代流行的陶制烤锅相似。在法国阿尔萨斯地区，这种焖锅统称为什锦锅。早年间，女士们会将盛满菜肴的煎锅端到村里的面包店里，为了借助烤面包箱里残余的热量来焖菜。后来，由它演变而来的铸铁焖锅被荷兰移民带到了美国，至今仍以荷兰烤肉锅的形式应用于可移动式军厨。

采用这种烹饪方法的关键在于尽可能选择密封性强的锅盖，使锅内的水分不易蒸发。你可以选择重量重且加装了密封垫圈的锅盖，或者借助黏土或盐块来提高锅外缘处的密封性。在法国烹饪界，"焖炖"的烹饪方法称为"烩"。烩指将肉块浸在少量的、鲜美的肉汤中与调味蔬菜一同架在燃烧的煤炭上方焖炖。这种烹饪方法也能产生焖菜的精华：调味汁。这种烹饪方法也完全适用于那些既不适合煎封又不适合采用油炸、蒸煮或水煮等其他烹饪方法烹饪的肉块，主要是那些富含结缔组织的肉、肌腱、软骨、肌腱层、肉皮含量高的肉块，如牛腿肉、牛头肉、牛肩肉、牛尾肉或牛蹄肉。如果采用密封焖炖烹饪法，整个烹饪过程就变得非常复杂。在水

---

## 牛腰肉的切割和分片

从两侧沿着脊柱将肋条上的肌纤维束切出两个长长的口子。

2 将细嫩的牛腰肉切片摆盘。牛骨上剩余的肉适合烹制成冷盘，配上面包一起食用。

## 给牛肩胛肉切片

1 首先，用刀将牛肉关节处显露出来的骨头挑起并剔除。

2 将前肩胛肉到骨头这部分牛肉切片，然后将骨头周围的肉全部切下来。

## 肉在焖炖和烤炉烘烤时所需的烹饪时间

以下表格是烹饪块头大一些的牛肉大致的烹饪时间，以此推论出不同类型的肉在焖炖和烤炉烘烤时需要花费多少时间。表格中的数字是以牛肉的初始核心温度18℃为基准，烤炉的温度测量偏差不超过5%。

| 牛肉类型 | 最佳烹饪方法 | 重量 | 烹饪温度 | 目标核心温度 | 高温烹饪的时间 | 80℃低温烹饪的时间 | 静置时间 |
|---|---|---|---|---|---|---|---|
| 德国烘肉卷 | 轻煎，炖煮至熟 | 1千克 | 160℃ | 80℃ | 60分钟 | 不适合 | 无须静置 |
| 牛里脊肉 | 先轻煎，炖煮至熟，再真空慢煮 | 1.5千克 | 160℃ | 55~58℃ | 30分钟 | 180分钟 | 静置15分钟 |
| 去骨牛前腰脊肉 | 轻煎，炖煮至熟 | 2千克 | 140℃ | 58℃ | 50分钟 | 200分钟 | 静置20分钟 |
| 醋焖牛肉，牛臀肉 | 轻煎，焖炖，最后用燃气慢煮至熟 | 2千克 | 190℃ | 85℃ | 120分钟 | 不适合 | 静置10分钟 |
| 牛肉卷（4份） | 轻煎，焖炖，最后用燃气慢煮至熟 | 0.8千克 | 160℃ | 80℃ | 70分钟 | 240分钟 | 无须静置 |
| 烤小牛肉卷 | | | 180℃ | 70℃ | 90分钟 | 200分钟 | 静置15分钟 |
| 小牛膝圆肉 | | | 180℃ | 65℃ | 60分钟 | 180分钟 | 静置10分钟 |
| 小牛脸肉（4份） | 轻煎，炖煮至熟 | 0.8千克 | 180℃ | 85℃ | 120分钟 | 不适合 | 无须静置 |
| 猪蹄肉 | 将烤箱温度设定至240℃，通风模式下预热30min。再在两种温度间切换烘烤至熟 | 1.5千克 | 180℃/250℃ | 85℃ | 120分钟/15分钟 | 不适合 | 静置10分钟 |
| 猪里脊肉 | 轻煎，烘烤至熟 | 0.6千克 | 160℃ | 65℃ | 25分钟 | 100分钟 | 静置5分钟 |
| 猪肩胛肉 | 将烤箱温度设定至240℃，通风模式下预热30min。烘烤至熟，再放入烤箱中烤至松脆 | 1.5千克 | 180℃ | 75℃ | 100分钟 | 240分钟 | 静置10分钟 |
| 烤整头小乳猪 | 烘烤 | 6~10千克 | 150℃或200℃ | 80℃ | 300分钟 | 不适合 | 静置30分钟 |
| 粉蒸羊排 | 烘烤 | 0.6千克 | 220℃ | 55℃ | 25分钟 | 90分钟 | 静置5分钟 |
| 带骨羊腿 | 轻煎，用燃气炖煮至熟或烘烤 | 2千克 | 180℃ | 65℃ | 80分钟 | 350分钟 | 静置10分钟 |
| 羊腰肉切块（里脊肉，4份） | 先轻煎，焖熟，再真空慢煮 | 0.9千克 | 180℃ | 58℃ | 25分钟 | 45分钟 | 静置5分钟 |
| 山羊前躯肉 | 烘烤 | 1千克 | 160℃ | 70℃ | 60分钟 | 不适合 | 无须静置 |
| 整块兔肉 | 切块，加水将兔肉焖熟 | 2.5千克 | 160℃ | 65℃ | 45分钟 | 90分钟 | 静置5分钟 |

当你将肉裹上盐衣或如图裹上新鲜的高山牧场干草，肉块烘烤后就会散发出独特的香味。

的沸点以下，用中火焖炖位于锅底热传导区的肉块，此外，加入少许液体和蔬菜配菜。位于传导区上方的对流区空气湿度大，这能锁住肉块的水分。烹饪过程中产生的水蒸气凝结在肉块表面和锅壁上，这使肉块变得更加多汁。重要的是，温度更高的煎锅壁上产生的辐射热会使肉块表面温度上升。当肉块的核心温度达到50℃时，蛋白质已经开始溶解了。它的多肽链结构开始解体，进而形成复杂的网状结构。首先，肌肉蛋白凝结成块，纤维变得更加坚固，但是在长达数小时的焖炖过程中又慢慢开始溶解。等肉块的核心温度超过67℃，

肉块中的骨胶原也逐渐转化成明胶，肉块变得更加鲜嫩多汁。但是，需要注意的一点是：当温度变得更高时，肌纤维又会重新连接在一起，使肉质变得既干涩又坚硬。因此，绝大多数焖菜，如牛肉卷、蔬菜炖牛肉、红烧牛肉或焖牛脸肉，以及像牛肩胛肉或块头大一些的牛肉或羊蹄都应该采用中火焖煮。如果你有足够的烹饪时间，那么将烹饪温度调至100~120℃更佳。或者你可以采用低温烹饪法，将烹饪温度控制在80℃，不要加盖，将肉块慢炖数小时。

从原则上看，本书中列举的所有烹饪时间（见164页）都仅供参考。如果你要烹饪熟龄动物的肉块，烹饪时间会明显延长。美国的烹饪研究员内森·梅尔沃德（Nathan Myhrvold）在他长达2400页的著作《当代烹调艺术》（Modernist Cuisine）中写道："当动物的年龄变大时，它们肌肉组织中的骨胶原和肌束的结构也会发生变化。随着动物年龄的逐年递增，肌束会变得越来越厚，肌纤维变得越来越粗。因此，在烹饪时，你需要更多热量和时间，才能使熟龄肉牛坚硬肉块中的骨胶原分解。一般而言，焖炖公牛尾肉需要花费半天时间，而烹饪坚硬的小牛蹄肉只需要花费几小时。"

## 完美的假期烧烤日 10 大禁忌

1　三思而后行：在购置肉块前，你需要先思考，选购的肉块适合计划的烹饪方法吗？或者你预期达到怎样的烧烤效果呢？

2　谨慎选择特价肉。看似便宜的肉常常食之无味，味同嚼蜡。如果你想烘烤块头大一些的肉，最好不要购买小公牛肉。

3　不要选购太精瘦的肉块。在烘烤或焖烤时，肉块中的脂肪、结缔组织和骨胶原都能使肉变得更加鲜嫩多汁。如果肉块太精瘦，最好采用煎封烹饪法将它烹制成烧牛肉或牛肉卷。

4　第三条的特例：牛肩胛肉和烧烤中常见的牛臀肉、牛外腿肉、小米龙或牛肩里脊肉，脂肪少，非常适合采用长时间腌制的方法烹制成勃艮第烤肉或醋焖牛肉。

5　肉块厚度尽可能保持相同厚度，肉块表面没有切割痕迹，否则肉汁会溢出。理想的做法是将块头大的牛肉切成等长等厚的小块。等到要将肉块切片时，才将肉外层的脂肪层和骨头剔除。

6　在轻煎前，不要将肉块提前从冰箱里拿出来静置。推荐的做法是：用海盐将肉块表面涂满，然后放在厨房里静置，直到肉块适应室温。在轻煎前，不撒胡椒碎。

7　如果只是敷衍地将牛排双面轻煎一下的话，直到烤皮形成，肉也还不能烤熟。

8　如果可能的话，使用核心温度计来监测烤炉的烘烤温度。

9　在高温燃气烧烤时，常常用烤肉汁、葡萄酒或其他酱汁浇在肉块表面，并多次给肉块翻面烘烤。

10　等肉静置冷却时，再将由煎锅里残留的烤肉汁组成的调味汁浇到肉块上。

# 对烧烤的热衷

即兴烧烤时，是直接购买现成的仅需5欧元（约38元人民币）的一次性铝盘盛装的巴格湖小烤肠，还是选择功能齐全的燃气烤炉亲自烘烤呢？人们总是在两者之间犹豫。燃气烤炉需要花费数千欧元，然而，无论在哪里，跟谁一同烧烤，没有什么比亲自烤的肉更独特和美味的了。

德国继美国之后也逐渐发展成了一个真正的烧烤大国：在不到10年间，烧烤设备及其配件的市场份额就从2008年的8亿1千万欧元（约63亿元人民币）增长到超过13亿欧元（约101亿元人民币）。光是在2014年的夏日烧烤节上，就有268吨烧烤食物成功出售。最受欢迎的要数红肉（其中包括牛肉、猪肉、羊肉，红肉的销量占总销量的36%左右）了，远超蔬菜和烤肠，后两者各占约25%。灵活度最高的是烧烤设备，它配有一个可以开合的高盖，还可以准确调节烧烤温度，在直接烧烤或间接烧烤之间切换自如。带封闭顶罩的烤炉适合间接烧烤所有块头大的肉块，如牛前腰脊肉、整块牛上脑、厚牛排、羊腿肉、牛肉卷、整块家禽肉或猪肩胛肉。可以先间接烧烤厚一些的生烤肠，再直接烧烤，使烤肠的色泽变成棕色。薄一些的肉块、竹扦肉串、由碎肉和煮过的烤肠制成的烧烤食品不适合采用这种烧烤方法。在这里，不盖顶盖，采用烤炉中火直接烧烤效果更好。在决定选择哪种烧烤模式或设置何种烧烤温度前，首先需要考虑四个问题：在哪里烧烤？烧烤的频率有多高？一般多少人一起烧烤？烧烤设备的价格为多少？回答了这四个问题后，大多数人就能自然而然地了解自己更倾向于哪种烧烤类型了。

## 热衷于用焦炭进行烧烤的人

在德国，木头或煤球仍然是最受欢迎的烧烤燃料。这种类型烤炉设备的价格跨度最大，便宜的一次性烤架

## 提到烧烤，你必须要了解以下这些烧烤行话中最重要的概念

**3-2-1烟熏烧烤法（3-2-1 Methode）**：它是一种适用于肋排肉烧烤的专业烟熏烧烤法，中烟熏烤3小时，包在铝箔里用葡萄酒或苹果汁熏烤2小时，最后再将肉块置于新鲜的腌泡汁中放在煤炭上方熏烤1小时。

**烤皮（Bark）**：它是美味可口的烧烤外皮，由薄薄的外层香料皮和下层的烤皮组成，它是美拉德反应的产物。

**过长的烧烤时间（Long Job）**：一般当烧烤时间超过12小时，我们会用到这个词描述，但更常见于使用烟熏烤炉的时候。

**Minion-Ring烟熏烧烤法**：采用这种烧烤方法，你需要一个水烟烤炉或木炭烤炉，炭盆的外缘处是一圈煤球，一个水碗放在中间，这种烧烤方法可以持续半天都不用补充燃料，还能恒温加热。

**刷料（Moppen）**：在美国，刷料也称为Baste。在烟熏时，人们通常会用一个类似拖把头形状的长木柄毛刷将腌泡汁刷到肉块表面。

**停滞期（Plateauphase）**：停滞期是烟熏过程中发生的一种现象。它指肉的烹饪温度突然长时间停在70℃左右。这是由潮湿的肉块表面的分子蒸发冷却引起的。一旦肉块在烟熏过程中变得干燥，温度又会上升。可以通过刷料来延长烟熏时间，使肉块变得更加酥脆。

**电转烤肉架（Rotisserie）**：指在烧烤时将肉放在一个可以转动的烤肉架上。以前是手动的烤肉架，如今是通过电机来驱动的烤肉架涂抹干料（RUB）：将盐、胡椒碎、大蒜粉、洋葱粉、红椒粉和干辣椒面等干料混合在一起，在烟熏前，将这些调料涂抹在浸过油的生肉上。如果是涂抹湿料，我们会用Wet Rub或Paste这两个词来表达。

**恒温烧烤区（Sweet Spot）**：指烧烤栅上的恒温区。温度因使用的炭火类型而不同。

**蒸发冷却器（Verdunstungskühlung）**：肉块表面的液体蒸发会消耗烧烤食物的热量，让它逐渐冷却。这和我们出汗的原理相似，当我们的汗液蒸发得越快时，我们的皮肤就变得越凉爽。这也是烟熏烧烤中停滞期出现的原因之一。

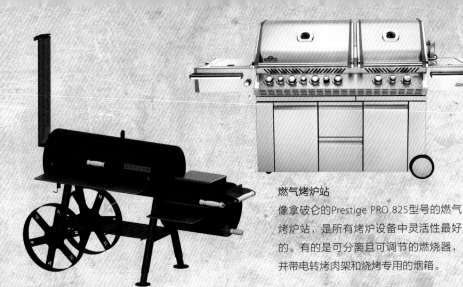

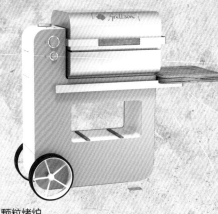

## 燃气烤炉站

像拿破仑的Prestige PRO 825型号的燃气烤炉站，是所有烤炉设备中灵活性最好的。有的是可分离且可调节的燃烧器，并带电转烤肉架和烧烤专用的烟箱。

## 颗粒烤炉

颗粒烤炉的重量超过100千克，如图中这款Bob Grillson Premium型号的颗粒烤炉能够让木屑颗粒维持在某一特定温度长达数小时之久。它是餐厅负责人和技术发烧友的理想烤炉。

## 三合一美式炭火烟熏烧烤炉

三合一美式炭火烟熏烧烤炉的重量大多超过200千克，如图中的这款Brodem型号的烤炉，可以满足许多客人同时烧烤的需求。它还配有烟塔中的烟管，对有些型号的烤炉来说，需要事后补装烟管。

## 电烤炉

如图中这款韦伯（Weber）电烤炉是阳台烧烤或城市露天烧烤的首选。但是，只有当电烤炉的功率调至2千瓦以上时，你才能体验到烧烤的乐趣。

## Kamado陶瓷炭火烤炉

Kamado在日语里指烤箱，如图中这款Monolith型号的重型陶瓷炭火烤炉是一款全能型的烤炉。另一款Big Green Egg型号的烤炉，有不同的尺寸，也被应用于星级厨房中。

## Son of Hibachi自然法则烤炉

自然法则烤炉是一款高质量的、可以轻松搬运的烤炉，它是野外露营等户外烧烤场合的王者。与Hibachi日本烤炉相似，这款自然法则烤炉无法将燃烧后的煤球或木炭块重复再利用。

## 旋转木炭烤炉

旋转木炭烤炉是在Hunsrück烤炉和Saarland烤炉之间发明出来的。通过旋转位于燃烧的山毛榉块上的烤架来达到均衡的烟熏味，使得肉块受热均匀。如Eisen Marx这个型号的烤炉就能达到这一点。

## 火山石燃气烤炉

这是一款将调节性强的燃气暖炉和火山岩（如图中这款Activa型号的）燃气烤炉结合而成的火山石燃气烤炉。它与煤炭燃烧的原理相似，肉在烘烤后产生的脂肪滴到烧烤的食物上引起小小的火舌，发出嘶嘶声。

## 木炭烤炉

木炭烤炉的发明者是韦伯（Weber），它是德国最受欢迎的烤炉。这款烤炉因其巧妙的翻转设计可以按需调节火势。从其他的生产商那里也可以买到具有调温功能的燃气烤炉。

烟熏管也可以熏制块头小一些的肉块，或者能让肉块微微散发出香气。将烟粉撒在烟熏炉中，将烟雾导向玻璃罩下方。在玻璃罩下，肉香能够很好地锁在肉中。

**烧烤也许不是通往世界和平之路，但是通往世界和平的起点。**

——安东尼·伯尔顿

只需要5欧元（约38元人民币），而镀金的烤炉价格最高可达15万欧元（约116万元人民币），如瑞士的诺贝尔铸造烤炉品牌Hajatec。

瑞士的Hajatec诺贝尔铸铁烤炉在烤箱门打开的情况下，能够阻止无气味的危险气体一氧化碳流出。此外，这款烤炉需要足够的使用空间，足以让邻居不被烟雾干扰，绝大多数公寓大楼的阳台都不适合。当然，木炭烤炉可移动性强，火温也极其高，能满足多人烧烤的需求。加装炉盖能在直接烧烤和间接烧烤之间切换，如果采用间接烧烤法，它可以算是露天火炉的一种。采用米尼恩烧烤法（Minion-Methode）的木炭烤炉或陶瓷烤炉因其强大的保温性也能在10小时的总烧烤时间内烤熟大分量的肉块。这些烤炉的缺点是：木炭烤炉的加热时间和冷却时间都比较长，高级的木炭和煤球价格高昂，烟灰也必须及时去除。此外，在烤炉的操作过程中，要小心被炭火烫伤。

## 燃气烤炉

对于只想烧烤少量肉块、想要对温度多一些掌控的实用主义者来说，燃气烤炉是理想的烧烤设备。它是约30%的德国人最喜欢的烧烤设备。它比木炭烤炉或煤球烤炉产生的烟雾更少。从燃烧器的盖板上看，燃气烤炉溅出的油星更少，不像其他两种烧烤方式那么不健康，而且在遇到恶劣天气时，在淡季或甚至在冬天，你

也可以在阳台上进行烧烤。在大型烧烤场所里，在户外也可以操作自如，这也是专业大厨和餐馆老板都很感兴趣的。3~5个独立的可调节的燃烧器可以根据烤披萨、烤面包和烤蛋糕的需求调节不同的档位。甚至还能根据自己的意愿，让木屑在烟熏过程中产生的少许香味通向管道或铝壳。侧燃烧器能帮助你烘烤配菜或调味汁。巨型烤炉的炉盖后方还有一个后烤炉，它能通过烤炉自带的或加配的电转烤肉架使肉变得松脆，同时还不会油光四溅。但是，燃气烤炉的缺点是：绝大多数的燃气烤炉都很重，很难移动，又不是任意地点都能买到燃料。此外，你必须定期检查燃气的连接状态，避免它出现爆炸的危险。根据设备的不同构造，几乎所有的燃气烤炉都无法直接把高温直接传递到烤架上，使火变得旺盛。因此，价格高昂的燃气烤炉常装有额外的牛排强力燃烧器。

## 电烤炉

除了燃气烧烤外，在阳台上用电烤炉进行烧烤是第二受欢迎的烧烤方式。如果使用电烤炉，你也可以在室内或后院里烧烤。因为它完全不会干扰到其他人（整个烧烤过程中不会产生浓烟），电烤炉的性价比高，对孩童安全，不会弄得周围乌烟瘴气，如果突然下雨，也可以马上将电烤炉移到厨房继续完成烧烤。但是，电烤炉丝毫无法带给人一种真实的烧烤感觉，因为电烤炉完全

不会产生烟味，而且它覆盖的烧烤面积太小，无法应付群体聚会的烧烤需求。很多电烤炉的底座都无法确保电路不会受潮。如果功率超过2000瓦，它也能产生烤牛排所需的超过250℃的烧烤温度。

## 烟熏烤架

独具特色的美式野外烧烤爱好者经常与超过30人的发烧友一起组织烧烤聚餐，当花园露台上有足够的空间，烟熏味也不会波及邻居的情况下，Boliden的烟熏烤架绝对是一项明智的选择。这种设备在烘烤时需要花费很大力气，但是无须特殊的养护，优质的钢材几乎不会生锈。受设备限制，你无法随时启动设备进行烧烤或只取少量食材烧烤，因为即使有很多人一同烧烤，除了这台价格高达3万欧元（约23万元人民币）的烟熏烤架外，大多情况下还会有一台小型木炭烤炉或燃气烤架摆在角落里。

## 现代主义烤炉

颗粒烤炉或烟熏烤炉通过燃烧对木头进行再加工，它通过一个调节性强的螺旋输送机将木炭送进燃料室中。这些系统将木炭和燃气的优势完美结合在一起。烧烤时间几乎不受限制，因为在烤炉运行的过程中，颗粒物会不断补给至燃烧室中。因此，现代主义烤炉成为户外烹饪和餐饮服务机构最受欢迎的烹饪设备。

## 气炭两用的混合烤炉

在美国，气炭两用的混合烤炉一直是广受欢迎的畅销品。这个烤炉系统看起来就像一个大型加油站，但是它又将木炭烧烤和燃气烧烤集为一体。一个可以调节高度的炭火盆加一台燃气燃烧器。有的设备侧面还用法兰连接了一个侧火箱，让整个系统变成了一个完整的烟熏炉。在德国，也有很多类似这种集成燃气烧烤和木炭烧烤的混合烤炉或木炭烤炉的生产商。

## 烟熏

如果借助小烟箱置于其他的烧烤系统上，肉放在火候为篝火大小的火上也能散发出烤肉香。如果想将肉块置于温和至灼热的烟雾上烘烤数小时到数天，你只能使用烟熏烤炉。从小型垂直子弹烟熏炉或水烟熏炉，再到看起来像老式火车头的巨型桶式烟熏炉或花园烟熏炉，能烟熏牛前胸肉、肋排肉或手撕猪肉，分量足以满足100人的夏日晚会的用餐需求。但是，这种数量级的设备重量超过300千克，大多出现在连接接合器和充气轮胎的汽车拖车上。像整块猪肩肉或猪肋骨这种大型到巨型肉块烟熏后变得更美味、更酥软，肉汁更鲜嫩多汁。当然，波立顿（Boliden）烤炉完全不适合快速烟熏，它像被装在一个拖着50节运货车厢的蒸汽火车头中，尽管加速也行驶缓慢。将整个燃烧室从110℃加热到120℃，需要花费1小时。另一方面，不用增加补给，烟熏时间可长达25小时，对于那些需要花费数小时烹饪的肉块来说，除了燃气烤炉外，烟熏炉是性价比最高的一种烧烤方法。

1 在侧火箱里加入木头进行灼烧，木头会散发出醇厚的木质香，或者放入煤球，用一个滑阀来调节。

2 一些烟熏炉的火箱盖的设计点在于，有一个砂锅放在上面加热。一些设备还装有一个悬挂式炉格，它可以使肉块在灼热的炭火上进行直接烧烤。

3 温和到灼热的烟雾轻轻熏烤着烤炉里100千克的肉。

4 有的烟熏炉的废气排放管很大，其中可以放置好几层炉格，留出足够的烟熏空间。

# 加热仪器

在肉类的烹饪准备过程中，烹饪方法数不胜数。每种肉类都有其适用的厨房电器或烤架。当然，几乎没有一个专业的烹饪场所和家庭厨房能拥有本页展示的这些工具这么齐全。但是你可以憧憬一下。

### Gas-Beefer燃气烤炉
上烤架温度高达800℃，它可以同时烘烤两块牛排，使牛排表面形成一层松脆、焦糖色的外壳。

### Salamander烤炉
如图中展示的这款Bartscher型号的烤炉能把食物烤成焦黄色，或者通过顶部加热的方式给食物快速加热。它是最常用的烹饪工具之一。它因加热线圈的形状而得名。家用Salamander烤炉大多当作烤炉来使用。

### 慢炖锅（Sous-vide-Garer）
有的慢炖锅看起来像一个坚固的水槽，如图上展示的这款Fusionchef型号的慢炖锅，有的慢炖锅看起来就像一个连接在容器或锅上的可移动恒温器。

### 空气炸锅
如图中这款飞利浦空气炸锅，能完美地将薯条炸熟。但是它只适合烹饪那些事先抹上油的冷冻食品。即使将肉裹在鸡蛋、面包或面包屑里后，肉的水分也会流失而变得很干。

### 电磁炉
电磁炉是专业厨房里必备的黑科技，它能够在烹饪时随时降低烹饪温度。它的最大功率可达7千瓦，烹饪温度和时长与燃气灶相比毫不逊色。家用电磁炉的输出功率一般为3千瓦。

### 独立式蒸锅
图中展示的这款飞利浦蒸锅拥有堆叠式的玻璃分层，对爱好厨艺的人来说，可以同时烹煮多种不同的食材。

### 电炸锅
电炸锅是采用成熟的冷区技术运行的立式烹饪设备，它的价格低廉。如果选择价格高昂一些的内嵌式的超薄电炸锅，如图中这款嘉格纳品牌的电炸锅，可以让食物更快炸熟。

### 模块集成式炭火烧烤架
如图中这款嘉格纳品牌的模块集成式炭火烧烤架，它内置一个狭长形的Domino烧烤炉，你可以在烤炉里放上火山石或将蒸锅置于电动供暖盘管下方。

### 电磁小炒炉
图中展示的是Aeg品牌的一款嵌入式电磁小炒炉。它是现代燃气炉的替代品，但是，电磁小炒炉的功率一般为3千瓦，火候有点欠佳。

### 电陶炉
电陶炉采用最常见的红外线发热技术，整个电陶炉的烘烤温度是相同的。

### 烤盘
烤盘是西班牙和日本铁板烧最受欢迎的烤具，因为它导热性好，且便于清洗。

### 燃气灶
燃气灶一直是专业厨房里最常见的一种烹饪设备，但是它不易清洁。家用燃气灶通常采用甲烷这种天然气，它的输出功率很高，通常可达到7千瓦。

**烟熏烤炉**
烟熏烤炉能让肉类在中火和恰到好处的烟熏中烘烤上数小时之久。Rumo品牌的16盘逆流式烧烤架通过改变烟的流向使得肉块受热均匀。

**燃气烤炉**
如图中这款韦伯（Weber）品牌Summit型号的顶级烤炉，有四个可分离且可调节的燃烧器、电转烤肉架、后烧炉、侧烧炉和烟箱，集全套户外肉类烹饪工具于一体。

**木炭烤炉**
Schickling品牌Premio XL型号的木炭烤炉的烧烤覆盖面积大（71厘米×44厘米），能够同时直接烘烤数块牛排、烤羊肉块和小香肠。如果再配上尺寸合适的盖子，也可以对块头大一些的肉块进行间接烧烤。

**烤箱**
烤箱几乎是全能型烹饪设备，除了像循环空气、炉底加热或烧烤等传统的烤箱功能外，还具备蒸煮和测量食物核心温度的功能。

**蒸烤箱**
如图中这款Aeg品牌的嵌入式蒸烤箱，具备烤炉和蒸锅的功能。

**微波炉**
微波炉是速食烹饪中必不可少的烹饪设备。在星级餐厅里，微波炉只用来给松饼加热。微波炉并不适合加热肉食。

**组合式蒸汽机**
如图中这款Bartscher型号的组合式蒸汽机，用改进后的自动化程序和烹饪串联系统使得烹饪的工序发生翻天覆地的变化。使用组合式蒸汽机烹饪的烤肉、面包或鱼很少有失手的。

# 肉的种类及其适用的烹饪方法一览表（第一部分）

| | 煮 | 水煮 | 油焖（如食用油、黄油等） | 蒸 | 杂烩、一锅烩 | 低温慢煮 | 直接煎封 | 裹在鸡蛋、面包或面包屑后油炸煎封 | 直接烧烤 | 间接烧烤 | 烟熏 |
|---|---|---|---|---|---|---|---|---|---|---|---|
| 整块头部 | KSL | – | – | – | KSL | – | – | – | – | – | – |
| 口鼻部 | RKS | – | – | – | S | – | – | – | – | – | – |
| 整块脸肉、下巴 | – | – | – | – | S | – | – | – | – | S | – |
| 脸颊 | – | – | KSL | K | RKSL | S | – | S | RKSL | RKS |  |
| 面皮 | KS | – | – | – | K | – | – | – | – | – | – |
| 整块颈肉 | S | – | – | – | RKSL | RKSL | – | – | – | RKSL | RKS |
| 颈肉切片 | – | – | – | – | – | – | RKSL | – | RKSL | – | – |
| 上肩肉 | – | – | – | – | – | S | – | – | S | S | – |
| 肩端肉 | – | S | S | – | – | S | S | – | S | – | – |
| 胸肉 | RKSL | – | – | – | RKSL | RKSL | – | – | – | KSL | RKS |
| 胸尖肉 | RKSL | – | – | – | RKSL | RKSL | – | – | – | RKSL | RKS |
| 后胸肉 | RKSL | – | – | – | RKSL | RKSL | – | – | – | RKSL | |
| 肋条肉 | RKSL | – | – | – | RKSL | – | – | – | RKSL | RKSL | RKS |
| 腩肉 | RKLS | – | – | – | RK | – | R | – | R | R | |
| 横膈膜肉 | RL | RL | – | – | – | RL | RL | – | RL | RL | RL |
| 薄腰肉 | RL | RL | – | – | RL | RL | RL | – | RL | RL | RL |
| 腹肉 | – | – | S | – | SL | SL | SL | – | SL | SL | SL |
| 板油 | – | S | – | – | – | – | S | – | – | – | – |
| 带骨肩胛肉 | SL | – | – | – | SL | SL | – | – | – | SL | SL |
| 板腱肉 | RKSL | – | – | – | RKSL | RKSL | – | – | – | RKSL | RKSI |
| 去骨肩肉 | RKSL | – | S | – | RKSL | RKSL | – | – | – | RKSL | RKSL |
| 猪肩肉 | SL | – | – | – | – | – | – | – | – | SL | SL |
| 带骨肩胛肉 | – | – | – | – | – | – | – | – | – | – | – |
| 嫩肩肉 | – | – | R | – | – | R | – | – | – | R | R |
| 前腱肉 | RKSL | – | – | – | RKSL | KSL | – | – | – | RKSL | RKSL |
| 上脑 | RK | – | – | – | RK | RK | RK | – | RK | RK | RK |
| 眼肉、整块肋排 | – | – | – | – | – | – | – | – | – | RKSL | RKSL |
| 战斧牛排 | – | – | – | – | – | – | RKSL | S | RKSL | – | – |
| 背脂 | – | – | – | – | – | – | RS | – | – | – | – |
| 松板肉 | – | – | – | – | – | S | S | – | S | S | |
| 整块后腰肉 | – | KL | KL | KL | – | KSL | – | – | – | KSL | KSL |
| 肋眼牛排 | – | – | – | – | – | RK | RK | – | RK | – | – |
| 整块牛前腰脊肉 | – | – | – | – | – | – | – | – | – | R | R |
| 纽约客牛排 | – | – | – | – | – | RK | RK | – | RK | – | |

注：R = Rind，代表牛肉；K = Kalb，代表犊牛肉；S = Schwein，代表猪肉；L = Lamm，代表羔羊肉。

| 块烟熏 | 切块烟熏（如红烧牛肉、蔬菜炖肉） | 软炸[1] | 煲汤 | 冷熏 | 热熏 | 腌制 | 干燥 | 灌香肠 | 制作肉冻、盐卤 | 制作肉糜 | 食品工业[2] | 工业用途[3] |
|---|---|---|---|---|---|---|---|---|---|---|---|---|
| L | – | – | KSL | – | – | – | – | KSL | KSL | – | KS | KSL |
| – | – | – | RKS | – | – | RKS | – | RKS | RKS | – | RKSL | RKSL |
| S | – | – | S | S | – | S | – | RKSL | – | – | – | RKSL |
| KSL | RKSL | RKSL | – | S | KSL | RKSL | – | RKSL | – | RKSL | – | – |
| – | – | – | – | – | – | KS | – | KS | S | – | RKSL | RKSL |
| KSL | RKSL | RKSL | – | – | – | SL | – | RKSL | – | RKSL | – | – |
| – | – | – | – | – | – | – | SL | – | – | – | – | – |
| S | – | S | – | – | – | – | S | – | – | S | – | – |
| S | – | – | – | – | – | – | S | – | – | – | – | – |
| KSL | RKSL | – | RKSL | – | S | R | – | RKSL | – | RKSL | – | – |
| KSL | RKSL | RKSL | RKSL | – | – | R | – | RKSL | – | RKSL | – | – |
| RK | RKSL | – | RKSL | – | – | R | – | RKSL | – | RKSL | – | – |
| – | – | – | RKSL | S | S | RKSL | – | – | – | – | – | – |
| KL | KL | R | RKSL | – | – | – | – | RKSL | – | – | RKSL | RKSL |
| RL | RL | RL | RL | – | – | – | – | RKL | – | K | RKL | RKL |
| RL | RL | RL | RL | – | – | – | – | RL | – | – | RKSL | RKSL |
| SL | – | SL | SL | SL | SL | SL | – | SL | SL | SL | RK | RKSL |
| – | – | – | – | – | – | – | – | S | – | – | RKSL | RKSL |
| SL | SL | SL | SL | – | – | SL | – | RKSL | – | RKSL | – | – |
| KSL | RKSL | RKSL | RKSL | RS | – | RKSL | – | RKSL | – | RKSL | – | – |
| KSL | RKSL | RKSL | RKSL | RS | – | RKSL | RKL | RKSL | – | RKSL | – | – |
| SL | – | SL | – | – | – | SL | – | – | – | – | – | – |
| – | – | – | RK | – | – | – | – | RK | – | RK | RK | – |
| R | R | R | – | – | – | – | R | – | – | – | – | – |
| KSL | RKSL | – | RKSL | – | SL | RKSL | – | RKSL | RKSL | R | RKSL | RKSL |
| RK | RK | RK | – | – | – | – | – | – | – | – | – | – |
| KSL | – | RKSL | – | – | – | – | – | – | – | – | – | – |
| – | – | – | – | – | – | – | – | – | – | – | – | – |
| – | – | – | – | – | – | – | – | RKSL | – | – | RKSL | RKSL |
| – | S | S | – | – | – | – | – | – | – | – | – | – |
| KSL | – | KSL | – | – | – | – | RKL | – | – | – | – | – |
| R | – | – | – | – | – | – | – | – | – | – | – | – |
| – | – | – | – | – | – | – | – | – | – | – | – | – |

注：①软炸是将肉置于烤箱里进行低温烘烤，温度为80~90℃。②食品工业指这部分肉块被用来作为食品加工的原料。③工业用途指这部分肉用于非烹饪用途，如制作饲料。

# 肉的种类及其适用的烹饪方法一览表（第二部分）

| | 煮 | 水煮 | 油焖（如食用油、黄油等） | 蒸 | 杂烩、一锅烩 | 低温慢煮 | 直接煎封 | 裹在鸡蛋、面包或面包屑后油炸煎封 | 直接烧烤 | 间接烧烤 | 烟熏 |
|---|---|---|---|---|---|---|---|---|---|---|---|
| 纽约客牛排 | – | – | – | – | – | RK | RK | – | RK | – | – |
| 臀肉牛排 | – | – | – | – | – | RK | RK | – | RK | – | – |
| T骨牛排、红屋牛排 | – | – | – | – | – | RK | RK | – | RK | RK | |
| 菲力牛排 | – | KSL | KSL | KSL | – | RKSL | RKSL | – | RKSL | RKSL | |
| 上后腿肉 | – | – | – | – | – | – | – | – | – | SL | SL |
| 沙朗牛排 | – | – | – | – | – | RK | RK | – | RK | – | – |
| 内腿肉 | – | – | – | – | – | – | – | KS | – | – | RKS |
| 腿心肉 | – | – | – | – | – | – | – | KS | – | – | RKS |
| 外腿肉 | – | – | – | – | – | – | – | KS | – | – | RKS |
| 三尖牛排 | RK | – | – | – | – | RK | – | – | – | RK | RK |
| 臀腰肉盖 | RK | – | – | – | – | RK | RK | – | RK | RK | RK |
| 小米龙 | RK | – | RK | – | – | RK | – | – | – | RK | RK |
| 三角肉 | – | – | RKS | RKS | RKS | – | RKS | – | RKS | – | – |
| 粗修膝圆肉 | RK | – | – | – | RK | RK | RK | – | RK | RK | RK |
| 腱肉 | RKL | – | – | – | RKL | – | – | – | – | – | |
| 小腿肚肉 | RKSL | – | – | – | RKSL | – | – | – | – | KSL | RKS |
| 蹄肉 | KSL | – | – | – | KSL | – | – | – | – | – | |
| 尾巴 | RKS | – | – | – | RKS | RK | – | – | – | – | RK |
| 肉骨、骨髓 | RKSL | – | – | – | – | – | RK | – | RK | – | – |
| 脑 | KSL | KL | – | KL | KSL | – | KSL | K | KSL | – | – |
| 胰脏 | KL | KL | KL | KL | KL | – | KL | KL | KL | – | – |
| 舌头 | RKSL | K | K | K | RKS | KL | L | – | RKS | – | – |
| 心脏 | RKSL | – | – | – | RKSL | – | L | – | RKSL | – | R |
| 肺 | RKSL | – | – | – | RKSL | – | KSL | – | SL | – | – |
| 腰 | KL | – | – | – | KL | – | KSL | – | KSL | – | – |
| 板油 | – | – | – | – | – | – | RKSL | – | – | – | – |
| 肝 | – | – | – | – | – | – | RKSL | – | RKSL | – | – |
| 脾脏 | RKS | – | – | – | RKS | – | – | – | – | – | – |
| 睾丸 | RKSL | – | – | – | – | – | RKSL | RK | RKSL | – | – |
| 网膜 | – | – | – | – | – | – | – | – | – | SL | SL |
| 肚 | RKL | – | – | – | RKL | – | RKL | RK | RKL | – | – |
| 胃 | – | – | – | – | – | – | – | – | – | – | – |
| 肠子 | – | – | – | – | – | – | L | – | RKL | – | – |
| 乳房 | RK | – | – | – | RK | – | RK | RK | – | – | – |
| 蹄肉 | – | – | – | – | – | – | – | – | – | – | – |
| 眼睛 | L | – | – | – | – | – | – | – | – | – | – |
| 耳朵 | S | – | – | – | RKSL | – | – | – | – | – | – |
| 肉皮 | – | – | – | – | – | – | – | – | – | – | – |
| 血 | – | – | – | – | – | – | – | – | – | – | – |

| …块烟熏 | 切块烟熏（如红烧牛肉、蔬菜炖肉） | 软炸 | 煲汤 | 冷熏 | 热熏 | 腌制 | 干燥 | 灌香肠 | 制作肉冻，盐卤 | 制作肉糜 | 食品工业 | 工业用途 |
|---|---|---|---|---|---|---|---|---|---|---|---|---|
| – | – | – | – | – | – | – | – | – | – | – | – | – |
| – | – | – | – | – | – | – | – | – | – | – | – | – |
| | | | | | | | | | | | | |
| KSL | RKSL | RKSL | – | – | – | – | RKL | – | – | R | – | – |
| SL | SL | SL | – | – | – | – | – | – | – | – | – | – |
| – | – | – | – | – | – | – | RKL | – | – | – | – | – |
| KSL | RKSL | RKSL | – | – | – | – | RKL | – | – | RKSL | – | – |
| KSL | RKSL | RKSL | – | – | – | – | RKL | SL | – | RKSL | – | – |
| KSL | RKSL | RKSL | – | – | – | – | RKL | – | – | RKSL | – | – |
| RK | RK | RK | – | – | – | – | RK | – | – | RK | – | – |
| – | – | RK | RK | – | – | – | – | – | – | – | – | – |
| RK | RK | RK | – | – | – | – | RK | – | – | RK | – | – |
| – | – | – | – | – | – | – | – | S | – | RKS | – | – |
| RK | RK | – | RK | – | – | – | – | RK | – | RK | – | – |
| RKL | – | – | RKL | – | – | – | – | – | – | – | – | – |
| KSL | RKSL | – | RKSL | – | – | SL | – | RKSL | KS | – | RKSL | RKSL |
| KSL | – | – | KSL | – | – | SL | – | KSL | KSL | – | RKSL | RKSL |
| RKS | – | – | RK | – | – | – | – | RKS | S | – | RKS | RKSL |
| – | – | – | RKSL | – | – | – | – | – | – | – | RKSL | RKSL |
| – | – | – | – | – | – | – | – | KS | – | – | KSL | KSL |
| KL | KL | – | – | – | – | – | – | KL | – | – | – | – |
| RKSL | RKSL | – | RKSL | RKS | – | RKSL | – | RKSL | – | – | RKSL | RKSL |
| RKSL | RKSL | – | – | – | – | – | – | RKSL | – | – | RKSL | RKSL |
| KSL | KSL | – | – | – | – | – | – | RKSL | – | – | RKSL | RKSL |
| – | – | – | – | – | K | K | – | – | – | – | RKSL | RKSL |
| – | – | – | – | – | – | – | – | RKSL | – | – | RKSL | RKSL |
| – | R | – | – | – | – | – | – | RKSL | – | – | RKSL | RKSL |
| – | – | – | – | – | – | – | – | RKSL | – | – | RKSL | RKSL |
| RKSL | – | – | – | – | – | – | – | – | – | – | RKSL | RKSL |
| SL | – | – | – | – | – | – | – | SL | – | – | SL | SL |
| RKL | RKL | – | – | – | – | – | – | RKL | – | – | RKL | RKL |
| – | – | – | – | – | – | – | – | SL | S | – | RKSL | RKSL |
| – | – | – | – | – | – | – | – | RKSL | – | – | RKSL | RKSL |
| RK | RK | – | – | – | – | – | – | RK | – | – | RKL | RKL |
| – | – | – | – | – | – | – | – | – | – | – | – | RKSL |
| – | – | – | – | – | – | – | – | – | – | – | – | RKSL |
| – | – | S | – | – | – | – | – | – | S | – | RKSL | RKSL |
| – | – | – | – | – | – | – | – | S | – | – | S | RKSL |
| – | – | – | – | – | – | – | – | RKSL | – | – | RKSL | RKSL |

# 烹饪食谱

肉类菜肴全收录：这里除了各国经典肉类名菜，如维亚纳炸猪排、匈牙利烩牛肉（牛腿或胸肉），还有来自13家知名顶尖餐厅为我们量身定制的肉食菜谱。我们将为肉食爱好者们呈现各类精美佳肴（肉类及内脏）的制作方法，必定让你垂涎欲滴，打开烹饪新思路。先送上一些美食图片让你一饱眼福，后面将详细讲解如何制作这些菜肴。

# 开胃菜和前菜

从鞑靼牛肉、酸柠檬汁腌牛唇、亚洲风味的烟熏牛里脊，到牛肉萨瓦林和伊比利亚猪肉法式冻派。这些小巧精致的餐点是饭前开胃的不二之选，视觉上让人眼前一亮，品尝起来更是充满层层惊喜。

# 海陆双拼——鞑靼牛肉配挪威海螯虾

清新爽口：诠释这道经典菜肴的最佳食材是牛里脊肉（制成鞑靼牛肉），搭配细腻精巧的海鲜、藜麦和黄瓜。这道菜的关键是确保使用高品质的新鲜食材。

参见"牛里脊"33页
参见"手切肉糜"131页

供应人数：4人份（作为正菜）或2人份（作为前菜）
准备时间：约45分钟
烹饪时间：约40分钟

**海螯虾**
海螯虾（或其他深海虾）4只
海盐4小撮
特级初榨橄榄油4汤匙
龙蒿2棵

**藜麦**
牛尾清汤100毫升
黑藜麦50克

**鞑靼牛肉**
皮尔蒙特榛子仁20克
牛里脊150克
细香葱⊖1/4把
特级初榨橄榄油4汤匙
柠檬半个（柠檬皮磨碎，取少许柠檬汁）

**黄瓜酱**
黄瓜2根，海盐、糖各适量
澳洲青苹果2个，罗勒100克
去叶欧芹50克
芥末菠菜50克（或用酸模代替，酸模又叫野菠菜）
脱脂牛奶100毫升，芥子油1茶匙
龙蒿芥末酱适量

**牛肉凝胶**
牛尾清汤50毫升
石花菜1克，海盐适量

1　烤箱预热，上下火都是80℃。海螯虾剥壳去尾，放在烤盘上，撒上海盐，淋少许橄榄油。龙蒿冲洗后擦干，去除叶片。将海螯虾放入烤箱加热15分钟。

2　将牛尾清汤煮开，加入黑藜麦，煮15分钟左右。熄火，让藜麦在锅内继续浸10分钟，直至谷粒变软，将藜麦捞出来放凉。

3　准备鞑靼牛肉。取一只平底不粘锅，不用放油，将榛子仁放入锅中稍稍焙烤一下，放凉后碾成碎末。牛里脊去筋，剁成极细的肉糜，和榛子碎一同倒入碗中。将细香葱冲洗后充分甩干，切成细小的葱段，和剩余配料放入鞑靼牛肉中，充分混合，盖上盖子静置。

4　黄瓜削皮，去瓤，从黄瓜中段取瓜肉，切成1厘米见方的黄瓜粒，用盐和糖调味后腌制15分钟。将苹果洗净，切成4份，去除果核后切成小丁。罗勒、欧芹洗净晾干，去除叶片。将剩余的黄瓜和苹果丁、罗勒、欧芹、脱脂牛奶、盐、芥子油和龙蒿芥末、芥末菠菜打碎成酱汁，将其过筛，调好的黄瓜酱试一下味道。

5　制作牛肉凝胶。在牛尾清汤中放入石花菜和盐后煮沸，倒入盘中放凉。将凝结后的肉冻放入强力搅拌器，充分搅拌后倒进一只细口瓶中。

6　制作好的鞑靼牛肉根据个人喜好摆盘（借助一只金属环完成造型，摆盘后将其撤掉）。将藜麦在旁铺成带状，其上摆放一只海螯虾。黄瓜粒和牛肉凝胶点缀在左右两侧，搭配鞑靼牛肉。用来淋在牛肉上的黄瓜酱单独摆放在侧。

---

⊖　细香葱又称壮葱、虾夷葱、法葱。

自己切肉
现切的肉糜味道才
好。除了肉的品质，
这道菜里坚果的口感
也是至关重要的：放
置时间过长，已有哈
喇味的榛子仁会毁了
整道菜！推荐买品质
上乘的坚果，入菜
之前要亲自尝一下
味道。

# 酸柠檬汁腌牛唇

　　辛香酸爽：满满异域风情的牛唇肉沙拉，配料有木瓜、姜、甜柠檬、泰国尖椒。初次尝试这道菜的朋友可以少量品鉴，防止过度刺激肠胃。

参见"牛口鼻部"54页
参见"腌制"132页

供应人数：4人份
烹饪时间：约50分钟
腌制时间：4~12小时

**酸汁腌肉**
红洋葱80克
芹菜100克
甜柠檬2个
泰国尖椒半个
蒜1瓣
姜20克
番茄80克
岩盐、棕榈糖、现磨黑胡椒碎各适量
熟牛唇肉300克
木瓜肉80克
甜柠檬汁2~4汤匙，香菜适量
橄榄油4汤匙

1　红洋葱去皮，对半切开，再切成细长条。芹菜洗净，去筋，切薄片。甜柠檬在热水中洗净，擦干，磨去最外层的果皮不用，小心切出剩余果皮，使之与果肉分离。将洋葱、芹菜和柠檬皮倒入碗中，再加入柠檬果肉，贴着碗壁将柠檬汁充分挤压出来后去掉柠檬渣。

2　将泰国尖椒洗净，去蒂，切碎。蒜去皮切成蒜末。姜去皮后磨碎。洗干净的番茄去皮切丁。将蒜末、姜、尖椒碎和番茄丁倒入做法1中，用岩盐、棕榈糖和黑胡椒碎调味，拌匀。

3　熟牛唇肉改刀成合适的大小，放入做法2中混合均匀。

4　木瓜肉切丁倒入做法3中拌匀。可根据个人喜好加入2~4汤匙甜柠檬汁。这道牛唇肉沙拉调味好后，至少冷藏4小时（最好隔夜）让食材充分入味。

5　香菜冲洗后甩干，择去叶片。在沙拉中撒入3/4的香菜叶，充分搅拌均匀。将沙拉装盘，淋上少许橄榄油，再撒上剩余的香菜叶，就可以上桌了。

**购买食材**
牛唇肉现在不是到处都能买到的。
将牛唇肉切薄片，和烤得酥脆的甘薯条一起吃，也非常美味！

# 公牛三拼

三道精致小菜组合拼搭起来，几乎就是一个完整的主菜了：生牛里脊肉完美开胃，接着是慢炖后裹上面包糠炸至金黄的公牛尾，以及柔嫩的牛肝配萝卜芒果沙拉。

🥄🥄🥄

参见"牛尾"54页
参见"牛肝"55页
参见"切肉"128页

**供应人数：** 4人份
**准备时间：** 约2小时
**静置时间：** 约12小时
**烹饪时间：** 约2小时45分钟

## 意式生牛肉片—配油醋汁

生抽50毫升，老抽30毫升，蜂蜜40克，烘焙过的芝麻30克，姜1块，蒜1瓣

## 牛尾丸子

洋葱150克，胡萝卜和芹菜各100克
菜籽油6汤匙，牛尾1千克（切块）
盐、糖各适量
番茄酱20克
波尔图红酒100毫升，普通红酒200毫升
牛肉高汤500毫升，黑胡椒5粒，多香果4粒
丁香3粒，去蒂红尖椒1根，月桂叶1片
百里香和迷迭香各1枝，法式酸奶油40克
现磨黑胡椒碎适量
面粉50克，鸡蛋1个
面包糠100克，与50克芝麻混合
甜柠檬1个，日式蛋黄酱120克
山葵30克，日本水芹少许

## 生牛肉片

橄榄油、海盐、现磨黑胡椒碎、绿叶芹菜、嫩皱叶甘蓝叶各少许
1个柠檬，牛里脊480克
牛奶100毫升，现磨帕尔马芝士粉30克

## 牛肝

白萝卜100克，盐适量，蜂蜜20克，红洋葱半头
芒果肉50克，腌姜30克
去蒂红尖椒1根，香菜叶20克
柠檬1个，洗净去皮榨汁
香油2汤匙，生抽适量
牛肝1片，2厘米厚（重约200克）
大米粉适量，橄榄油2汤匙，黄油30克
现磨黑胡椒碎适量，烤芝麻1～2汤匙

1 制作油醋汁。将生抽、老抽混合蜂蜜煮开，倒入芝麻混匀，姜和蒜去皮磨碎后也倒入油醋汁中，放进冰箱冷藏一夜。

2 烤箱预热，上下火都是135℃。洋葱和胡萝卜去皮，芹菜择干净，都切丁。锅加2汤匙油烧热。牛尾块擦干，用盐、糖调味后倒入油锅，煎至金黄后取出。用剩下的油将洋葱、胡萝卜、芹菜快速翻炒一下，撒上少许糖，继续翻炒到糖开始焦化。将番茄酱倒进锅中，稍稍搅拌翻炒后，再浇入波尔图红酒和普通红酒一同炖煮匀。把牛尾块放回锅里，加入牛肉高汤。撒上黑胡椒粒、多香果、丁香、尖椒、月桂叶、百里香、迷迭香，焖煮2.5小时，直到肉质酥软。然后取出牛尾，将骨头上的肉剔出，切成小块。酱汁过筛，留下约80毫升的量。将肉重新倒入锅里搅拌混合后放凉。再拌入酸奶油，用盐和黑胡椒碎调味，将混合物定型成球状后放凉。

3 制作生牛肉片。在盘子上薄薄地涂上一层橄榄油，撒上适量的盐和黑胡椒碎。芹菜叶冲洗后擦干。将皱叶甘蓝叶片洗净，在煮开的盐水中烫1分钟，捞出晾干。用热水洗净柠檬，擦干，削去表面一层薄皮后挤出柠檬汁。将芹菜叶和甘蓝叶放入碗中，淋上少许柠檬汁腌制片刻。牛里脊切成极薄的肉片，轻轻叠铺在4个盘子上。将芹菜叶和甘蓝叶分撒在每个盘子里，并加入适量盐、黑胡椒碎、柠檬汁和柠檬皮调味。牛奶和帕尔马芝士粉加热到80℃左右，用搅拌器打出沫。在生牛肉片上淋上油醋汁和干酪泡沫，一道开胃前菜就做好了。

4 冷却后的牛尾丸子先在面粉里滚过，接着裹上蛋液，然后均匀沾上面包糠和芝麻。甜柠檬用热水洗净，擦干，削去表层薄皮，挤出甜柠檬汁。将蛋黄酱与山葵混合搅匀，加入甜柠檬皮和少许甜柠檬汁继续搅拌成芥末酱。取一只大号平底锅，将剩余的油加热后，倒入牛尾丸子煎至金黄。在盘子上点上适量芥末酱，牛尾丸子装盘，用日本水芹叶点缀其间。

5　烹饪牛肝。白萝卜削皮，刨成细长的萝卜条，用盐和蜂蜜调味，稍稍腌制入味后倒掉多余的汁液。洋葱去皮，切成条状。芒果肉切丁。将白萝卜、洋葱和芒果混合均匀。腌姜和尖椒切碎，拌入香菜。在沙拉中加入柠檬皮、柠檬汁、香油和少许生抽调味。牛肝洗净，擦干，表面拍上大米粉。平底锅里加橄榄油和黄油烧热，放入牛肝，每面煎90秒左右，用盐、黑胡椒碎调味后静置片刻。将沙拉平铺在盘中，牛肝切薄片摆放在沙拉上，撒上少许芝麻即完成装盘。

# 烟熏牛里脊配水晶粉丝沙拉

这道菜很适合餐前开胃，或在闷热的夏日傍晚当作一道清爽主菜。为了让牛里脊肉在煎和烟熏时能均匀受热，肉块应该大小厚薄均匀。最好买肉时让店家取里脊中段。

参见"牛里脊"33页
参见"烟熏"134页

供应人数：4人份（作为正菜），或4~6人份（作为前菜）
准备时间：约1小时
腌制时间：约8小时
烹饪时间或烟熏时间：约25分钟

**腌制**
姜4克
小豆蔻8克，丁香2个
香菜子5克，孜然芹子6克
黑胡椒粒4克，芥菜子4克
月桂叶2片
新鲜的意大利腊菊2枝，视个人喜好而定
海盐适量，棕榈糖65克，生抽2汤匙

**肉**
牛里脊500克，取中段里脊
葵花籽油2汤匙
烟熏粉4汤匙
烟熏炉

**水晶粉丝沙拉**
红葱头1个（约20克）
尖椒1根（约120克）
葵花籽油1汤匙
荷兰豆100克，盐适量
水晶粉丝100克
青木瓜100克
芒果半个，香菜6~8小枝

**油醋汁**
2汤匙柠檬汁，1汤匙生抽，1汤匙可可奶
1汤匙香油，3汤匙葵花籽油，盐、柠檬胡椒粉各适量

1　制作腌料。姜去皮，切碎，加入小豆蔻、丁香、香菜子、孜然芹子、黑胡椒粒、芥菜子、月桂叶调味后捣成泥状。倒入海盐、棕榈糖和生抽，混合均匀。

2　牛里脊晾干表面水，去除筋膜，均匀抹上做法1的腌料。用容器封好，放进冰箱冷藏8小时使其入味。

3　取出牛里脊，用厨房纸彻底擦去肉表面的腌料，不要有残渣附着。将其放在室温下静置。

4　制作水晶粉丝沙拉。红葱头去皮切碎。尖椒削去表皮，对半切开，去子去蒂，横切成细丝。在平底锅里倒入适量油烧热，红葱头和尖椒入锅稍稍翻炒一下，盛出备用。荷兰豆洗净，去蒂，焯一遍盐水，捞出后再过一遍冰水，取出切细丝。

5　取煮锅，倒入约1升水煮开。粉丝装在碗里，用沸水泡5分钟后将水倒掉，粉丝晾干。青木瓜去皮，擦成丝。芒果削皮后纵向切成三份或2份，再将果肉切成薄片。将除香菜叶以外的所有水晶粉丝沙拉材料倒入碗中搅拌均匀。

6　油醋汁材料倒入小碗里充分混合。

7　平底锅加油烧热，将里脊肉边沿一圈迅速煎熟，然后放置一旁备用。

8 　将烟熏粉倒在烟熏锅中间，嵌入网架后盖上锅盖加
　　热，直到烟熏粉的香气弥漫开。放入里脊肉，盖上
　　锅盖烟熏约15分钟。

9 　将里脊肉从烟熏锅里取出。香菜洗净甩干，摘取
　　叶片。沙拉淋上油醋汁，充分搅拌均匀。里脊肉切
　　成薄片，和水晶粉丝沙拉一起摆盘，最后撒上香菜
　　叶，大功告成。

**腌制和烟熏让这道菜风味十足**
这道沙拉里的牛里脊一定会惊艳你的味蕾！要领是：煎肉之前一定要
把里脊肉上的腌料清理干净，不然很容易烧焦。腌制用的干料可以用
研磨瓶磨成细粉。除了烟熏锅，还可以用普通的带盖煮锅加网格架完
成烟熏。

# 香酥猪肉卷

　　取适量柔嫩多汁的猪腩肉：先腌制一夜，然后文火烤制3小时。或者先用木炭烟熏一下，这种情况就不用在腌肉汁里加烟熏液了。

参见"马鞍猪"58页
参见"腌制"132页

供应人数：4~6人份（作为正菜）或8人份（作为前菜，但沙拉分量需要加倍）

准备时间：约1小时30分钟

浸泡时间：约4小时

发酵时间：约12小时

腌制时间：约12小时

烹饪时间：约3小时

### 多莎饼（印度南部的一种米粉薄饼）用的面糊
去壳切半的黑吉豆（产于印度）50克
去皮切半的鹰嘴豆2汤匙
长粒米150克
葫芦巴籽1茶匙，米糠100克，海盐1茶匙
花生油适量（煎饼用）

### 猪腩肉
德国施瓦本哈尔县出产的带皮马鞍猪腩肉1千克
盐适量，猪油130克，洋葱1头，蒜2瓣
烟熏液（注意可在4~5滴到20毫升之间调节）
印尼甜酱油50毫升，番茄酱1汤匙，红糖1汤匙
现磨黑胡椒碎1茶匙，橄榄油50毫升

### 青木瓜沙拉
青木瓜肉150克
小尖椒1个，蒜1瓣
豇豆或豆角50克
甜柠檬1个，棕榈糖1茶匙
泰国鱼露1~2汤匙
花生碎（未加盐）2汤匙

**1** 制作多莎饼。将黑吉豆、鹰嘴豆、长粒米和葫芦巴籽用冷水浸泡4小时后筛出，浸泡用的水留下。浸泡过的配料放入搅拌机，倒入一杯浸泡用的水，调至最高档搅拌3分钟。加入米糠后继续搅拌3分钟。如有需要可以添加一些泡豆水。将面糊倒入大碗，盖上保鲜膜，在室温下（约22℃）发酵12小时。

**2** 猪腩肉去皮后用盐调味，在平底锅里加入30克猪油，烧热后将肉放入，两面煎熟。洋葱和蒜去皮后切块，与余下配料一起用搅拌机打成腌料。将刷过腌料的猪腩肉和猪皮真空封装（189页步骤1、步骤2）后放入冰箱，至少冷藏12小时入味。

**3** 准备青木瓜沙拉。将青木瓜肉切成长条。尖椒洗净去蒂后切末。蒜去皮切碎。豇豆洗净去筋，切成3~4厘米长的小段。甜柠檬挤出汁。把豇豆、木瓜条、蒜末、尖椒粒用石臼捣2分钟。加入柠檬汁、花生碎，并用棕榈糖和鱼露调味。

**4** 将烤箱温度设定140℃，通风模式下预热。将猪腩肉从真空袋中取出，腌料不用洗掉，将肉放入炖锅中，倒入150毫升水，放进烤箱中炖煮3小时左右，期间可以再加一点水。猪皮放入淡盐水里煮5分钟左右，取出，彻底擦干后，切成1.5厘米见方的块。把剩下的猪油加热到160℃，倒入猪皮丁，煎脆，盛出时在容器里垫上厨房纸巾吸油。炖好的猪腩肉用叉子拆成肉碎，与锅内的炖肉汁搅拌混合。

**5** 在发酵好的面糊里撒上适量盐调味，用搅拌器混合均匀。在平底不粘锅里倒入少许花生油烧热，倒入一勺面糊，只煎一面，见189页步骤3。煎好后将饼盛放一旁保温。把剩余的面糊也都煎成薄薄的多莎饼。将猪肉碎和木瓜沙拉放在饼上，卷好后摆盘。

**1** 用毛刷在猪腩肉各个面都刷上腌料。猪皮也用同样的方法涂刷。

**2** 将猪腩肉和猪皮放进真空袋中封装好。注意不要让任何液体渗入袋中！

**3** 煎多莎饼：用刮勺把面糊薄薄地涂抹在平底锅里，只需煎底面即可。

# 烤猪耳配小虾沙拉

　　剔出猪耳中间的软骨是一道颇为棘手的工序，但有一把锋利的厨刀就能迎刃而解。如果猪耳边沿还有少量猪毛，只要在煮制前用刀刮除或火烤后清理掉即可。

参见"猪耳"76页
参见"切肉"128页

**供应人数：**4人份
**准备时间：**约1小时
**浸泡时间：**约30分钟
**烹饪时间：**约2小时30分钟

## 猪耳朵

猪耳4只
柠檬草1根
小洋葱1头
蒜1瓣，淡酱油40毫升
岩盐1汤匙，糖1汤匙，面粉1~2汤匙
植物油750毫升（油炸用）

## 天妇罗面糊

天妇罗专用面粉100克
冰水200毫升（带1~2块冰块），咖喱粉1小撮

## 沙拉

深海虾200克（去壳去虾线）
岩盐适量，棕榈糖1茶匙
橄榄油40毫升，甜柠檬1个
姜30克，尖椒半个
空心菜150克
豆芽50克

## 其他配料

白芝麻20克，葱2根
岩盐、甜柠檬汁各适量
香菜叶（或泰国罗勒叶）2汤匙

**1** 从猪耳中间取出厚厚的软骨，刮除残留的猪毛。柠檬草洗净，压扁。洋葱和蒜去皮、切半。猪耳放入锅中，倒入2升水，加入柠檬草、洋葱、蒜、酱油、盐和糖。文火炖煮2小时左右，直到猪耳软烂。取出猪耳放凉，切成薄片，放在厨房纸巾上吸干水分。

**2** 往天妇罗面粉里倒入冰水搅拌均匀，再加入咖喱粉调味，静置约30分钟使其入味。

**3** 这期间来准备沙拉用的食材。虾切成较大的虾粒，撒入半茶匙盐和糖调味。在平底锅里倒入适量油加热，油温不宜过高。倒入虾粒，稍稍翻炒，然后和剩余的油一起倒入碗里。用热水搓洗甜柠檬，洗后擦干，用擦丝器将柠檬皮磨碎。将柠檬切成两半，挤出柠檬汁。姜去皮后擦成泥。尖椒洗净去蒂，切碎。将柠檬皮、姜泥和一半尖椒粒放入盛虾的碗里。

**4** 空心菜洗净，择好，将菜叶摘下，菜梗不用。豆芽洗净，晾干。将空心菜叶和豆芽放入盛虾的碗里，用盐、糖、余下一半尖椒和柠檬汁调味，静置片刻使其入味。

**5** 在猪耳上撒少许面粉。油加热至190℃左右。将耳丝均匀裹上天妇罗面糊，放入热油中炸至金黄（注意：小心热油溅出，务必使用防喷溅网）。取出耳丝，放在厨房纸巾上吸油。

**6** 将芝麻倒入平底不粘锅里无油焙香，放置一旁冷却。葱洗净去根，切成葱花。将沙拉盛入盘中。炸好的猪耳用盐和少许柠檬汁调味，铺放在沙拉上。向盘中撒入葱花和芝麻。再用香菜叶稍微装饰一下即可上餐桌。

裹上天妇罗面糊再
油炸过的猪耳丝嚼
起来焦香爽脆。

# Txogitx<sup>⊖</sup>里脊肉配炒蔬菜，伴塔可饼和蓝芝士汁

珍贵的老母牛牛肉呈深红色，大理石纹分布细腻，牛肉香气浓郁。这种特殊牛肉的秘密不在于牛的特定品种，而是饲养方式。8~18岁的母牛常年放养在草地上，经年累月的草饲和由此滋养出的丰富脂肪，你在品尝牛肉的时候便能充分感受到。需要时光沉淀的美味不只有威士忌和葡萄酒。

参见"对烧烤的热表"166页

供应人数：4人份
准备时间：约1小时
腌制时间：约2小时
烹饪时间：约15分钟

**牛里脊**
Txogitx老母牛里脊肉600克（分成小份）
酱油1汤匙，味淋1汤匙
日本清酒1汤匙，蜂蜜1茶匙
香油1汤匙
五香粉半茶匙

**蓝芝士汁**
蒜4瓣
蛋黄80克（4个中号鸡蛋<sup>⊖</sup>），辣酱油2茶匙
覆盆子醋2茶匙
盐适量，奶油200克，戈贡左拉芝士150克
埃斯普莱特辣椒（产于法国）1小撮

**平底锅炒蔬菜**
香菜半把，Taco玉米片80克，牛心甘蓝300克
红栗南瓜200克
花生油2汤匙，盐、糖各适量
糖渍过的芝麻1汤匙

**其他配料**
植物油1汤匙，马尔顿海盐粒适量（给烤肉调味）

1　将牛里脊切成2~3厘米宽的肉块。酱油和其他调料混合搅拌成腌料。肉块浸入两汤匙腌料真空封装好，在室温下腌制2小时入味。腌至1.5小时的时候把烧烤用的木炭点燃。

2　做蓝芝士汁用的蒜去皮切成蒜末，与蛋黄、辣酱油、醋、盐一起倒入容器中，一边隔水加热一边不断搅拌5分钟，直到加热至80℃、酱汁变浓稠为止。将奶油和芝士倒入容器中继续搅拌5分钟，酱汁稍稍变稠即可。用埃斯普莱特辣椒和盐调味，保持酱汁温热。

3　香菜洗净，甩干水分，摘取叶片切碎。将玉米片用手大致捏碎。把牛心甘蓝和红栗南瓜冲洗后擦干，切成细丝。

4　取一个加厚平底不粘锅或中式炒锅，将花生油烧热。倒入牛心甘蓝和南瓜大火翻炒3~4分钟，放盐和糖调味。糖渍过的芝麻撒在蔬菜上，拌入香菜叶和玉米片碎，稍稍搅拌一下，保持温热。

5　将里脊块从腌料里取出，用厨房纸巾小心擦干。烤架上刷少许植物油，肉块每面用大火烤25~60秒。

6　将炒好的蔬菜盛放在预热过的盘子中间。里脊肉块顺着纹理切成片状，摆放在蔬菜上，用马尔顿海盐粒调味。蓝芝士汁环绕一圈浇在盘子边沿，迅速出餐。

**快手酱汁**
蓝芝士汁用料理机也能做出来：蒜、蛋黄、辣酱油、食醋和半茶匙盐倒入料理机中，档位调至5，加热4分钟到80℃。倒入戈贡左拉芝士和奶油，用8档继续搅拌2分钟。用埃斯普莱特辣椒和盐调味后保持酱汁温热。

---

⊖　Txogitx：一种产自西班牙巴斯克地区的高地草饲牛肉，又称"老牛肉"。所用的牛一般是年龄较大的母牛，且通常在宰杀前已多次产仔。
⊖　中号鸡蛋：按照德国鸡蛋尺寸测量标准，重量在53~63克的鸡蛋为中号。

# 牛肉萨瓦林

　　肉冻和萨瓦林（萨瓦林为一种环形蛋糕）爱好者的福音：牛肉冻也可以做成环形蛋糕的
样子。如果没有合适的萨瓦林蛋糕模具，用其他环形蛋糕的模具代替也可。重点是：牛肉要
在不到沸点的相对低温下长时间炖煮。

参见"水煮肉"146页

供应人数：12人份
准备时间：约1小时
冷藏时间或速冻时间：约8小时
烹饪时间：约2小时30分钟

**水煮牛肉**
牛臀尖肉700克，分成小份
牛骨3~4根，牛腱肉1块（切块）
黑胡椒粒1茶匙
多香果2粒，丁香1粒，月桂叶1片
法国香草1份（细胡萝卜1根，根芹80克，韭葱80克，
欧芹几枝）
蒜2瓣，红葱头2头（不去皮）
番茄1个，去蒂香菇3朵，盐适量

**萨瓦林**
胡萝卜130克，根芹、韭葱、盐各适量
吉利丁片9片
欧芹碎2汤匙，白葡萄酒醋、现磨肉豆蔻各适量

**辣根奶冻**
吉利丁片2片，法式酸奶油70克，盐、柠檬汁各适量
现磨辣根1~2汤匙，奶油150克，粗黑麦面包3片
（磨碎）

**苹果韭葱沙拉**
韭葱100克，盐适量，苹果2个（Boskop品种最佳）
蜂蜜1汤匙，白葡萄酒醋1~2汤匙，葡萄籽油2~4汤匙

**油醋汁**
浓缩肉汤30毫升，白葡萄酒醋20毫升
盐、糖、现磨黑胡椒碎各适量
葡萄籽油50毫升

**其他配料**
萨瓦林蛋糕模具1个（1~1.2升容量）
香草1把
细香葱、旱金莲叶各适量

1　锅里倒入3升水煮开，放入两种牛肉焯水后捞出冷却。牛骨同样焯水后取出，用凉水冲洗。再将牛骨放入大量凉水中文火烧开，中途不断撇去浮沫，肉汤开始沸腾的时候，放入两种牛肉，调小火，慢炖不要煮沸。加入黑胡椒粒、多香果、丁香和月桂叶，继续炖一个半小时左右。再放入法国香草。蒜去皮，和红葱头、番茄、香菇一起倒入汤中，放少许盐调味。两种牛肉继续炖煮约45分钟，中途不断撇去浮沫，直到用指腹按压牛肉会有轻微凹陷。将肉取出，用一块湿布盖在上面让其冷却。肉汁用网布过滤后冷却备用。

2　制作萨瓦林。将胡萝卜、韭葱洗净，去根去蒂后切丁。将胡萝卜丁倒入盐水中焯水后捞出冷却。吉利丁片用冷水泡软。根芹冲洗后擦干，切成小段。两种牛肉用切片机切成3~4毫米厚的薄片，再改刀成模具的宽度。肉汁去除油脂，取500毫升，和胡萝卜丁、根芹、韭葱、欧芹混合搅拌，用醋、盐和肉豆蔻调味。将泡软的吉利丁片加热至溶解，倒入肉汤里混合搅拌。在萨瓦林模具里铺上一层保鲜膜，倒入5毫米厚的流质蔬菜肉汁，放入冰箱冷藏定型好。然后在模具中交叉层叠地铺上蔬菜冻和牛肉片，铺满后将模具再次放进冰箱，冷藏5小时以上，满8小时更佳。

3　制作辣根奶冻。吉利丁片用冷水泡软。法式酸奶油加入盐、柠檬汁和辣根调味。加热吉利丁片至熔化，倒入奶油里混合搅拌。打发奶油，取一个小的长方形模具，垫上保鲜膜，倒入2厘米厚的奶油，放进冰箱冷冻3小时。

4   制作沙拉。韭葱洗净去根，切成约5毫米宽的葱丝，撒适量盐调味。苹果削皮，切成4等份，去除果核，果肉切成细丝。将苹果丝和葱丝放入碗中，加入蜂蜜、白葡萄酒醋和油调味，放置片刻入味。

5   制作油醋汁的调料倒入碗中混合搅拌。

6   将萨瓦林模具在热水中浸一下，肉冻倒扣在一块平板上，切成2厘米厚的片，刷上油醋汁后装盘。将沙拉摆放在肉冻旁。用挖球器把辣根奶冻挖成小球取出，裹上粗黑麦面包屑后摆盘。再用香草、细香葱和旱金莲叶点缀其间，淋上剩余的油醋汁，就完成了。

# 伊比利亚猪肉法式冻派

这道开胃菜用伊比利亚猪的里脊部位烹饪而成，这种猪肉带有特殊的香气，将其煎至粉红色，裹上一层精心调味的外衣，再搭配撒有松露的豆角，能品尝到这样的美味，花多少钱也值了。

▮▮▮

参见"伊比利亚猪（西班牙黑猪）"59页
参见"里脊肉"68页
参见"背膘"70页

供应人数：8人份（作为前菜）
准备时间：约1小时30分钟
冷藏时间：6~12小时
烹饪时间：约1小时15分钟

## 法式冻派
伊比利亚猪里脊1块（约300克，可用黑猪里脊代替，切分好）
海盐、现磨黑胡椒碎各适量
橄榄油2汤匙，冷冻的带膘猪肩肉300克
去皮去结缔组织的伊比利亚冷冻猪背膘50克（纯脂肪，可用猪颈肉代替）
中等大小的菠菜叶8片（约9厘米长）
西班牙烟熏红椒粉（甜味）3~4克
冷冻奶油160克，冰块5~6块
切成薄片的伊比利亚黑蹄猪火腿10~12片（可用6片西班牙赛拉诺火腿，或其他火腿代替）
焙炒过的松子仁10克
剁碎的烘干黑橄榄15克
原味开心果仁10克（对半切开）

## 腌豆角
红葱头250克（去皮），优质橄榄油7汤匙
发酵5年以上的意大利香醋50毫升
红波特酒100毫升，禽类高汤100毫升
新鲜香薄荷（又名留兰香）1汤匙（剁碎）
冬季黑松露10克，小牛肉酱或肉汁50毫升
海盐、现磨黑胡椒碎各适量
第戎芥末1茶匙
豆角250克（去蒂，也可用扁豆代替）

## 其他配料
法式冻派模具1个（18厘米x7厘米，1升容量）
橄榄油2~3茶匙（涂抹模具）
杏仁迷迭香酸辣酱4汤匙（见341页）
芝麻菜两把，苦苣和萝卜苗各适量，都洗净去根

**1** 制作法式冻派。将里脊肉擦干，从中段切取一块18厘米长的肉，保持均匀的厚度（约2.5厘米），用盐和黑胡椒碎调味，然后放进冰箱冷藏。取平底锅加油烧热，放入里脊肉，将其各个面快速煎烤45秒，然后取出，晾干汤汁，再用保鲜膜紧紧卷起来，两头封好，继续放进冰箱冷藏。另取100克里脊肉，和猪肩肉、背膘一起切成块状，用绞肉机绞成肉糜，冷冻45分钟。菠菜洗净，在盐水里烫10秒钟，再过一遍冰水，然后将叶片摆放在一块布上吸干水。

**2** 红葱头切碎，锅里倒入两汤匙油，加入红葱头碎小火翻炒一下，然后浇上适量香醋。再加入波特酒炖煮，直到锅里液体收干一半。此时倒入高汤，撒上香薄荷，搅拌均匀，小火煮15~20分钟。松露削皮、磨碎，和小牛肉酱搅拌混合，再次收汁，期间用盐和黑胡椒碎调味加入剩下的油和芥末混合搅拌成腌泡汁。

**3** 冷冻好的肉糜用西班牙烟熏红椒粉、半茶匙黑胡椒碎和一平茶匙盐调味，再加入奶油，迅速搅拌成表面光滑的肉泥，期间一点一点地加入冰块。将肉泥放入冰箱冷藏。在法式冻派模具里抹一层油，垫上保鲜膜，两边各多留8厘米长的边。在模具两侧层叠着铺上火腿，火腿片沿模具边缘垂下约4厘米长，将模具放凉。铺开一层保鲜膜，按197页步骤1~3操作。烤箱预热，上下火75℃。剩下的肉糜和松子仁、橄榄、开心果仁搅拌混合，再按197页步骤4操作。最后用火腿片盖在最上层，用保鲜膜封好，倒置放进烤箱烤制1小时15分钟左右（核心温度58℃。取出模具，晾6~12小时）。

**4** 豆角用盐水焯一遍去涩，在冰水里涮洗一遍后晾干。将豆角切成3毫米宽的小粒，倒入做法2的腌泡汁混合。将做法3的猪肉冻派倒置在案板上，去除保鲜膜，切成1.5~2厘米厚的片，和豆角一起装盘，加上一汤匙杏仁迷迭香酸辣酱，再用芝麻菜、苦苣、萝卜苗装饰其上，菜品完成。

**1** 菠菜叶轻轻叠放，铺成一个18厘米×9厘米大的平面。取适量肉糜涂在菠菜叶上，厚度1厘米左右，铺满2/3的平面即可。

**2** 将肉糜抹平。煎好的猪里脊从保鲜膜里取出，如图所示放在肉糜右半边，注意留够约3厘米宽的边缘。

**3** 用菠菜叶紧紧卷住里脊肉，直到将其完全包裹其中。边沿多余的菠菜切除，将肉卷用保鲜膜包好，冷藏1小时。

**4** 在冻派模具里填入一半肉糜，再将肉卷从保鲜膜里剥出来，放进模具，轻轻压实，在肉卷两侧和上面铺上剩余的肉糜，最后将表面刮平。

**大厨提示**

卷里脊肉和菠菜时要注意不能留空隙，可以在卷的过程中不时用针戳一戳肉卷，排出里面的空气。模具填满肉糜后，可以在工作台上铺一块布，将模具用力在台子上敲震几次，确保肉糜塞得足够严实，视情况可以继续加入一些肉泥填补空隙，别忘了最后把表面涂抹均匀。

# 煲肉汤和烩肉

牛尾冻汤配烤面包、洋姜汤配蘑菇牛肝疙瘩、德式越南粉：将肉类蒸熟后放入汤中一同炖菜，风味十足，冷却后呈上桌，总会受到食客的青睐。美味的基础就是打底的浓汤，这里会教大家如何自制这种高汤。

# 牛尾冻汤配烤面包

经典的崭新诠释：将牛尾清汤冻成凝胶状，佐以散发清爽薄荷香气的蔬菜沙拉和酥脆的面包条。不过这道菜还是要多花点时间，因为烹饪完成后牛尾冻汤还要冷藏至少两小时以上。

参见"牛尾"54页
参见"水煮肉"146页

**供应人数：** 6人份
**准备时间：** 约45分钟
**烹饪时间：** 2.5~3小时
**冷藏时间：** 约2小时（检查牛尾汤是否结冻），结冻后再静置5小时

## 汤
牛尾700克（按关节切成小段）
洋葱200克，胡萝卜100克
根芹80克
小番茄1~2个
蒜5瓣，红尖椒1个
葵花籽油40毫升（煎烤用）
番茄糊30克
牛肉高汤1升
调料包1份（月桂叶1片，丁香2粒，多香果2粒，黑胡椒5粒）
法国香草1份（欧芹5枝，百里香2枝，墨角兰1枝，罗勒1枝）
盐、现磨黑胡椒碎各适量
马德拉酒40毫升

## 配菜
红心木瓜80克
沙拉黄瓜100克（削皮去瓤）
小番茄1~2个，盐、糖各适量

## 其他配料
薄荷叶1~2汤匙
橄榄油、烤面包片各适量

**1** 牛尾段冲洗后用厨房纸巾擦干。洋葱、胡萝卜和根芹去皮，切丁。木瓜洗净擦干，切成小块果肉。小番茄洗净切半。蒜去皮切半。尖椒洗净、擦干后对半切开。

**2** 取大锅倒入适量油加热，放入牛尾段，各个面煎至金黄。倒入胡萝卜和根芹一同翻炒。再倒入洋葱，翻炒至稍稍变色。倒入番茄糊搅拌翻炒。然后加入小番茄，翻炒2~3分钟，最后倒入牛肉高汤炖煮。

**3** 汤煮开后转小火，加入蒜、尖椒、调料包和香草，继续炖煮2.5~3小时。期间不断撇去浮沫。

**4** 肉煮软后，取出牛尾段，趁热将肉剥下来，切成小块。在厨房网筛上垫一块洁净的纱布，将牛肉汤过筛后再次倒入锅中，开小火继续炖煮一会儿，再用盐、黑胡椒碎和马德拉酒调味。

**5** 取一杯汤汁用于试味和制作凝胶，将其冷却2小时。冷却后牛尾汤应该呈现出柔软的凝胶质地，入口即化。可以视情况将汤汁熬得更浓稠一些。

**6** 木瓜和黄瓜切丁。番茄洗净后切十字刀，焯水后去皮，切半，去蒂，将番茄肉切成小丁。木瓜、黄瓜、番茄丁混合，用盐和糖调味后倒入网筛滤去汁液。

**7** 将薄荷叶洗净、擦干。做法6和牛尾丁混合。将冻汤盛到深盘中，撒上沙拉，淋上少许橄榄油。再用薄荷叶点缀，凉爽的冻汤配上烤面包片就可以出餐了。

**凝胶试验**
如果牛尾汤2小时后还没有像预期的那样形成凝胶，可以把汤重新加热一下，熬得更浓一点。其实牛尾汤温热的时候吃也很美味！

# 洋姜汤配蘑菇牛肝疙瘩

这道菜用的牛肝要用绞肉机打碎，再用香草调味，重点是：要选薄片的牛肝，这样牛肝疙瘩的质地才会比较紧实，不容易碎掉，口感也更好。

● ● ●

参见"内脏中的精品"55页
参见"肝脏的烹饪准备"137页
参见"水煮肉"146页

供应人数：4人份
准备时间：约1小时
冷却时间：约1小时
烹饪时间：约50分钟

**牛肝疙瘩**

红葱头1头，蒜半瓣，黄油40克
温热的牛奶50毫升，前1天烤的小面包1个
小牛肝200克，鸡蛋1个，面包屑1汤匙
芥末1茶匙，盐半茶匙
现磨胡椒粉、牛角椒各适量，欧芹碎1汤匙
墨角兰碎、雪维菜碎各1茶匙
百里香叶碎1小撮

**洋姜汤**

洋姜（又名菊芋）250克，红葱头2头
葵花籽油2汤匙，黄油50克
盐、现磨胡椒粉、糖各适量
白葡萄酒100毫升，雪莉酒20毫升
牛肉汤（牛骨熬制）120毫升
柠檬汁少许，牛角椒适量
淡奶油200克，法式酸奶油70克

**蘑菇**

迷你杏鲍菇4个，香菇4个
小牛肝菌2个，葵花籽油10毫升
盐、现磨黑胡椒碎各适量，柠檬汁少许
花生油10毫升，核桃碎20克
欧芹碎1汤匙，葱花2汤匙

**其他配料**

盐适量，月桂叶1片，欧芹4根
可生食蘑菇2个，烤洋姜片、雪维菜叶各适量

1　牛肝疙瘩的烹饪准备。将红葱头和蒜去皮，切成碎末。在平底锅中放入适量黄油加热熔化，倒入红葱头和蒜末，稍稍翻炒一下，然后倒入牛奶。小面包放入碗中，浇上热牛奶，使其软化。

2　小牛肝去除结缔组织和表皮，切成小块放入碗中。加入鸡蛋、面包屑、芥末、百里香叶碎、欧芹碎、墨角兰碎、雪维菜碎搅拌混合，腌制10分钟。放入软化的小面包，充分混合后用绞肉机搅碎。将肉糜用盐、黑胡椒碎和牛角椒调味，冷藏1小时。

3　制作洋姜汤。将洋姜削皮，切成片。红葱头去皮，对半切开后再切成条。锅中加入适量油加热，倒入红葱头稍稍翻炒一下。加入黄油和洋姜，用盐、黑胡椒碎和糖调味，继续用小火翻炒10分钟，然后浇入白葡萄酒和雪莉酒，使沉积锅底和锅壁的食物残渣融入汤汁中，再倒入牛肉高汤，炖煮至蔬菜软烂，用柠檬汁和牛角椒调味。最后拌入淡奶油和法式酸奶油，让汤保持温热。

4　杏鲍菇、香菇和牛肝菌去老根切片。在平底锅里倒入适量油加热，倒入菌菇，煎至水分蒸发。用盐、黑胡椒碎和柠檬汁调味。加上花生油和核桃碎，拌入欧芹碎和葱花后保温。

5　取锅倒入适量盐水，放入月桂叶和欧芹煮开。牛肝肉糜再次搅拌均匀，加入适量盐调味后，用勺子挖取成面疙瘩的形状，倒入沸腾的盐水中，煮8~10分钟。将可生食蘑菇去根后切成薄片。

6　用勺子将做法4的菌菇铺放在深盘的中心。上面摆上两块牛肝疙瘩，再往上叠铺一勺做法4的菌菇。洋姜汤过滤后浇在牛肝疙瘩上。最后用烤洋姜片、雪维菜叶和蘑菇片装饰点缀一下，趁热上餐桌。

# 法式羊肉高汤配羊肉丸

　　这道汤品的特色在于食材不同口感的碰撞，以及酸、甜、辣味的精妙结合。推荐你立刻备上两大份这样的清汤，不仅美味爽口，冷冻保存也非常方便。

参见"颈部"87页
参见"烹煮小牛汤"140页
参见"水煮肉"146页

**供应人数：**4人份
**准备时间：**约1小时
**浸泡时间：**约12小时
**烹饪时间：**约4小时15分钟

**豆子**
烘干的小白腰豆125克
蒜半头，月桂叶1片，盐1茶匙

**羊肉高汤**
羊骨250克，洋葱1头，肉桂1根
丁香3粒，孜然芹1茶匙
黑胡椒粒半茶匙
蒜2瓣，胡萝卜1根，大葱1/4根
西芹150克，橄榄油30毫升，盐少许

**羊肉高汤吊汤材料**
羊颈肉250克，姜黄1段（4厘米长），胡萝卜1根
西芹100克，百里香4枝，蛋清1个
高尔帕草（一种风干的伊朗香草，也可用半茶匙风干的百里香或香薄荷代替）1茶匙
石榴汁（不要用浓缩果汁）150毫升

**羊肉丸**
羊颈肉300克，姜1段（4厘米长），尖椒1根，柠檬1个（去皮）
蛋黄1个，鸡蛋1个，面包屑1汤匙，盐适量

**其他配料**
小葱2根，嫩蒜1/4头
橄榄油1汤匙，糖1茶匙，石榴半个（取果粒）
薄荷1/4把，香菜、欧芹各适量（洗净沥干切碎）

**1** 白腰豆提前在冷水里浸泡12小时。沥干后放进锅里，重新倒入2升净水，加入蒜、月桂叶和盐，炖煮1.5小时直到豆子软烂，将其盛出沥干。

**2** 制作羊肉高汤。将羊骨洗净，沥干，表面水分擦净。洋葱去皮切半，将横切面朝下，放到平底锅上无油煎至底部焦黄。将肉桂、丁香、孜然芹、黑胡椒粒用平底不粘锅无油煸炒出香味。胡萝卜削皮，大葱和西芹洗净沥干，切约2厘米长的小段。锅里倒入油烧热，放入羊骨煎至金黄。将洋葱、肉桂、丁香、孜然芹、黑胡椒粒、蒜、大葱、西芹、胡萝卜倒入锅中，放适量盐，倒入2.5升水，大火烧开后转文火慢炖2小时，期间不时撇去浮沫和多余油脂。煮好的汤过筛后放凉，大约留1.5升的肉汤。

**3** 用绞肉机中等孔径的切片把羊颈肉搅碎。姜黄和胡萝卜去皮，和洗净沥干的西芹一起切成小块。百里香洗净晾干。姜黄、胡萝卜、西芹放入绞肉机打碎。蛋清打散后和羊肉之外的配料混合搅拌，倒进放凉的羊肉汤里。汤煮开后小火炖45分钟左右。把表面厚厚的浮沫撇掉。将汤用包着布的漏勺过滤一遍即成羊肉高汤。

**4** 制作羊肉丸。姜去皮切成末。尖椒洗净，去蒂去籽后切碎。将羊颈肉搅成羊肉糜倒入碗中，倒入姜、尖椒和其他配料后混合搅拌，做成12个圆球，放入羊肉汤里煮10分钟左右。

**5** 将小葱洗净，择好，切成葱花。蒜去皮后切薄片，用橄榄油煎至金黄，再撒上少许糖加热至焦糖化。白腰豆用开水烫一遍，沥干后和石榴果粒一起盛放在深盘中。每份盛两个羊肉丸，浇上热乎乎的羊肉高汤，撒上葱花。用焦糖化的蒜瓣装饰一下肉丸，再撒上薄荷、香菜、欧芹点缀其间，即可出餐。根据个人喜好可以搭配烤饼享用。

彩色三和弦
亮眼的红色石榴子、
白色的腰豆、绿色的
葱花和西芹碎给整道
菜增添了不少色彩。
肉桂、丁香、孜然芹
和高尔帕草让肉汤具
有别样风味。

# 夏日一锅烩配前菜与萨尔西洽面疙瘩

　　这道菜用牛骨熬制汤底，搭配了番茄清汁和地中海蔬菜，口感清新，非常适合夏日享用。用面粉混合调味后的萨尔西洽香肠做成的小肉丸在清爽的口感之上又增添了一丝鲜辣。

参见"牛骨髓"54页
参见"烹煮小牛汤"140页

供应人数：4人份
准备时间：约1小时15分钟
晾干时间：约12小时
烹饪时间：约1小时

**番茄清汁**
番茄2千克，盐2茶匙
罗勒1根（洗净晾干）

**肉汤**
牛肉加髓骨1千克，胡萝卜200克，根芹100克
葱150克，花生油2汤匙
丁香2粒，黑胡椒4粒
杜松子4粒，月桂叶2片
干菌菇（各类菌菇）20克
去叶欧芹50克
迷迭香半枝，百里香1枝，风干番茄80克，盐1小撮

**前菜**
茄子80克，盐适量
西葫芦140克，红辣椒、黄辣椒各80克
番茄干（无油）20克
橄榄油2茶匙，现磨黑胡椒碎适量

**萨尔西洽面疙瘩**
橄榄油1茶匙
萨尔西洽猪肉香肠60克（去除肠衣后剁碎）
牛奶170毫升，黄油40克
盐2克、罗勒适量
面粉90克，鸡蛋1个，蛋黄1个

1　制作番茄清汁。将番茄洗净，切成4等份，去蒂，放入盐和罗勒调味，拌匀。在漏勺上垫一张滤布，倒入拌好的番茄，将滤布边缘收紧，用厨房纱线扎好，放置一夜，让番茄汁充分滴滤。

2　制作肉汤。将烤箱上下火调至180℃预热。牛骨用冷水浸泡约10分钟。将蔬菜洗净，择好，切成约2厘米见方的小丁。将牛骨洗净擦干，放入烤盘中，淋上适量花生油。再放入蔬菜丁，在烤箱中加热约15分钟。然后将牛骨倒入锅中。加入剩余配料，倒入0.5升凉水，以及过滤好的番茄清汁。调中火炖煮30分钟左右，然后将汤汁过滤，留取1升。

3　制作前菜。将茄子去皮，切成薄片，放少量盐调味，用厨房纸巾裹好，放置30分钟，使茄子里的水分释出。将西葫芦洗净，红辣椒、黄辣椒削皮，三者去蒂后与番茄干一起切成小丁。在平底锅中倒入1汤匙油加热，红辣椒、黄辣椒和番茄干稍翻炒后倒入西葫芦再一同翻炒2分钟。炒好的蔬菜丁放在一旁冷却。把剩下的油倒入煎烤平底锅中烧热，放入茄子片，两面稍稍煎一下，逼出油脂后将茄子切成小丁。混合所有蔬菜丁，用盐和黑胡椒碎调味。

4　制作面疙瘩。锅中加适量油烧热，放入萨尔西洽香肠稍稍煎一下，然后加入牛奶、黄油和2克盐。分次倒入面粉，直到食材充分混合，不再粘勺，在锅底形成一层白色面糊。熄火放凉片刻，取一只木勺，依次将鸡蛋、蛋黄和罗勒倒入锅中搅拌均匀。

5　取煮锅倒入适量盐水煮开。将面糊倒入带孔的挤花袋中。在砧板上挤成一指厚的小面疙瘩。将面疙瘩倒入沸腾的盐水中煮5分钟左右，然后用漏勺捞出放凉。

6　将做法3的蔬菜丁和萨尔西洽面疙瘩铺在汤碗底部，浇上热气腾腾的肉汤。清爽的夏日一锅烩就做好了，上菜前用深盘分装即可。

# 德式越南粉

酥脆的猪腩佐酸菜沙拉，浸在美味的汤汁中，搭配新鲜香草。最关键的一点来了：猪腩在煎之前要腌制一下，为了不耽误料理，大概需要提前两天腌制。

参见"去骨猪腩肉"72页
参见"水煮肉"146页

供应人数：6人份
准备时长：约45分钟
腌制：约48小时
炖煮：约1小时30分钟

**猪腩**
洋葱1头
猪腩肉750克
腌制盐50克
白胡椒粒10克，杜松子10克
月桂叶10片
葵花籽油1~2汤匙

**汤**
洋葱4头
白胡椒粒5克，杜松子5克
月桂叶10片，盐3克，香芹子适量
芥菜子20克，半个苹果榨汁，酸菜汁250毫升
糖适量

**配菜**
小葱1根，墨角兰叶1汤匙
平叶欧芹1~2汤匙
新鲜酸菜200克

1. 洋葱去皮后切成4等份。将猪腩肉摊平。腌制盐混合1升水后浇在猪肉上。再把洋葱、胡椒粒、杜松子和月桂叶撒在肉上，放置于阴凉处腌制约48小时。

2. 制作汤。洋葱去皮切成小块。将猪腩从腌制水中取出，稍稍晾干。腌肉的水用细网筛过滤一下，混合洋葱块和1.5升水后倒入大锅里。加入胡椒粒、杜松子和月桂叶，再放入盐和香芹子一同煮开，水沸腾后将猪腩放入锅中炖煮约1小时30分钟直至软烂，期间不时撇去浮沫。

3. 取出猪腩肉放凉，煮肉的汤汁过滤到另一口锅中，重新煮开，去除浮沫后收汁到原来的一半。

4. 煮汤汁的间隙里，取500毫升水把芥菜子煮熟，滗掉水后将芥菜子冲洗一下，沥干水分。将芥菜子和苹果汁一起倒入锅中，小火炖煮，如有需要中途可再添一些苹果汁。

5. 收汁后的汤汁与酸菜汁混合，用糖和盐调味。再放入50克煮熟的芥菜子（另取）。

6. 制作配菜。将小葱洗净去根，切成葱花。墨角兰叶、芹菜叶冲洗后轻轻擦干，切成细长条。

7. 将放凉后的猪腩肉横切成片。在平底锅中倒入适量油，放入猪腩肉片，两面煎至香脆。往每只盘子里舀上两汤匙酸菜，然后放上3片猪腩。最后浇上做法5的汤汁，用葱花和墨角兰叶、芹菜叶稍加点缀后即可出餐。

# 烩羊肉配苹果和胡萝卜

　　羊颈肉多汁且带骨，非常适合烧汤或做成烩菜。小火慢炖后的汤汁简直是极品美味。香料和煎肉时产生的焙烤香气给这道菜增添了更丰富的味觉体验。

参见"颈部"87页
参见"水煮肉"146页

**供应人数：**4人份
**准备时间：**约1小时20分钟
**冷却时间：**约12小时
**炖煮时间：**约3小时40分钟

## 制作烩羊肉
胡萝卜5根（约500克）
大洋葱1~2头（约250克）
根芹200克
带骨羊颈肉1.2千克
盐、现磨黑胡椒碎、糖各适量
植物油4汤匙
苹果酒1.9升
黑胡椒粒1茶匙
多香果6粒
海盐10克

## 调料
八角2个
月桂叶3片

## 其他配料
欧芹6根，苹果1个，肉豆蔻适量

**1**　1根胡萝卜、洋葱和根芹去皮后切成约1.5厘米见方的丁。将羊颈肉擦干，用盐和黑胡椒碎调味。在平底锅中倒入3汤匙油烧热，放入羊肉，让其外围一圈充分煎烤。取出煎好的羊颈肉放入大号焖锅。用平底锅里剩余的油将切好的胡萝卜、洋葱、根芹翻炒一下，浇入部分苹果酒后一同倒进焖锅中，然后加水，直至彻底没过羊肉。

**2**　将黑胡椒粒和多香果、海盐、八角及月桂叶塞进调料袋中，放入羊肉锅里。肉烧开后转小火，盖上盖子继续焖煮约3.5小时。冷却一夜。

**3**　次日取出羊颈肉，将羊肉剔骨。然后分离油脂和软骨，将羊肉切成约2厘米见方的块备用。煮肉的汤汁用网筛过滤后收集到锅里，蔬菜放置一旁备用。

**4**　制作汤底，将4根胡萝卜削皮，洗净，稍许留一些绿叶。将煮肉的汤汁加热后放入胡萝卜煮制片刻，不要煮得过烂。捞出胡萝卜后羊汤继续炖煮收汁到约600毫升。煮汤的时候将苹果削皮，切成4等份，去除果核后再切成V字形薄片。取平底锅倒入适量白糖将其烧热至熔化，放入苹果片煎至焦糖色，倒入苹果酒，继续加热收汁。

**5**　羊肉汤用盐、黑胡椒碎、糖和肉豆蔻调味。将羊肉、蔬菜丁和整根胡萝卜倒入汤中加热。欧芹洗净沥干后将其叶片切成细长条。将烩羊肉分装到几只深盘中，每盘放入一整根胡萝卜，用裹着焦糖的苹果片装饰，最后撒上碎欧芹叶，即可出餐。

**充分锁住汤汁**
羊颈肉浸在汤汁中冷却一整夜，这样羊肉不会变得干燥，口感仍然软嫩多汁。

# 煮肉、炖肉

无论是和牛身上像肩胛肉和侧腹横肌肉这种肉质纤细的肉块，还是像羊臀腰肉盖或脾脏香肠这种肉质结实的肉块，如果你选购质量上乘的肉块和动物内脏，采用恰当的水煮方法，就能获得口感上乘的体验。

# 日式和牛肩肉涮涮锅

  日式涮涮锅的常用食材有和牛身上细大理石花纹的肉块、蔬菜和蟹味菇，将这些食材放入锅内，很快就会变成一锅香味浓郁的日式高汤。食客可以根据自己的喜好选择食材和调味汁。

¶¶¶

参见"和牛"29页
参见"牛板腱肉"43页
参见"切肉"128页

供应人数：4人份
准备时间：约1小时
速冻时间：约1小时
烹饪时间：约20分钟

**山椒高汤**
昆布10克
日本木鱼20克（用干制鲣鱼制作）
山椒粉1汤匙（山椒又叫山胡椒）

**配菜**
和牛板腱肉600克
荷兰豆200克
胡萝卜200克
白蟹味菇150克
棕蟹味菇150克
小白萝卜1根（重约500克）

**柚子醋**
酱油3汤匙，甜酱油3汤匙
柠檬汁2汤匙，日本清酒3汤匙

**味噌酱**
浅焙芝麻粒3汤匙
味噌酱（淡味版）1汤匙
糖1汤匙
淡米醋3汤匙
日本甜米酒4汤匙，酱油4汤匙
粗粒第戎芥末酱1汤匙

1  山椒高汤的制作。将昆布洗净放入锅内，加入1升水后用文火煮，直至它变得柔软。加入300毫升冷水，加入日本木鱼后接着慢煮一会儿熄火，添加山椒粉。一旦日本木鱼沉到锅底，将汤汁过滤后备用。

2  配菜准备。将和牛肉分成几份，用铝箔纸缠绕好，放入冰箱中速冻约1小时。将荷兰豆清洗干净，拭干水分。胡萝卜去皮，斜切成薄片。将蟹味菇清洗干净，并将蘑菇的茎剪短一些。将小白萝卜剥皮后刨丝。从冰箱里取出和牛肉，拿一把非常锋利的刀将它切成薄片后装盘。再将蔬菜、蟹味菇和小白萝卜丝摆盘。

3  柚子醋制作。将酱油、甜酱油、柠檬汁和日本清酒倒入一个小碗中，搅拌均匀。

4  味噌酱制作。将浅焙芝麻粒倒入不粘锅内，在无油的状态下翻炒至金棕色后关火，使它冷却，然后放入研钵里磨碎。将味噌酱和糖、米醋、日本甜米酒、酱油和芥末倒入小碗中搅拌均匀，加2汤匙山椒高汤。

5  山椒高汤加热后倒入涮锅内即可端上桌。将柚子醋和味噌酱倒入调料碟后端上桌。用小搅拌棒将和牛肉和剩余的配菜浸入热汤中搅拌，快煮一会儿后浇上调料。

**传统饮食搭配**
一般而言，肉食常用味噌酱，蔬菜常用柚子醋，在食用时，通常还会在食材上撒上萝卜丝。

# 彩色甜菜和羊奶乳酪佐羊臀腰肉盖

这道菜取适量调味汁、腌制的芥菜子、土豆肉汁和焦糖果仁混合制作而成。食醋很适合
腌制蔬菜，土豆肉汁是调料和酸味沙拉酱的最佳基液。焦糖葵花子是非常受欢迎的浇头。

参见"水煮肉"146页

供应人数：4人份
准备时间：约1小时
腌制时间：约3小时
烹饪时间：约3小时

**羔羊臀腰肉盖**
羔羊臀腰肉盖2块（各重约300克）
洋葱150克，胡萝卜100克，芹菜100克
蒜1瓣（去皮后对半切开）
百里香和迷迭香各1枝，月桂叶1片

**甜菜根和腌制的芥菜子**
红、黄、粉甜菜根各2个，盐适量
夏多内葡萄酒醋600毫升，糖330克
八角1~2个，月桂叶3片半
白胡椒4粒，香菜子5粒
多香果2粒，黄芥菜子115克
白葡萄酒醋30毫升

**油醋汁高汤土豆泥**
香葱60克，蒜1瓣
粉质土豆300克，橄榄油2汤匙
黄油25克，海盐25克，现磨黑胡椒碎适量
月桂叶半片，百里香1枝
禽肉高汤1升，夏多内葡萄酒醋25毫升
葵花籽油20毫升，葱花2汤匙
平叶欧芹碎2汤匙，核桃油2汤匙

**羊奶芝士**
羊奶干酪80克，牛奶30毫升（脂肪含量3.5%）
无花果芥末酱20克
海盐、埃斯普莱特辣椒粉适量

**其他配料**
葵花子50克，糖浆20毫升
葵花籽油1茶匙
海盐、马尔顿海盐片、现磨黑胡椒碎各适量
辣根末1汤匙，核桃油少许

**1** 在锅内倒入3升水煮至沸腾，腌制羊肉，低温炖煮羊肉约30分钟。洋葱和胡萝卜去皮，切成4份；将芹菜洗净，擦拭干净，切成块状，和蒜、百里香、迷迭香、月桂叶一起放入羊肉锅中，用文火煮约1小时30分钟。取出羊肉，使它慢慢冷却。过滤汤汁，备用。

**2** 将甜菜根清洗干净，浸入盐水中煮45~50分钟。将它煮至柔软，捞出冷却。将夏多内葡萄酒醋和1升水、320克糖、八角、15克黄芥菜子、多香果、香菜子、3片月桂叶、盐、白胡椒一起煮至沸腾。分别剥去甜菜根的外皮，切8等份后根据不同颜色分别装入3个玻璃罐中。用调味汁浇在甜菜中。在锅内放入200毫升水，加入70克黄芥菜子、盐、剩余的糖和白葡萄酒醋一起煮至沸腾。将剩余的黄芥菜子和半片月桂叶装入玻璃杯中，浇上煮沸的调味汁浸泡一会儿。

**3** 将香葱对半切开，再切成条状。将蒜切碎。刨去土豆的皮后切成块状。在锅内倒入橄榄油和黄油加热，倒入香葱和蒜翻炒至浅金黄色，加入土豆，用盐、黑胡椒碎、月桂叶和百里香来调味，再浇上禽肉高汤。等土豆煮软后，用细滤网将土豆滤成土豆泥，再倒入100毫升肉汁。将土豆肉汁和30克腌制的芥菜子、醋、葵花籽油、核桃油和欧芹碎、葱花一起搅拌均匀成油醋汁高汤土豆泥。将剩余的肉汁和芥菜子存好备用。

**4** 用牛奶和无花果芥末酱将羊奶干酪打成膏状，用盐和辣椒粉调味。尝尝羊奶乳酪的味道，将它注入带嘴的裱花袋。烤箱预热，上下火80℃。用文火煮葵花子和糖浆，直至葵花子的色泽变为浅棕色，搅拌均匀，在葵花子中加入葵花籽油，撒盐，放到烤箱纸上冷却。保留15克，其他存好备用。将羊肉汤重新煮沸，放入羊肉。将腌制好的甜菜根放入烤箱加热。将羊肉切成片后装盘，撒上两种盐、黑胡椒碎和辣根调味。将做法3的油醋汁高汤土豆泥浇在羊肉上，撒上葵花子。在它旁边挤上三团羊奶芝士，在上面放上甜菜根，再浇上核桃油后就可以端盘上桌了。

# 和牛的侧腹横肌肉

　　在德国拜恩州和奥地利，虽然侧腹横肌肉（在美国被称为"裙带牛排"）不是牛肉各部位中最受欢迎的，但它绝对是值得一尝的牛肉部位。

参见"和牛"29页
参见"腹肉牛排（Onglet牛排）"34页
参见"水煮肉"146页

供应人数：4人份
准备时间：约35分钟
烹饪时间：约30分钟

**侧腹横肌肉**
和牛或其他牛的侧腹横肌肉1千克
红糖30克，日本清酒40毫升，牛肉汤800毫升
黑香油30克，黄豆酱油70毫升
柠檬草1株（压扁）
姜1片（切薄些），小尖椒1个
蒜1瓣，海盐适量
土豆淀粉15克（加入2汤匙水调成水淀粉）
现磨荜菝粉适量

**烤时蔬**
迷你胡萝卜4根，小香菇16只
迷你玉米棒4个，蜂蜜1汤匙，黄豆酱油10毫升
甜辣酱10毫升（过滤好）
甜柠檬1个（取皮）
盐、花生油、现磨黑胡椒碎各适量

**腌泡的芒果块**
芒果半个
蜂蜜1汤匙，香油、甜柠檬汁各少许

**山葵蛋黄酱**
山葵粉10克，蛋黄2个，龙蒿芥末半茶匙
甜柠檬汁少许，香油50毫升
葵花籽油50毫升，黄豆酱油少许
甜柠檬1个（取皮）
盐、现磨黑胡椒碎各适量

**其他配料**
芝麻1～2汤匙，细香葱1根
红紫苏1～2汤匙，香菜叶1汤匙

**1** 将牛肉切开，并轻轻擦干水。在锅内倒入糖烤至焦状，再倒入日本清酒。接着，倒入牛肉汤、香油、酱油，搅拌均匀。清洗柠檬草、姜和辣椒，甩干。蒜去皮，对半切开。用盐、柠檬草、姜、小尖椒和蒜给汤汁调味，然后将汤汁快速煮至沸腾。在牛肉上撒盐，放入汤中，再低温水煮约20分钟。

**2** 刨去胡萝卜的表皮，将香菇擦拭干净。清洗玉米棒，甩干。在锅内倒入足量的盐水煮至沸腾。纵向将胡萝卜和小玉米棒对半切开，入盐水快煮一会儿。平底锅内倒入花生油加热，加入香菇快速翻炒。接着，加入胡萝卜、玉米棒，再快速翻炒一会儿。浇上蜂蜜、黄豆酱油和甜辣酱，用甜柠檬皮、盐和黑胡椒碎调味。

**3** 剥去芒果的外皮，将果肉去核后，切成1厘米见方的丁。将芒果丁倒入小碗中，加入剩余的配料混合均匀，使它快速入味。

**4** 在山葵粉中加入2汤匙水搅拌均匀。将蛋黄放入一个搅拌杯中，加入芥末、山葵和甜柠檬汁搅拌均匀。将葵花籽油和香油混合在一起，先采用滴注法混合，再加大比例混合。在蛋黄酱中加入黄豆酱油、甜柠檬皮、盐和黑胡椒碎调味。尝尝蛋黄酱确认它的味道，再倒入带嘴的裱花袋中。

**5** 将牛肉从汤中舀出，放到细筛网上冷却三四分钟。与此同时，重新给肉汤加热，倒入搅拌好的土豆水淀粉，再加入黄豆酱油调味。将牛肉切成5毫米厚的片，再用盐和荜菝粉调味。

**6** 在不粘锅里倒入芝麻，烘烤好置于一旁快速冷却。将细香葱洗净擦干，斜切成葱花。将牛肉放入深口盘中，在上面放入做法2的蔬菜，再浇上肉汤。撒上芒果、细香葱、紫苏、香菜叶和烤芝麻，再抹上山葵蛋黄酱调味即可。

最适合水煮的肉块

侧腹横肌肉或横膈膜肉是肉质结实、粗纤维的肌肉，和牛的侧腹横肌肉或横膈膜肉有明显的大理石花纹。这种类型的肉块最适合采用水煮的烹饪方法，但是采用煎封和烧烤的烹饪方法也非常美味可口。

# 亚洲风味柯尼斯堡白酱炖肉丸

这是对传统美食的改良：熏干和咖喱能赋予小牛肉末独特的口味。柠檬草、凤梨和梅酒让淡味酱汁在椰浆的基础上变得更加丰富。

🥄🥄🥄

参见"制作肉糜"130页
参见"水煮肉"146页

供应人数：4~6人份
准备时间：约45分钟
冷藏时间：约15分钟
烹饪时间：约35分钟

## 肉丸
烤面包4片
小洋葱1头
熏干50克
花生油2汤匙，盐适量
小牛肉末1千克
鸡蛋2个
咖喱粉1茶匙
黄豆酱油2汤匙
白芝麻2汤匙

## 调味汁
小洋葱2头，姜40克
柠檬草2根
新鲜的凤梨果肉200克
柠檬1个，鳀鱼柳40克
黄油140克，面粉6汤匙
梅酒200毫升（可用果味白葡萄酒代替）
米醋100毫升（可用巴萨米克醋代替）
椰奶400毫升
肉汁400毫升
酸豆100克（浸在盐水中）
香油2汤匙，酸奶油4汤匙，盐适量

## 其他配料
罗勒小叶2汤匙

1  将烤面包放入冷水中浸泡至发软。剥去洋葱的皮，切成细丁。将熏干切成小丁。平底锅内倒入油加热，放入洋葱丁和熏干丁翻炒至金黄色。加入盐调味，装盘置于一旁冷却。

2  将小牛肉末连同烤面包和鸡蛋一起倒入碗中，加入咖喱粉、黄豆酱油、芝麻和冷却的洋葱拌酱，一起搅拌均匀，加调味，分成12份，挤成圆形的肉丸，将肉丸冷却约15分钟。

3  在此期间，洋葱和姜去皮，将两者切成细丁。清洗柠檬草，切成大段。将凤梨果肉切成小丁。用热水清洗柠檬，擦干。将柠檬皮小心翼翼地剥下，将鳀鱼柳切成小块。

4  用宽口锅或两只更小尺寸的锅（直径约为24厘米），放入黄油加热熔化，加入洋葱、姜、柠檬草和凤梨丁翻炒至轻微发棕，再撒上面粉。用打蛋器在搅拌的同时将所有食材煎约2分钟。接着，浇上梅酒、盐、醋、椰奶和肉汁后煮一会儿，再搅拌1分钟，放入肉丸和柠檬皮。

5  将肉丸浸在酱汁中煮10~15分钟，一直翻拌。去掉柠檬草，放入酸豆和鳀鱼柳。用香油和酸奶油来提味，再添加盐来调味。冲洗罗勒叶擦干。将肉丸倒入事先预热好的深口盘里，浇上煮汁，撒上罗勒叶。

绞肉
如果你乐意，也可以用绞肉机的薄切片来自己绞小牛肉（如牛外腿肉）。你可以选择黄油土豆或煮熟的洋姜作为配菜。

# 面包丸佐牛杂

　　说到牛杂，不仅仅只包含字面意思上的牛肺，还包括其他像牛舌和牛心等内脏部位，再浇上如丝绒般柔软细腻又带有轻微酸味的白汤酱。

🥄🥄🥄

参见"小牛肺""牛舌"53页
参见"牛舌的烹饪准备"137页
参见"水煮肉"146页

供应人数：6人份
准备时间：约1小时15分钟
腌制时间：约24小时
烹饪时间：约1小时30分钟

**腌制肉汤**
洋葱1头，胡萝卜40克，根芹40克
欧芹茎2～3根，白葡萄酒150毫升，糖30克
月桂叶1片，芥末粒1茶匙，黑胡椒15粒
白葡萄酒醋125毫升，刺柏果10粒，盐20克
柠檬半个（取果皮和柠檬汁）

**牛杂**
生小牛肺1份，（洗净，重约300克）
生小牛舌、生小牛心各适量
香葱4根，黄油90克，面粉60克，白葡萄酒50毫升
小牛肉汁150毫升，奶油150克，法式酸奶油2汤匙
白葡萄酒醋（淡味）适量
盐、现磨胡椒粉、牛角椒、糖各适量
柠檬汁少许

**蔬菜**
红萝卜和黄萝卜（黄色胡萝卜）共180克，根芹80克
盐、现磨黑胡椒碎各适量，黄油30克
柠檬汁少许，冷榨菜籽油10毫升

**烤肉丸**
烤面包1块（提前1天准备好，重约500克）
牛奶150毫升，中号鸡蛋3个
干芝士250克
盐、现磨黑胡椒碎、磨好的肉豆蔻粉、牛角椒各适量
黄油20克

**其他配料**
雪维菜、微型红脉酸模各适量

**1**　洋葱、胡萝卜去皮，和芹菜均切成细丁，将其他配料一起倒入锅内，加750毫升水，小火慢煮。等煮熟后，将腌渍汁盛出冷却。

**2**　将小牛肺、小牛舌和小牛心放入腌渍汁中，静置24小时。第二天，将牛内脏和腌渍汁一起文火煮约1.5小时。

**3**　两种胡萝卜和根芹去皮，均切成条，放入盐水中炖煮，直至胡萝卜和根芹变得有嚼劲，调味后捞出备用。

**4**　将面包切成1.5厘米见方的细丁，放入碗中，浇上冷牛奶，浸泡一会儿。将鸡蛋液拌匀，倒入面包中，加入盐、黑胡椒碎、肉豆蔻粉和牛角椒调味，加入干芝士后制成面包丸，包入保鲜膜中，再用铝箔卷紧。拿一口大锅，倒入足量的水煮至沸腾，加入面包丸，再调低温度慢煮约45分钟，关火冷却。

**5**　小牛内脏捞出冷却。用细滤网过滤煮汁，盛出约500毫升备用。将牛内脏切成片状。香葱切成细丁。在锅内放入黄油熔化，将香葱煎至光滑发亮。加入面粉，煎至半透明，再浇上白葡萄酒。往锅内加入煮汁、小牛肉汁和150毫升水煮至沸腾，加入奶油、法式酸奶油和剩下的黄油搅拌均匀。用白葡萄酒醋、盐、黑胡椒碎和牛角椒给汤酱调味，拌入小牛内脏，再用文火煮一会儿后加糖、柠檬汁尝尝味道。

**6**　在平底锅内倒入30克黄油熔化，将红萝卜、黄萝卜、根芹翻炒一下，加入"蔬菜"中剩余的佐料调味。将面包丸从铝箔纸中取出，切成片状，双面涂上黄油煎烤。用柠檬汁、糖、盐、黑胡椒碎和牛角椒再给小牛内脏调一下味，注意不要太酸，和红萝卜、黄萝卜、根芹、面包丸片一起装盘。撒上雪维菜和酸模，即可上桌。

深思熟虑

用小牛肺做成的巴伐
利亚炖肉不能烧得太
酸，肉质色泽也不能
太深。因此，在油煎
时，不能让裹在小牛
肉肺外面的面粉变成
棕色，而是色泽微微
变色即可。用调味汁
调味时，你可以加
入少许淡味的白葡萄
酒醋。

# 洋姜薯饼和洋姜奶油佐烤脾脏香肠

　　像脾脏这种动物内脏和不起眼、很容易被人遗忘的洋姜也能制出美味。重要的是：脾脏香肠放在锅里时最好连盘一起放入，使它们能够均匀受热。

♠♠♠

参见"肠"76页和"脾"77页
参见"制作肉糜"130页
参见"灌香肠"322页

供应人数：4人份
准备时间：约1小时20分钟
浸泡时间：约30分钟
冷藏时间：约12小时
烹饪时间：约2小时

## 脾脏香肠
人造肠衣1～2根（直径5～6厘米，长40厘米）
猪脾脏450克
迷迭香2枝
盐10克，鸡蛋1个
现磨黑胡椒碎适量
干墨角兰1茶匙
面包粉50克，白葡萄酒醋2汤匙

## 洋姜薯饼
土豆150克，洋姜200克
蛋黄1个，淀粉15克
盐、现磨黑胡椒碎各适量
葵花籽油2～3汤匙

## 洋姜奶油
洋姜500克，盐适量
法式酸奶油1汤匙
糖、现磨肉豆蔻粉、苹果醋各适量

## 其他配料
葵花籽油2～3汤匙
平叶欧芹碎1茶匙
现磨黑胡椒碎适量
热小牛肉汁6～8汤匙

**1** 将人造肠衣放入温水中浸泡约30分钟。清洗脾脏，冲洗干净，拭干。用绞肉机的中等大小的绞肉片将它绞成肉丝后，装入碗中备用。将迷迭香冲洗干净，抖掉水。用戳肉针将肉捣得更细碎一些，加入其他配料倒入塑料裱花袋中，挤入人造肠衣中，旋紧肠衣。最后，再用戳肉针将气泡刺破，用厨房纱线将香肠的末端打成死结。

**2** 在锅内加入足量的盐水，浸入脾脏肉卷，取一个盘子压在上面，以低于沸点的温度慢煮1小时左右。取出香肠，冷却并过夜静置。

**3** 制作洋姜薯饼。削去土豆和洋姜的皮，刨成丝后装在碗里，加入蛋黄和淀粉搅拌均匀，撒上盐和黑胡椒碎调味。取一块菜板，铺上保鲜膜，将洋姜、土豆放在上面，紧紧卷成卷状（直径3厘米），用铝箔纸卷紧，将两端卷紧。在锅内放入足量水煮至沸腾，洋姜土豆卷放入开水中用文火煮约25分钟，取出，过夜冷却。

**4** 制作洋姜奶油。削去洋姜的外皮，切成几大块。在锅内放入足量盐水，将洋姜放入锅内煮30分钟左右，直至煮得发软。接着，把水倒掉，再用纸巾吸掉洋姜表面的水。法式酸奶油和洋姜捣成泥，加入盐、糖、肉豆蔻粉和苹果醋调味。尝尝洋姜泥的味道，置于保温的环境中备用。

**5** 将洋姜卷从铝箔纸中取出，切成约5毫米厚的片，再放入淀粉中滚匀。在平底锅内倒入油加热，将洋姜薯饼双面煎至金黄色，取出，置于保温环境中备用。将脾脏香肠切成1厘米左右的厚片，从人造肠衣中剥离出来，放入面包粉中滚匀。在平底锅内倒入油加热，用大火将脾脏香肠双面煎烤。将洋姜泥和脾脏香肠一起装盘，再摆上洋姜薯饼。撒上欧芹碎、黑胡椒碎，浇上小牛肉汁。将欧芹碎和脾脏香肠拌一下调味后即可上桌。

# 猪肉肝脏香肠汤饺

饮食爱好者必须尝试一下内脏和甜菜的独特组合。用自制的甜菜面团制作猪肉肝脏香肠汤饺需要花费很长时间，但绝对值得一试。

♦♦♦

参见"猪肺""猪心"77页
参见"牛心的烹饪准备"136页
参见"水煮肉"146页

**供应人数：** 6人份
**准备时间：** 约2小时40分钟
**静置时间：** 约12小时
**烹饪时间：** 约4小时10分钟

## 面团

甜菜块茎2个（重约300克）
面粉110克，粗粒小麦粉适量
中号鸡蛋1个，橄榄油1汤匙，盐1茶匙
蛋黄1个（用于涂抹）

## 馅料

甜菜根1个（重约150克）
葵花籽油1汤匙，苹果醋2汤匙
猪肝130克
面包屑40克，中号鸡蛋1个
小牛肝香肠200克（切丁）
盐、现磨黑胡椒碎各适量
猪肺200克
猪心100克，猪腰100克
干百里香1茶匙
干墨角兰1茶匙
丁香2粒，粉红胡椒1茶匙
月桂叶2片，洋葱100克，蒜1瓣
蘑菇5只，黄油50克
红葡萄汁350毫升
波尔图红葡萄酒200毫升
小牛肉汁150毫升
法式酸奶油50克，血肠70克（切小丁）
盐、现磨黑胡椒碎各适量

## 其他配料

甜菜切片6片
西蓝花200克

**1** 制作面团。清洗甜菜，去皮，切成小丁后榨汁。将汁液浓缩到40毫升后置于一旁备用。将粗粒小麦粉、鸡蛋、油、盐和面粉一起倒入碗里。倒入甜菜浓缩汁，揉成光滑的面团。用铝箔纸将面团包裹起来，过夜静置。

**2** 制作馅料。刨去甜菜的外皮，切成细丁。在平底锅内倒入少许油加热，倒入甜菜煎烤，加入醋，将它翻炒至发脆。清洗猪肝，擦干，切成细丁，加入面包屑、鸡蛋、小牛肝香肠、盐、黑胡椒碎和甜菜一起混合炒匀。尝味后盖上盖子密封静置。

**3** 将猪肺清洗干净，去血管，放掉血。在锅内倒入水，加盖用文火煮约3小时，直至猪肺变得柔软。分别清洗猪心和猪腰，清除血液残余，去除表面的结缔组织层和肌腱，将猪心和猪腰切成细丁。拿出猪肺，冷却后清洗干净，切成细丁。将调料倒进研钵里磨得细碎一些。剥去洋葱和蒜的外皮，清洗蘑菇，并将它们切成细丁。烤箱预热，上下火130℃。拿一口耐高温的锅，放入黄油烧熔，放入洋葱、大蒜和蘑菇炒至颜色变浅。将内脏快煎一下，倒入200毫升葡萄汁和葡萄酒，在锅内焖炖约40分钟。再将火调大，收汁。倒入小牛肉汁、剩余的葡萄汁和法式酸奶油。将猪肺之外的所有馅料食材拌匀调好味后，置于保温环境中备用。

**4** 将面团搓条，中间压出凹槽，铺在撒了面粉的工作台上，涂抹上搅拌好的蛋黄。将馅料均匀涂抹在凹槽中包好。用糕点滚轮或刀将汤饺分开，并将末端压紧。在锅内倒入足量盐水，放入汤饺，将温度调低一些，煮5~10分钟。舀出汤饺，置于保温环境中。

**5** 将猪肺盛到事先预热好的深口盘里，再把肝脏香肠汤饺摆在上面。你可以根据个人喜好，选择甜菜切片和西蓝花作为配菜。

猪肺

如果买不到猪肺，可以多买些猪心和猪腰做这道菜。

# 低温慢煮和蒸煮

牛腹骨扒或小牛心、上肩肉或猪腩适合采用低温慢煮、快煎或烧烤的烹饪方法。但是，最完美的烹饪方法还是水煮。只有水煮能让坚硬的肉质变得非常细嫩柔滑。此外，采用蒸的烹饪法将肉块裹在芬芳的外皮里，架在调好味的液体上方烹饪，如将兔背肉置于啤酒上方蒸，味道也很鲜美。

# 酸菜佐侧腹牛排

侧腹牛排的味道浓郁，它最适合的烹饪方法是先低温慢煮，再放入黄油中双面煎烤1分钟。

参见"侧腹牛排"41页
参见"真空低温烹饪"150页
参见"完美的牛排"158页

供应人数：4人份
准备时间：约45分钟
腌制时间：约24小时
烹饪时间：约2小时

**腌制蔬菜**
去皮萝卜1个，去皮甜菜根半个
糖95克，八角2个
覆盆子酒醋40毫升，盐适量
芥菜子1茶匙，白葡萄酒100毫升
去皮独头蒜20个
现磨姜黄粉1茶匙
甜柠檬2个（榨汁），月桂叶2片
迷你黄瓜1个
薰衣草1/4~1/2茶匙，苹果汁80毫升

**牛排**
烤熟的侧腹牛排1块（重约800克）
荜茇2个，迷迭香2枝
蒜2瓣，葡萄籽油40毫升
黄油40克

**炸土豆片**
维特莱特土豆（法国品种，可用普通紫土豆代替）
菜籽油、盐各适量

**欧芹蛋黄酱**
蛋黄1个，第戎芥末1茶匙
葡萄籽油150毫升
平叶欧芹25克
酸奶100克，盐适量

1 将萝卜切成3毫米厚的片，将甜菜根切成条状。将它们放入锅内，加入足量水、80克糖、八角和醋煮至沸腾后，撒上盐调味，倒入玻璃器皿中密封保存。将芥菜子在无油状态下快炒一下，再浇上白葡萄酒，添入独头蒜，再添少许水使独头蒜完全浸在水中，再倒入姜黄、甜柠檬汁、月桂叶和剩余的糖，文火煮20~30分钟，直至蒜软化，但还未煮烂。用盐调味，然后将蒜放入玻璃器皿中密封贮藏。清洗黄瓜，对半切开，去除黄瓜瓤，切成6厘米长、5毫米见方的条状。将薰衣草装入小布袋中，放入真空袋中，再加入盐、苹果汁和黄瓜条密封贮藏。将所有蔬菜腌制约24小时。

2 将牛排表面的水擦干并切成上下两块，将上半部分切成菱形。拿一口不粘锅，放入荜茇，在无油状态下翻炒，然后使它快速冷却。接着，将荜茇放入研钵中捣碎后涂抹在牛排表面。清洗迷迭香并甩干。剥去蒜的外皮，切成薄片。在平底锅内倒入葡萄籽油，将温度调至150℃加热，放入蒜翻炒约3分钟，等到微微变色即可，加入迷迭香，翻炒后关火冷却。将牛排、蒜和迷迭香一起真空密封，将温度调至56℃，煮约1小时15分钟，直至牛排达到54℃的核心温度。

3 削去土豆的表皮，切成薄片，沥干水。将油倒入炒锅或电炸锅内，温度调至175℃，将土豆分几次放入油炸。将炸好的土豆片舀出，放在厨房纸巾上吸油并撒盐调味。

4 欧芹蛋黄酱的制作。将蛋黄和芥末搅拌均匀。缓缓注入油，用打蛋器搅拌均匀。冲洗欧芹，沥干，和4汤匙蛋黄酱混合搅拌成泥状。加入酸奶搅拌均匀，撒上盐调味，尝尝欧芹蛋黄酱的味道。

5 从真空袋中取出牛排，拭干。将黄油放入平底锅内加热至熔化，放入牛排双面各煎烤1分钟。沿着肉质纤维横向将牛排切成约1厘米厚的片，和做法1的蔬菜一起装盘。将炸土豆片和欧芹蛋黄酱分别装盘上桌。

色彩斑斓的配菜
紫色的油炸土豆片、金黄色的洋葱、红色的萝卜和绿色的黄瓜：将腌制和油炸的彩色蔬菜作为粉蒸牛排的配菜，整体搭配让人非常有食欲。再加上自制的奶油色的欧芹蛋黄酱，整道菜就变得更加有滋有味了。

# 扁豆和法兰克福福绿酱佐牛霖烤肉卷

　　小牛肉最适合采用水煮的烹饪方法，因为水煮能让它的肉质变得非常柔软多汁。在大火煎烤状态下，牛肉卷会散发出浓郁的烤肉香味。最重要的是，扁豆和蔬菜主要用来制作沙拉，所以它的烹饪时间不能太长，否则容易煮烂。

参见"腿心肉"44页

参见"让我们开始制作肉卷吧"122页

参见"真空低温烹饪"150页

**供应人数:** 8人份

**准备时间:** 约1小时40分钟

**烹饪时间:** 约1小时

**烤肉卷**

小牛霖肉2.4千克

盐适量，葵花籽油3汤匙

**扁豆沙拉**

蔬菜汁1.5升，盐适量

月桂叶2片

黄扁豆和红扁豆各200克

黑扁豆200克

红洋葱300克

胡萝卜200克

根芹200克

培根100克（切片）

橄榄油3～4汤匙

糖、苹果醋各适量

香葱花30克

**欧芹酱**

法兰克福福绿酱1包（150克，该酱是法兰克福有名的香草酱，由7种不同香料组成）

欧芹2根

香葱2根

大葱40克

青尖椒半根

醋渍黄瓜50克

盐、糖、橄榄油各适量

**其他**

盐、现磨胡椒粉各适量

1　将牛霖表面的水分擦干，纵向切成3块，用厨房纱线将牛霖分别卷成肉卷，用真空袋密封，放入70℃的水中真空慢煮。

2　扁豆沙拉的烹饪准备。在锅内倒入1升蔬菜汁，添入20克盐、1片月桂叶，再放入黄扁豆和红扁豆文火慢煮，直至煮熟。捞出扁豆，快速冷却并沥干。再拿一口锅，将剩余的蔬菜汁、10克盐和剩下的月桂叶一起煮至沸腾。倒入黑扁豆，用文火煮约15分钟。煮熟后捞出快速冷却并沥干。

3　削去洋葱、胡萝卜和根芹的外皮，切成细丁。将培根切成小丁。在平底锅内倒入1汤匙油加热，放入培根快速翻炒一下。接着，加入洋葱，煎至表面光滑发亮。再放入胡萝卜丁和根芹丁，翻炒至酥脆。最后，加入扁豆翻炒，用盐、糖、醋来调味。用剩余的橄榄油给扁豆沙拉调味，尝尝味道适中即可拌入香葱花出锅。

4　欧芹酱的烹饪准备。冲洗欧芹，甩干，摘取小叶。剥去香葱的外皮，清洗大葱和尖椒，拭干后切成小丁。将醋渍黄瓜切块备用。将这些准备好的配菜一起放入搅拌机里，加入一撮盐和糖后开始榨汁。放入适量橄榄油、法兰克福福绿酱，直至欧芹酱达到理想的浓稠度和口感。

5　将牛霖肉放入冰水中快速冷却约5分钟后，从真空袋中取出，拭干后撒上盐调味。在平底锅内倒入油加热，将肉卷放入大火煎烤一下，切成片状。将扁豆沙拉装盘，每只盘子里放入两片小牛霖肉卷，撒上盐，再浇上一勺欧芹酱。剩下的欧芹酱可以单独装碟上桌。

选择新鲜的调料给食物调味

欧芹酱的亮绿色和微辣的味道让食物的口感变得惊艳。欧芹酱能让肉质细嫩的煎小牛肉和微辣的扁豆沙拉的口感变得更丰富。

# 伊比利亚杜洛克猪上肩肉搭配土豆红椒酱

　　脂肪含量高的猪肉往往能带来更好的口感：因此，人们往往会尽可能多地为伊比利亚杜洛克猪提供饲料，直至它们的肌肉组织被纤细的脂肪纹理所覆盖。按照西班牙的猪肉切割方法，人们通常会从猪颈部切下一块深红色的、肉汁含量丰富的肉眼，这个部位的肉通常称为上肩肉。

参见"伊比利亚猪（西班牙黑猪）"59页
参见"真空低温烹饪"150页

供应人数：4人份
准备时间：约1小时30分钟
烹饪时间：约6小时

**猪肉**
伊比利亚杜洛克猪上肩肉800克（切块，可用普通猪肩肉代替）
橄榄油20毫升，蒜泥2撮
盐、现磨黑胡椒碎各适量
荜澄茄（捣碎，又名山苍子），干百里香叶适量
葵花籽油1~2汤匙，烧烤酱30克（参见337页的烧烤湿料）
烟熏海盐适量
1撮蔬菜
烤熟的西班牙腊肠适量（切片）

**橄榄莎莎酱**
香葱1根，盐适量，欧芹20克
甜柠檬半个
利古里亚黑橄榄50克（去核）
现磨黑胡椒粉适量，橄榄油50毫升

**西班牙腊肠原汁**
伊比利亚橡果香肠90克（去皮，可用普通香肠代替）
茴香子1茶匙，苦艾酒50毫升
达特里诺李子番茄10个，干白葡萄酒50毫升
肉汁原浆400毫升
小粉质土豆1个
百里香1枝，盐、现磨黑胡椒碎各适量
埃斯普莱特辣椒粉适量，橄榄油20毫升

**土豆红椒酱**
极耐煮型土豆450克
盐适量，香葱1根，红辣椒1个，黄油50克
糖适量，奶油50克，橄榄油30毫升
现磨黑胡椒碎、烟熏红椒粉、埃斯普莱特辣椒粉各适量

**1**　将猪肉表面的水分擦干，将油、蒜泥、盐、黑胡椒碎、荜澄茄和百里香涂抹在肉块表面。肉块放在真空袋里，将温度调至50℃，蒸煮5小时。

**2**　橄榄莎莎酱的烹饪准备。将香葱切成小丁，浸入盐水中煮2分钟，捞出晾干。将欧芹表面水分甩干，切成碎叶。用热水清洗甜柠檬，擦干，将皮轻轻剥下。将橄榄切成细丁，与香葱、欧芹、甜柠檬皮、盐、黑胡椒碎和橄榄油混合均匀。给莎莎酱调味，使整个酱汁完全入味。

**3**　西班牙腊肠原汁的烹饪准备。将腊肠切成薄片。在无油状态下煎烤茴香子，直至它开始冒烟，倒入苦艾酒，快速收汁。清洗番茄，切成4份，再加入腊肠翻炒，直至腊肠内的油脂流出，倒入白葡萄酒和肉汁原浆，中火慢煮约10分钟。刨去土豆的表皮，擦成丝，放入腊肠锅中。清洗百里香，甩干，放入腊肠锅中用文火煮10分钟左右，用盐、黑胡椒碎和埃斯普莱特辣椒粉调味。过滤西班牙腊肠原汁，加入适量油调味后将它置于保温环境中贮藏。

**4**　土豆红椒酱的烹饪准备：刨去土豆的外皮，切成小丁，置于盐水中煮20~25分钟，直至土豆变软。剥去香葱的外皮，切成细丁。清洗辣椒，拭干，切成小丁。在锅内放入黄油加热至起泡，放入香葱丁和辣椒丁翻炒至颜色变浅，再撒上盐和糖调味。放入土豆一起捣成泥，加入剩余的调料调味。

**5**　将猪肉从真空袋中取出，小心拭干。烤箱预热，上下火60℃。拿一只平底煎锅，倒入油大火加热，放入猪肉大火快煎一会儿，取出。用烧烤酱涂刷在猪肉表面，将它放在烤箱里烘烤5~10分钟。将烤炉温度调高至80℃，让肉块再烘烤约5分钟。然后，逆纹理将猪肉切片。将土豆红椒酱涂抹在预热好的盘子上，摆上猪肉，撒上烟熏海盐，涂上橄榄莎莎酱。将适量西班牙腊肠原汁倒在盘子边缘处。你还可以根据个人喜好添加蔬菜和西班牙腊肠片作为配菜。

# 蘑菇和鼠尾草奶油玉米粥佐低温慢煮牛脸颊肉

烹饪牛脸颊肉需要有足够的耐心。即使将牛脸颊肉放在蒸锅里蒸26小时，肉质仍然不散。如果你觉得烹饪时间过长，担心肉质老化，也可以在锅内倒入水（肉汁原浆不需要做收汁处理），将温度调至150℃，焖炖3小时30分钟左右。

▮▮▮

参见"真空低温烹饪"150页
参见"用平底锅和炒锅煎封"156页

供应人数：4人份
准备时间：约1小时20分钟
烹饪时间：约27小时

**牛脸颊肉**
牛脸颊肉4块（各重约250克），海盐适量
澄清黄油2～3汤匙，现磨黑胡椒碎适量
浓郁型红葡萄酒（如梅洛红葡萄酒或西拉红葡萄酒）
500毫升
深色的小牛肉汁250毫升
佩德罗·希梅内斯葡萄酒醋20毫升（15年陈酿，也可以选择5年陈巴萨米克醋代替）
淀粉2汤匙（加水调成水淀粉）
百里香和迷迭香各2小枝
蒜1瓣（对半切开）

**玉米粥**
家禽肉汁（或牛肉汤）200毫升
牛奶250毫升，速溶粗粒玉米粉60克
中等大小的切成细条的鼠尾草叶5片
山核桃烟熏盐适量，埃斯普莱特辣椒粉1撮
现磨芝士粉30克

**蘑菇和三味酱**
牛肝菌或杏鲍菇共200克
橄榄油2汤匙，海盐、现磨黑胡椒碎各适量
蒜2瓣，软黄油15克
平叶欧芹碎1茶匙
切碎的盐渍柠檬皮1/4茶匙
冷黄油25克（切丁）

**其他配料**
香葱2根，盐、甜椒粉各适量
速溶面粉1汤匙，葵花籽油1汤匙
面包糠20克，菜籽油400毫升
葱花1汤匙，鼠尾草叶适量

**1** 切开牛脸颊肉，只保留肉块上半部分薄薄的脂肪层，其他部位切块备用。将牛脸颊肉表面的水擦干后撒上盐。在平底锅内放入澄清黄油加热，将牛脸颊肉的脂肪层放入双面大火煎烤1分钟左右后盛出，撒上黑胡椒碎，置于一旁冷却。接着，将剩余的牛脸颊肉块逐个放入锅内大火煎烤1~2分钟。倒掉煎油，加入红葡萄酒和小牛肉汁、脂肪层，收汁至250毫升左右。拌入醋，用搅拌好的水淀粉与酱汁混合在一起。再低温慢煮约3分钟，冷却后使它变得像明胶一样。

**2** 将每块牛脸颊肉对半切开，连同浓缩汁、百里香和迷迭香及蒜、海盐一起放入一个大真空袋里，真空密封好。将烹饪温度设置为72℃，将牛脸颊肉水煮约26小时。取出牛脸颊肉，盖好盖子置于一旁冷却，去掉肉汁重新真空水煮，烹饪温度仍为72℃，始终让它处于保温状态下。将真空袋中的肉汁通过细筛网过滤到锅内，收汁收到一半的量，同时撇出锅内浮起的油脂和白沫。

**3** 玉米粥的烹饪准备。将家禽汤汁收汁收到20毫升。牛奶入锅煮至沸腾，拌入粗粒玉米粉，加入鼠尾草、烟熏盐和辣椒粉搅拌在一起，大火煮约30分钟。

**4** 将蘑菇擦拭干净，切成片。在平底锅内倒入油加热，放入蘑菇翻炒约2分钟，撒上盐和黑胡椒碎。剥去蒜的外皮，切成细丁。将软黄油、蒜、欧芹和柠檬皮一起拌匀。

**5** 剥去香葱的外皮，切成1毫米厚的环状，撒上盐和甜椒粉，与面粉混合在一起。在平底锅内加入葵花籽油加热，倒入面包糠翻炒至焦黄。菜籽油加热到160℃，倒入葱花炸至松脆，舀出放在厨房纸巾上吸去多余油脂，用手指将葱花弄碎，与面包糠和香葱混合均匀。

**6** 将玉米粥从锅内舀出来，放入搅拌机里高速搅成酸奶状。拌入芝士粉，给玉米粥调味。

**7** 再将做法4的蘑菇快速加热一会儿，拌入（将软黄油、欧芹、柠檬皮及蒜切碎混合而成的）三味酱，将蘑菇在酱汁中搅动一下。将酱汁再加热一会儿，再与冷黄油混合，尝一下味道。

**8** 将黄油玉米粥倒入预热的餐盘的中心位置。再将牛脸颊肉从袋中取出，舀一勺肉汁放在平底锅里加热，浇在肉上，再将它放在玉米粥上。将蘑菇平铺在粥上，再用做法5和鼠尾草叶装饰一下，就可以装盘上桌了。

# 哈里萨辣椒酱拌真空慢煮羊腰肉搭配杏干古斯米和天妇罗

真空慢煮的烹饪方法能让羊腰肉的肉质变得非常细嫩，色泽粉嫩，口感也恰到好处。在与香草和蒜一起烧烤的过程中，它还会散发出诱人的烤肉香味，东方香料的加持更是羊腰肉的点睛之笔。

参见"带脂肪羊腰"89页
参见"真空低温烹饪"150页

供应人数：4人份
准备时间：约1小时
腌制时间：约10小时
烹饪时间：约1小时20分钟

**腌制无花果**
糖4汤匙，红葡萄酒300毫升
波尔图红葡萄酒100毫升
土豆粉1汤匙（加水调成水淀粉）
无花果4个，八角1个，丁香1粒

**哈里萨辣椒酱**
香葱3根，红葱头80克，尖椒1个，橄榄油20毫升
哈里萨酱1汤匙，苦艾酒80毫升
肉汁原浆500毫升，酸奶（脂肪含量为10%）100克

**羊腰肉**
羊腰肉600克（切块），蒜1瓣
百里香4枝，迷迭香1枝
橄榄油2汤匙，海盐、现磨黑胡椒碎各适量

**杏干古斯米**
开心果仁20克，细粒古斯米200克
橄榄油20毫升，咖喱粉1茶匙
姜黄粉半茶匙，摩洛哥综合香料半茶匙
淡味肉汁400克，杏汁100毫升
海盐、现磨黑胡椒碎各适量，糖1茶匙
杏干6颗（切小丁）
摩洛哥坚果油20毫升，香菜叶半把（切小段）

**天妇罗**
秋葵8根，天妇罗面粉150克
甜柠檬半个（取皮）
咖喱粉、孜然芹粉、埃斯普莱特辣椒粉、植物油、盐各适量

**1** 腌渍无花果的烹饪准备。糖加热使它变成焦糖，加入八角、丁香、波尔图红葡萄酒和红葡萄酒，焦糖酱翻炒得松散一些，收汁收至一半，再拌入土豆水淀粉搅拌均匀。将无花果清洗干净，拭干，加入酱汁中，密封浸渍约10小时。

**2** 哈里萨辣椒酱的烹饪准备。剥去红葱头的外皮，清洗香葱，拭干。将两者对半切开，切成条状。将辣椒清洗干净，拭干，切成小丁。在平底锅内倒入油加热，倒入红葱头和香葱翻炒至色泽呈透明，加入尖椒丁和哈里萨酱搅拌均匀，倒入苦艾酒，将所有食材快速煮熟。倒入肉汁原浆，收汁至约150毫升。

**3** 擦干羊肉表面的水，切块备用。将肉真空密封，在58℃的温度下水煮约30分钟。

**4** 杏干古斯米的烹饪准备。将开心果仁在无油状态下快速烘烤一会儿，冷却再切碎。将古斯米压得扁平一些。在锅内倒油加热，撒入咖喱粉、姜黄粉和摩洛哥综合香料，快速翻炒，再倒入肉汁和杏汁，煮沸后撒盐、黑胡椒碎和糖调味。将温热的调味汁浇在古斯米上，覆上保鲜膜，炖煮约10分钟。用叉子将古斯米拨得松散一些。将开心果仁、杏干和香菜搅拌均匀，浇上摩洛哥坚果油，尝尝味道后置于保温环境中静置。

**5** 天妇罗的烹饪准备。擦干秋葵表面的水。将天妇罗面粉和150毫升的冷水搅拌均匀，加入甜柠檬皮、咖喱粉、孜然芹粉和埃斯普莱特辣椒粉调味，炖煮20分钟。在锅内倒入油，加热至约160℃，将天妇罗裹在秋葵表面，油炸约3分钟后捞出来，用厨房纸巾吸干油脂，撒上少许盐调味。

**6** 将羊肉表面的水分擦干。将蒜拍扁，冲洗百里香、迷迭香，拭干。在平底锅内倒油加热，放入蒜和百里香、迷迭香，将羊肉双面煎烤。将酸奶和做法2混合在一起。将羊肉切成片装盘，再摆上秋葵、无花果，抹上哈里萨辣椒酱，撒上盐和黑胡椒碎调味。杏干古斯米单独装盘作为配菜。

削尖
将秋葵的杆像铅
笔一样削尖，不
要将它折断，避
免汁液流出。

# 真空慢煮猪腩肉配欧芹泥、宝塔菜和松露

　　松脆细嫩的猪腩肉和绿色的欧芹泥、如今鲜为人知的宝塔菜（罗马花椰菜）和热气腾腾
的榛子牛奶是绝佳的搭配。要是再加上白色或黑色的松露薄片就更好了。

参见"去骨猪腩肉"72页
参见"真空低温烹饪"150页

供应人数：4人份
准备时间：约1小时30分钟
浸泡时间：约12小时
烹饪时间：约24小时

**猪腩肉**
带皮猪腩肉1千克（最好剔除猪软骨）
棕色黄油（坚果黄油）60克
欧芹粉2撮
月桂叶1片，蒜2瓣
烟熏红椒粉1撮
盐、现磨黑胡椒碎各适量
粗粒海盐适量

**榛子牛奶**
黄油30克，粗磨榛子粉30克
牛奶（脂肪含量3.5%）300毫升，榛子油20毫升，盐适量

**欧芹泥**
欧芹根4根（约600克），黄油40克
盐、糖、现磨黑胡椒碎各适量
牛角椒适量，白葡萄酒50毫升
禽肉肉汁125毫升，平叶欧芹75克
软黄油50克
奶油70克，法式酸奶油2汤匙

**宝塔菜**
盐适量，宝塔菜150～200克
菜籽油1汤匙，黄油10克，法国四香粉（肉豆蔻粉、丁香粉、肉桂粉、百里香粉）1撮
现磨黑胡椒碎、棕色黄油（坚果黄油）各适量

**其他配料**
雪维菜、西洋蓍草（又名蚰蜓草）各适量
佩里戈尔黑松露或阿尔巴白松露各1块（洗净刨薄片）

1　将猪腩肉切成长方块，拿一把锋利的刀将肉皮剞上极细的菱形纹。将猪腩肉添入30克棕色黄油、欧芹粉、月桂叶、蒜、红椒粉、盐和黑胡椒碎，快速腌制后，放入真空袋中，真空密封，在65℃的温度下蒸煮24小时。

2　榛子牛奶的烹饪准备。在平底锅内放入黄油煮至起泡，倒入粗粒榛子粉稍微烘焙一下，再倒入牛奶。拌入榛子油，撒入少许盐，密封浸泡约12小时。

3　欧芹泥的烹饪准备。剥去欧芹根的外皮，切成薄片。在锅内倒入黄油加热使其熔化，放入欧芹根翻炒至颜色变浅，撒上盐、糖、黑胡椒碎和牛角椒调味，倒入白葡萄酒，浇上家禽肉汁，用文火慢煮25~35分钟，直至欧芹根变软。冲洗欧芹根并甩干，用盐水焯一下，再浸入冰水中快速冷却，滤干后切碎，与软黄油混合在一起。将奶油、法式酸奶油和欧芹根、欧芹一起搅拌均匀，放在搅拌机里搅成细泥。

4　清洗宝塔菜，拭干，放入足量盐水将宝塔菜煮软，倒掉盐水，滤干。在平底锅内倒入油和黄油加热，快煎一下宝塔菜，加入四香粉、盐、黑胡椒碎和少许棕色黄油调味，将蔬菜保温静置。

5　将烤炉上火温度调至200℃预热。将猪腩肉从真空袋中取出，擦干。拿一口耐高温的平底锅，将剩余的30克棕色黄油放入加热，放入猪腩肉快煎一会儿，撒上粗盐调味。将猪腩肉入烤箱烤得松脆后盛出，切块备用。

6　用滤网对榛子牛奶进行过滤和加热处理，用手持搅拌器打至起泡。将猪腩肉、欧芹泥和宝塔菜装进预热好的盘子里，滴上榛子牛奶泡沫。撒上雪维菜、西洋蓍草和松露片即可端盘上桌了。

**细嫩多汁，松脆可口**

真空慢煮24小时后，猪腩的肉质就变得非常细嫩多汁了。当然，在这一过程中，肉不会散发出烘烤后的焦味，肉皮能始终保持柔嫩。接着，再将猪腩放在黄油里烘烤，直至黄油变成棕色。再用锅底余温烘烤一下就可以出锅了。高温烘烤让猪腩表面很快形成一层松脆可口的烤皮。

# 粉蒸牛肩肉配土豆华夫饼

牛肩肉是否细嫩，取决于你所选择的切块的形状。最好选择扁平一些的牛肩肉切块，尽可能剔除肌腱。牛肩肉最适合采用水煮和真空慢煮的烹饪方法，采用快速烘烤的方法，肉质也仍能保持细嫩。

♦♦♦

参见"隐秘的美味"42页
参见"真空低温烹饪"150页
参见"对烧烤的热表"166页

供应人数：4人份
准备时间：约2小时30分钟
静置时间：约1小时30分钟
烹饪时间：约6小时

**牛肩肉**

扁平状牛肩肉800克（切块），海盐适量
菜籽油2汤匙，黄油40克，盐之花少许

**番茄杜松子酒**

洋葱1头（切小丁），芥子油2汤匙
成熟的黄番茄300克（去皮切小丁）
海盐适量，刺柏果5粒
芥菜子1汤匙
黑森林蜂蜜（德国品牌，可用普通蜂蜜代替）50克
巴萨米克醋（白色金标）5汤匙，杜松子酒4汤匙

**土豆华夫饼**

鲜酵母5克，125毫升温牛奶，面粉70克
粉质土豆200克
液体黄油30克，法式酸奶油80克
中号鸡蛋3个，盐、现磨黑胡椒碎各适量
淀粉30克，植物油适量（油炸用）

**番茄红椒蜜饯**

红辣椒2个
樱桃番茄125克，橄榄油2汤匙
红葱头1头（切小丁），海盐适量
黄油40～50克（切块）
罗勒1/4把（叶片切细条）

**姜黄凝乳**

凝乳200克（脂肪含量为20%），海盐适量
鲜姜黄3克（去皮）
水芹半碗

1　擦干牛肉表面的水分，装入真空袋中，在53℃的温度下真空慢煮5小时。

2　番茄杜松子酒的烹饪准备。将洋葱放入油内煎至光滑发亮，添入剩余配料，文火煮约30分钟后，放入搅拌机中打成泥，用滤网过滤后倒入小碗备用。

3　烤箱预热，上下火200℃。将酵母倒入温牛奶中溶解，拌入面粉，密封发酵约1小时。将土豆放入烤箱内烘烤约1小时，去外皮后，用压榨机进行热压处理，和黄油、法式酸奶油、鸡蛋一起搅拌均匀。撒上盐和黑胡椒碎调味，再将混合物搅成乳状，过滤，混入面团，再密封发酵约30分钟。

4　番茄红椒蜜饯的烹饪准备。将辣椒放入烤箱内烘烤，去皮后擦拭干净切成约4毫米见方的丁。将樱桃番茄切4份，去蒂。在平底锅内倒油加热，放入红葱头炒至颜色变浅后，倒入番茄翻炒约5分钟，撒上盐调味。拌入黄油块，再快速翻炒一会儿后关火静置，拌入罗勒。

5　姜黄凝乳的烹饪准备。将凝乳搅成乳状，撒上盐调味。研磨姜黄根（请戴上一次性手套），并将它混入凝乳。修剪水芹，冲洗干净，甩干后与姜黄凝乳混合。

6　给烘制华夫饼干的铁模预热，在烘烤面涂上油脂，用长柄勺将面团压入模具中，制成金黄色的华夫饼。取出华夫饼，放入切断电源的烤箱中保温。重复以上步骤，将整块面团都烘烤成华夫饼。

7　将牛肉从真空袋中取出，擦干表面的水，撒盐调味。在平底煎锅内倒菜籽油加热，放入牛肉双面煎至色泽发棕。在另一只锅内放入黄油加热至起泡，再将牛肉放入快速煎烤一下。

8　将牛肉切片，撒上盐之花，将番茄红椒蜜饯和土豆华夫饼装到预热好的盘中。将番茄杜松子酒和姜黄凝乳分别装入小碗中作为调料。

烹饪所需时间
在准备这道菜的过程
中，你需要留出更多
的时间。在最后的快
速烘烤前，先将牛肩
肉真空慢煮5小时。
如果要制作土豆华
夫饼，在烘烤前，
酵母面团还需要发酵
1小时。

# 真空慢煮小牛心肉配芹菜和苹果片

　　小牛心肉色泽粉嫩，肉质极其细嫩。这道菜的烹饪秘诀在于将烹饪过程分成两个阶段进行。首先，将小牛心肉置于62℃的温度下水煮一会儿，再将它放入煮沸的黄油中快速煎烤一下。如丝绒般细腻的肉泥，加上小牛肉汁和松露汁醇厚的香味更是为这道菜增色不少。

ṁṁ|

参见"牛心"54页
参见"真空低温烹饪"150页
参见"用平底锅和炒锅煎封"156页

供应人数：4人份
准备时间：约1小时
烹饪时间：约1小时30分钟

## 小牛心肉
小牛心肉1块
佩里戈尔黑松露30~40克
松露汁200毫升（一等品）
黄油50克
小牛肉汁250毫升
海盐、现磨黑胡椒碎各适量
土豆淀粉半茶匙（加水调成水淀粉）
盐之花少许

## 根芹泥
根芹1个，盐适量
未经过滤的苹果汁500毫升
奶油100克
黄油100克
现磨黑胡椒碎、糖各适量
乳化剂15克

## 苹果片
苹果4个（澳洲史密斯青苹果GrannySmith最佳，可用普通青苹果代替）
柠檬汁3汤匙
黄油50克
盐适量，苹果醋2汤匙

1　将小牛心肉分4份，去除血管和脂肪层，在流动的冷水下冲洗干净，用厨房纸巾吸干。佐盐后，将小牛心肉装入真空袋中。

2　将一半松露擦拭干净，如有特殊需要再剥去表皮，切成薄片。将50毫升的松露汁、10克黄油一起放入炖锅中，用铝箔纸覆盖。将剩下的松露切成小块，连同剩余的松露汁、小牛肉汁和小牛心肉混合后进行真空密封，将温度调至62℃，水煮30分钟。

3　根芹泥的烹饪准备。剥去根芹的外皮，切块，放入锅内，加入足量沸腾的盐水先文火煮5分钟，接着再浸泡约30分钟。

4　烤箱预热，上下火60℃。将小牛心肉从锅内拿出，将真空袋中的汤汁倒入做法2的炖锅内。在平底锅内放入剩余的黄油加热至起泡，放入小牛心肉双面煎烤至色泽微微发棕，撒上盐和黑胡椒碎调味，将温度调至60℃保温。炖锅内的汤汁收汁至原先的2/3，倒入搅拌均匀的土豆水淀粉轻轻搅拌，放入松露片小火加热，熄火后再浸泡一会儿。

5　完成根芹泥的制作。过滤做法3的汤汁，收汁至500毫升左右。倒入苹果汁、奶油和黄油，撒上盐、黑胡椒碎和糖调味。将汤汁、乳化剂和根芹倒入搅拌机里搅成泥状。

6　清洗苹果，削去苹果的外皮，用去核器去除果核。将苹果切成约4毫米厚的12个苹果圈。剩余的切成约1.5厘米见方的苹果丁。将苹果圈、苹果丁和柠檬汁混合在一起。在平底锅内放入黄油加热至熔化，放入苹果丁翻炒，添加少许盐和醋。接着，放入苹果片，再煮约3分钟。

7　每个盘中添入4茶匙根芹泥。将小牛心肉切片摆盘，再浇上做法4的酱汁，放上松露片。接着，将苹果片和苹果丁放在盘子边缘处，撒上少许盐之花即可。

# 啤酒蒸胡椒兔脊肉

先将兔脊肉置于浓汤上方蒸煮，再用胡椒面包裹皮包在兔脊肉表面，放入平底锅内快速煎烤一下，再放入烤箱中烘烤至熟。这种烹饪方法即能避免兔脊肉直接受热，又能让肉汁保持细嫩多汁。

参见"背部里脊"91页
参见"蒸汽的回归"154页

供应人数：4人份
准备时间：约1小时5分钟
腌制时间：约2小时
烹饪时间：约20分钟

**兔脊肉**
兔脊肉8块，盐适量
葵花籽油3～4汤匙
奶油100克

**腌泡汁**
蒜2瓣，姜20克
小红尖椒1个
柠檬草2根
花生油2汤匙
绿豆蔻荚果（微微压扁些，可用八角代替）
巴萨米克醋（白色金标）适量
百香果花蜜200毫升
浅色酵母小麦啤酒400毫升
柠檬1个
泰国青柠叶2片（可用新鲜的月桂叶代替）

**胡椒面包裹皮**
白胡椒5克
迷迭香叶10克，葡萄干20克
黑橄榄20克（去核）
软黄油200克，白面包碎屑400克
蛋黄2个

1  用厨房纸巾将兔脊肉表面的水分吸干，剔除筋膜，分8份，置于一旁备用。

2  腌泡汁的烹饪准备。剥去蒜的表皮，切成薄片。将姜冲洗干净，擦干，连皮切片。清洗尖椒，拭干，切成薄薄的圈状，剔除尖椒籽。清洗柠檬草，拭干，切成细段。在平底锅内烧热油，将以上食材连同豆蔻一起倒入翻炒2分钟，接着倒入醋、百香果花蜜和小麦啤酒。用热水清洗柠檬，拭干，剥去表皮后和青柠叶一起放入锅中，煮沸后置于一旁冷却。然后，将兔脊肉放入冷却的腌泡汁中，密封好后放入冰箱里冷藏2小时。

3  从冰箱中取出兔脊肉，腌泡汁经过细滤网过滤后煮至沸腾。将兔脊肉放在蒸板上，隔水（腌泡汁）密封蒸煮约3分钟。取出兔脊肉，置于厨房纸巾上吸干水，蒸锅内的汤汁置于一旁备用。

4  烤箱预热，上下火200℃。将白胡椒放入研钵内碾碎。将迷迭香叶冲洗干净，甩干，切碎。将葡萄干和橄榄切成小块。将软黄油和面包碎屑倒入搅拌碗中，用手动搅拌器将它们搅拌成浓稠的糊状，再拌入其他配料揉成一个干燥的、可平摊开来的团状混合物。还可以根据需要加入一些白面包碎屑。

5  将团状混合物分成8份，取一张烘焙纸平铺开来，用擀面杖分别将混合物擀成约1厘米厚的饼。在兔脊肉表面撒上少许盐，分别包入饼状混合物中。取一只耐高温的大锅，倒油加热，将包好的兔脊肉放入各面均煎至金黄色。将锅放入烤箱中，再烘烤约5分钟，直至兔脊肉烤熟。

'6  在做法3的蒸汁中撒入盐，加入少许奶油，用大火煮一会儿。采用斜切的方法将兔脊肉切成3块，装盘并涂上加了奶油的蒸汁。根据个人喜好，你也可以选择炸得焦黄的薯饼作为配菜。

# 香草裹圆形小牛里脊肉搭配大蒜蛋黄酱和辣椒迷你球形意面

　　小牛里脊肉可以算是犊牛身体部位中最细嫩的肉块了。用龙蒿和欧芹包裹小牛里脊，用铝箔纸紧紧缠绕好后，放在蒸锅内蒸煮。再配上辣椒、藏红花、柠檬和微辣的牛角椒，口感绝佳。

参见"牛里脊"33页
参见"蒸汽的回归"154页

供应人数：6人份
准备时间：约1小时35分钟
烹饪时间：约40分钟

**圆形小牛里脊肉**
犊牛里脊肉2块（切块，重约1.2千克）
欧芹40克
龙蒿40克
盐适量

**大蒜蛋黄酱**
红灯笼椒5个
蒜3～4瓣
蛋黄2个
藏红花花丝5～7根（与少许水混匀）
橄榄油250毫升
小粉质土豆2个（煮熟去皮）
盐、柠檬汁、糖、牛角椒各适量

**辣椒迷你球形意面**
盐适量，迷你球形意面250克
洋葱1头
红尖椒1个
红色、黄色和绿色灯笼椒各1个
黄油50克
蔬菜汤200毫升
芝士粉30克
牛角椒、现磨黑胡椒碎各适量

1　将两块牛里脊肉分别沿横向对半切开。冲洗欧芹和龙蒿，甩干，揪掉小叶，切碎。在四块牛里脊肉表面撒上少许盐，放入切碎的龙蒿、欧芹里翻滚一下，直至肉块表面完全被香菜包裹住。用铝箔纸把牛里脊肉紧紧卷起来，用厨房纱线密封好。剩余的欧芹、龙蒿用来烹饪迷你球形意面。

2　大蒜蛋黄酱的烹饪准备。将烤箱调至烧烤档位预热。将灯笼椒清洗干净，拭干，放进烤箱里烘烤，直至灯笼椒表皮上出现黑色的斑点，再翻转一次或几次使其受热均匀。蒜去皮后对半切开。从烤箱中取出灯笼椒，装盘并用保鲜膜覆盖，静置10分钟后去皮。将灯笼椒对半切开，去子，去除白筋，切丁，和蛋黄、蒜一起放入搅拌机里，高速搅拌成泥状，倒入藏红花花丝搅拌，再调至中速，缓缓注入橄榄油。将土豆切丁后也放入搅拌机搅拌。等所有食材搅拌完成，加入盐、柠檬汁、糖和牛角椒调味，用细筛网过滤。

3　辣椒迷你球形意面的烹饪准备。在锅内加入足量盐水，煮至沸腾，将意面煮透。剥去洋葱外皮，切丁。清洗尖椒，去蒂切丁。清洗灯笼椒，去蒂，切成中等大小的菱形。将迷你球形意面捞出，滤掉水。

4　将牛里脊肉块连同铝箔纸一起放入蒸锅内的蒸板上，蒸煮15～18分钟，直至它达到48℃的核心温度。

5　迷你球形意面的后续烹饪步骤。将20克黄油放入锅内加热熔化，放入洋葱丁煎至油光发亮。添入尖椒和灯笼椒快煎一会儿，加入迷你球形意面。注入蔬菜汤，加入剩余的黄油和芝士粉一起混合均匀。加入盐和牛角椒调味，拌入剩余的欧芹、龙蒿。

6　将牛里脊肉从铝箔纸中取出，切片佐盐。将辣椒迷你球形意面摆在预热好的盘子中间，撒上黑胡椒碎。放上牛里脊肉片，挤上大蒜蛋黄酱后端盘上桌。

迷你球形意面
迷你意面是意大利撒丁岛的一道特产，在北非也非常受欢迎。这种球形的肉不禁让人联想到麦粒，然而，它们并不来自大麦，而是由杜兰小麦制成的。迷你球形意面的烹饪时间共计约8分钟。

# 炖肉和煎封

    没有什么比把牛排、肉排或里脊肉放在煎锅里，听着油锅发出噼里啪啦声更令人期待的了。肉排采用煎封的烹饪方式更佳，因为只有在油煎的过程中，肉排才能散发出一阵特别的焦香味，让人充满食欲。此外，将里脊肉裹在天妇罗面团里油炸或将牛胰脏丸子裹上面包屑后油炸，也会散发出一股诱人的烤肉香味。

# 粉蒸三角肉牛排烧白腰豆

　　犊牛或成年牛身上块头小、肉质纤维短的三角肉有精细的大理石花纹，因此非常适合采用油煎封或烧烤的烹饪方法。最完美的烹饪方法是：先将三角肉用高火快煎一下，再低温烘烤约10分钟即可。

❙❙❙

参见"用平底锅和炒锅煎封"156页

供应人数：4人份
准备时间：约1小时
浸泡时间：约24小时
烹饪时间：约1小时30分钟

**白腰豆**
干白腰豆150克
盐适量
红洋葱120克
胡萝卜80克
根芹80克
蒂罗尔五花熏肉90克（切片）
百里香和香薄荷15克
橄榄油60毫升
矿盐、糖、现磨黑胡椒碎各适量
番茄泥220毫升

**肉**
小牛三角肉4块（各重150克）
矿盐、糖、现磨黑胡椒碎各适量
橄榄油2～3汤匙
蒜1瓣
百里香2～3枝
迷迭香1～2枝
黄油2汤匙

1　取汤碗放入白腰豆，盛满冷水，使白腰豆在水中浸泡24小时。

2　第二天，将白腰豆捞出，冲洗干净，放入锅内，再倒入纯净水。根据个人喜好，在白腰豆上抹上适量盐，低温慢煮1～1.5小时，直至白腰豆变软。

3　在煮白腰豆的过程中，将洋葱去皮切丝。接着，将胡萝卜和根芹削皮，切成小丁。将牛肉切成小块。将百里香、迷迭香洗净，擦干，取叶切碎。在平底锅内倒入橄榄油加热，将洋葱和熏肉放入锅内快煎，直至色泽微微呈棕色。加入胡萝卜丁和根芹丁，佐以矿盐和糖，边搅拌边煎烤约10分钟。将番茄泥与黑胡椒碎、百里香、香薄荷混合搅拌均匀，再用文火煮20分钟左右。将白腰豆入锅，与其他食材混合翻炒，再低温慢煮10分钟。

4　烤箱预热，上下火80℃。用厨房纸巾将牛肉溢出的油脂吸干，佐以盐和一撮糖。取一口耐高温的大平底锅倒入橄榄油预热，然后将牛肉放入锅内，双面高温煎烤2分钟左右。

5　将做法4的平底锅放入事先预热好的烤箱里烤，接着，将蒜瓣轻轻拍扁，冲洗百里香、迷迭香，甩干，拆成小段。拿一口锅放入黄油煮沸，添入蒜和百里香、迷迭香。再将牛肉取出，放入黄油中再快煎一会儿。

6　将白腰豆及酱汁装在预热的盘中。用黑胡椒碎来给牛肉调味后上桌或者将牛肉切片后置于白腰豆上摆盘。

**三角肉的名称因地域而异**
在不同的地区，三角肉也被称为雪花肉或后臀尖肉。在绝大多数情况下，三角肉不会备货，它常被用来加工成香肠。因此，如果要购买三角肉，你需要及时跟肉铺老板预订。

# 肉排烹饪工作坊

## 维也纳炸肉排

　　本来维也纳炸肉排是一道非常简单的菜肴，但是它的口感好坏在很大程度上取决于配料，尤其是肉质。维也纳炸肉排必须选择小牛肉，一般选择小牛内腿肉，在奥地利，小牛内腿肉也称为内轮肉。但是你也可以选取小牛腿心肉和小牛臀肉来烹饪维也纳炸肉排。

🥄🥄🥄

参见"去盖牛内腿肉"44页

**供应人数：** 4人份
**准备时间：** 35分钟

**肉排准备**
取自牛内腿肉的小牛肉排4份（各重120克）
盐、现磨黑胡椒碎各适量
食用油50毫升
黄油75克

**油炸材料**
面粉30克
鸡蛋2个
面包粉150克

**其他配料**
柠檬1个
欧芹半把

1　将小牛肉排置于两层保鲜膜之间，用松肉锤敲打肉排表面，使它表面薄厚均匀。接着，在肉排表面撒上盐和黑胡椒碎。

2　把面粉、鸡蛋和面包粉分别倒入几只宽口深盘里，或者长方形盘里。将鸡蛋搅拌均匀。

3　首先，将肉排逐一放在面粉里翻转。轻轻拍掉多余的面粉。接着，将肉排放入搅拌均匀的蛋液中，使它们完全被蛋液包裹住。最后，肉排放入面包粉里翻转，轻轻将肉排表面的面包粉压紧。

4　将油倒入大平底锅中加热，放入黄油熬成泡沫状，再将肉排放入热油中两面分别煎烤2~3分钟。

5　将欧芹清洗干净，甩干，取叶子，粗切一下，不要切得太碎。用热水清洗柠檬，将表面擦干，切成8瓣。

6　将肉排从平底锅里取出，放在厨房纸巾上吸去多余油脂，盛放到预热好的盘子里，再配上一片柠檬和一撮欧芹就可以上桌了。炸肉排常见的配菜有欧芹土豆或土豆沙拉。

**其他可供选择的烹饪准备**
如果肉排特别大，可以切蝴蝶刀（参见第124页）。取自猪内腿肉的猪肉排也可以采用同样的烹饪方法。你可以将采用这种烹饪方法烹饪的肉排称为"维也纳炸肉排"。

## 维也纳炸肉排的配料

　　维也纳炸肉排是人们最喜爱的肉食之一，因为裹在肉排表面的鸡蛋与面包屑糊能够避免肉质老化，使肉质变得松脆可口。但是，值得注意的是，这种糊并非德国职业厨师常说的"帕纳德糊"，即用面包粉和鸡蛋调成的作为面包馅料的糊。

　　关于"完美肉排的定义"，每个人都有自己的理解：有的人认为，摆盘时，如果小牛腩肉精瘦而且高于餐盘边缘处的餐巾高度，它就是一块完美的炸肉排；有的人坚信取自猪臀肉或火鸡胸肉的板砖厚度的肉块配上麦片裹层就是完美的炸肉排。烹饪方法的改变往往能带来乐趣。

　　**面包粉**　由小麦粉和盐混合制成，它是传统猪肉排、火鸡肉排和快煎小牛肉排的必备配料。与全麦面粉相比，它的质量更好，因为它是面包师用过夜的白面包碾磨而成的。它易于加工，也能让裹在肉排表面的面粉在烘烤过程中不会脱落。在高温烹饪的环境下，它的燃点比全麦面粉高，不易燃烧，但是它能更好地锁住脂肪。面包粉本身是没有味道的，但它能很快吸收煎油的

香味，口感更有颗粒感，肉排可以第二天冷吃。

　　**庞多米吐司（法式白吐司）**　现磨的小麦制作的面包是顶尖大厨最爱的肉排裹皮。取自小牛内腿肉的超薄肉排与其搭配最为合适。它能使肉散发出浓烈的烤肉香（烹饪只能选择非常新鲜的板油）。在烘烤时，裹皮会形成漂亮的气泡。

　　**面包糠**　面包糠很快会结晶，呈现出刨花状，裹上面包糠的肉排最为松脆，但是会吸入很多油。如果烤炉的温度为85℃，肉排会变得非常松脆，而且能锁住肉排的水分。面包糠本身没有什么味道，有时还带着轻微的坚果味。如果不密封好直接放入冰箱中，面包糠第二天会发脆。

　　**玉米饼、玉米片和麦片**　从口感来说，它像面包糠

一样松脆可口，但是吸油性更好。它的优点在于：你可以自行决定研钵里玉米饼、玉米片和麦片的精细度。玉米饼和无糖玉米片与猪肉排搭配非常合适。不含果干的麦片与鸡肉排和火鸡肉排更搭，但是口感有点发黏。

**坚果** 坚果与芝士粉的搭配适合所有希望通过减少脂肪和碳水化合物摄入来保持苗条身材的人士。但是坚果不宜多吃，因为它的热量非常高。它易于消化，如果将坚果仁裹在肉排表面，在烘烤前的10分钟静置时间里，它也不会脱落。但是，在烘烤过程中，你需要小心谨慎，因为坚果的燃点低，燃烧后，它的口感会变得非常苦涩。坚果不太吸油，口感松脆可口。坚果的品种不

同，口感也各不相同，如核桃或山葵花生的口感非常坚硬。

**帕马森干酪** 此处同样适用的一条原则是：小心烘烤，不要让帕马森干酪燃烧起来。将它尽可能磨得碎一些，快速加工后马上倒入平底锅内，否则干酪会和鸡蛋一起结成一层黏液。在地中海风味的菜肴如番茄汁或焖茴香佐肉排中，它的口感非常新颖。与鸡肉或火鸡肉相比，小牛肉和猪肉更适合与帕马森干酪搭配。如果帕马森干酪温度较高，你可以将它放入冰箱中过夜贮藏。

## 完美的肉排

**1** 为了避免肉排粘连在拍肉槌上，在把肉排敲松前，你需要先用保鲜膜或冷藏袋将肉排包裹起来。

**2** 在把肉排敲松的过程中，肉质纤维会变得松散。同时，肉排表面摊开的面积会加倍，肉排厚度会变得很薄。

**3** 常见的传统佐料为盐和黑胡椒碎。如有需要，你也可以用红椒粉来给肉排增味。

**4** 为了让裹在肉排表面的佐料不会脱落，你应该先给肉排裹上面粉。面粉和鸡蛋混合在一起相当于一种天然的胶水。

**5** 将肉排双面抹上鸡蛋液。对4~5份肉排来说，一个鸡蛋（加上1茶匙奶油搅拌而成）足够了。

**6** 在烘烤前，将包裹着面包粉的肉排碾平，注意不要用力按压肉排表面的面包粉。

# 德式肉排配蘑菇酱汁 ▮▮▮

**肉排**
杜洛克猪脊肉600克，盐、现磨黑胡椒碎各适量
面粉1汤匙
牛肝菌250克（也可以用普通蘑菇代替），熟猪油50克

**沙司酱（猎人酱汁）**
黄油25克，蔗糖2茶匙，洋葱150克，杏鲍菇150克（切方块），极干型雪利酒200毫升，骨汤300毫升，刺柏果8粒，月桂叶3片，墨角兰碎叶2汤匙，奶油300克，冷黄油20克，盐、黑胡椒碎各适量，鲜榨柠檬汁1茶匙

1  用保鲜膜将肉排包裹起来，用松肉锤将肉排敲打得扁平一些。如果肉排体积太大，可以对半切开后再包裹。在肉排表面撒上盐和黑胡椒碎，放入面粉中滚匀。使面粉均匀地布满肉排两面，再用刀将面粉压得平整一些。

2  将牛肝菌洗净擦干，对半切开，从中间向外将它刨成薄片。将牛肝菌片平铺在肉排表面，并压紧。拿一口平底不粘锅，倒入熟猪油加热至熔化，将肉排放入锅内，贴了牛肝菌片的那面朝下，中火烘烤30分钟。小心翻面煎烤至全熟。

3  制作沙司酱。黄油和糖加热，加入洋葱块，使它煎至浅棕色。将剩余的牛肝菌切片和杏鲍菇倒入锅内，快炒一会儿。倒入雪利酒，使汤汁熬至浓稠。再加入骨汤、刺柏果、月桂叶、墨角兰碎叶，密封中火慢煮30分钟。

4  拿一个细孔的滤网过滤酱汁，和奶油一起煮沸，慢慢收汁。加入冷黄油、盐、黑胡椒碎、柠檬汁调味，也可以根据喜好加入雪利酒。

# 煎小牛肉片配帕尔玛火腿、鼠尾草和土豆泥 ▮▮▮

**肉排**
小牛里脊肉片8片（各重75克），柠檬半个（榨汁）
盐、现磨黑胡椒碎各适量，鼠尾草叶8片
薄火腿卷8片（各重20克），植物油4汤匙
干白葡萄酒125毫升
冷黄油15克（切小块），牙签8根

1  将肉排置于两层保鲜膜之间包裹好，轻轻用松肉锤敲得扁平一些。用柠檬汁将肉排浸湿，用盐和黑胡椒碎调味。在每片肉上铺一片鼠尾草叶，在叶片上再放一片火腿片。用一根牙签来固定火腿片和鼠尾草叶。

2  将10克冷黄油倒入平底锅内加热，倒入肉排双面各煎烤1~2分钟。将肉排从锅中取出，置于保温环境中。在锅中倒入白葡萄酒，使其熬至浓稠，加入冷黄油搅拌均匀。每两片肉排一起装在预热好的盘里，浇上酱汁。

# 米兰芝士小牛肉排

**肉排**
小牛里脊肉8片（各重约30克），盐、现磨白胡椒碎各适量

**油炸准备**
鸡蛋2个，橄榄油2汤匙，现磨芝士粉60克，面粉适量，黄油60克

1　将蛋液和油搅拌均匀，再拌入现磨芝士粉，搅拌均匀后静置15分钟。拿一个浅盘，倒入一些面粉。

2　将肉放于两层保鲜膜之间包裹好，用松肉锤将肉排表面敲打平整。撒上盐和白胡椒碎调味。将肉排两面分别抹上面粉，轻轻拍打紧实。再在上面涂抹鸡蛋芝士混合液，擦去多余的混合液。

3　在平底锅内倒入黄油，加入肉排两面翻转煎烤，直至表面呈现焦黄色。可搭配意大利面和番茄酱汁。

# 火腿芝士佐蓝带牛排  ▮▮▮

**肉排**
厚切小牛肉排4块（各重约120克），盐、现磨黑胡椒碎各适量，熟火腿片4片，淡山地芝士或艾曼塔芝士4片

**油炸准备**
面粉50克，面包粉150克，鸡蛋2个，澄清黄油70克

1　在每块牛排上切出一道带状开口（见124页）。撒上盐和黑胡椒碎来调味，在每个开口中分别塞入一片火腿和芝士。将开口处合上并压紧一些。

2　将面粉和面包粉倒入2只深口盘中，将蛋液搅拌均匀后也倒入深口盘中。首先，将肉排放入面粉中翻转，再拍掉多余的面粉；其次，将肉排放入蛋液中翻转，使它双面都被蛋液所浸湿。最后，将肉排放入面包粉中翻转，轻拍面包粉，使其黏附在肉排表面。

3　将澄清黄油倒入平底锅内加热，放入蓝带牛排煎烤至两面焦黄。将肉排装入预热好的盘中即可上桌。

# 杏鲍菇和鸡油菌佐兔脊肉

粉末状的蘑菇赋予了肉质细嫩的兔肉一种特别的口感。为了避免食材在锅内炖煮时间太久而变干，你也可以购买风干的杏鲍菇或者杏鲍菇调味粉来烹饪。

参见"背部里脊"91页
参见"用平底锅和炒锅煎封"156页

供应人数：4人份
准备时间：约1小时20分钟
干燥时间：4~5小时
烹饪时间：约1小时20分钟

**兔背肉**

杏鲍菇250克
兔背里脊肉400克
海盐、现磨黑胡椒碎各适量，辣芥末1汤匙
菜籽油4汤匙，黄油30克

**香草沙拉**

罗勒、欧芹和雪维菜各16片
香菜叶20片
酸模2片
芥末菠菜或嫩菠菜叶10片

**酸味沙拉酱**

兔肉汁10毫升
海盐适量
巴萨米克醋20毫升
辣芥末1茶匙
蜂蜜1茶匙
葡萄籽油10毫升
亚麻籽油30毫升

**鸡油菌**

鸡油菌250克
红葱头2头
平叶欧芹1/4把
橄榄油2汤匙
黄油30克

1　将杏鲍菇冲洗干净，甩干，并用厨房纸巾吸干上面残留的水。将烤箱温度设定至50℃，通风模式下预热。将杏鲍菇平铺在烤盘里，放入烤箱里在通风模式下干烤4~5小时。

2　将香草沙拉的食材冲洗干净，甩干，放在一旁准备制作沙拉。

3　将兔肉汁倒入锅内加热，撒上少许盐，倒入巴萨米克醋、芥末和蜂蜜搅拌均匀，加入葡萄籽油和亚麻籽油混合搅拌，备用。

4　将烤干的杏鲍菇放入搅拌机里搅成细粉后装盘。将兔肉上的水擦干，切去末端的赘肉。用少许盐来给肉调味，再在肉的表面抹上一层薄薄的芥末。将肉放入杏鲍菇粉中翻滚，放在一旁备用。

5　用刷子将鸡油菌刷干净，尽可能不要用水洗。将菌柄剪短，用小刀刮得薄一些。红葱头去皮切成小丁。将欧芹冲洗干净，甩干，摘取小叶，切成小段。在平底锅内倒入油加热，将鸡油菌倒入锅内，大火煎2~3分钟，直至溢出的水分完全蒸发。将火调小一些，放入红葱头，翻炒2~3分钟。待锅内的黄油开始起泡时，撒入一些欧芹，将鸡油菌置于恒温的环境下备用。

6　将香草沙拉的食材装碗，放上酸味沙拉酱，搅拌均匀。

7　在锅内倒入菜籽油烧热，再放入兔肉，大火翻面煎烤约10秒。用厨房纸巾吸干多余的油。放入黄油，煮至起泡，再将兔肉煎约10秒钟。将兔肉从锅内取出，纵向对半切开。将鸡油菌摆在预热好的盘子里，再摆上兔肉，撒上黑胡椒碎就可以上桌了，配上香草沙拉即可。

# 山扁豆和猪腩佐羊腰肉

　　"纸包料理"即将食材放入烘焙纸内，再放入锅内烘烤，这样烹饪出来的食物有着浓烈的烟熏味，与巴萨米克醋浇小扁豆和百里香是绝配，还能让羊腰肉的肉质保持细嫩。最重要的是，它能锁住羊肉的鲜味。你也可以尝试下使用小山羊肉烹饪这道菜。

参见"带脂肪羊腰"89页
参见"牛腰的烹饪准备"136页
参见"用平底锅和炒锅煎封"156页

供应人数：4人份
准备时间：约40分钟
腌制时间：8~12小时
烹饪时间：约2小时15分钟

**羊腰肉**
羊腰肉8块，牛奶500毫升
葵花籽油2汤匙

**扁豆沙拉**
绿色的山扁豆80克
盐适量，红葱头1头（切碎）
小胡萝卜半根（切块）
小葱1根（切段）
橄榄油1汤匙
巴萨米克醋4汤匙
第戎芥末1汤匙
平叶欧芹碎1汤匙
现磨黑胡椒碎适量
糖1撮

**猪腩**
洋葱1头
丁香1个，月桂叶1片
盐适量，烟熏猪腩300~350克

**其他配料**
黄油4汤匙
百里香4小枝

1　去除羊腰上的肥肉，如果有需要，放入牛奶中浸泡8~12小时。

2　将扁豆装入碗中，倒入冷水，浸泡约4小时，用于制作沙拉。

3　洋葱去皮挖洞，塞入丁香和月桂叶。在锅内倒入足量的盐水，放入洋葱煮。加入猪腩，用文火煮1.5~2小时，直至用拇指轻轻按压猪腩表面能感受到弹性。将猪腩汤置于一旁冷却。

4　将扁豆放入盐水中用文火煮约10分钟。将水倒掉，冷却晾干。将橄榄油倒入锅内加热，再放入红葱头煎至光滑发亮。放入扁豆、胡萝卜、葱、醋、芥末和欧芹搅拌均匀。用盐、黑胡椒碎和糖给扁豆调好味后置于一旁备用。

5　烤箱预热，上下火160℃。将羊腰肉从牛奶中拿出来，清洗干净，擦干。在锅内倒入油加热，将羊腰肉双面快煎一下，直至肉块表面微微呈现出棕色。

6　将猪腩去皮去骨，纵向将猪腩切成4片，厚度6~8毫米。将4片烘焙纸平铺在工作台上，各放上一片猪腩，再放上2~3汤匙扁豆沙拉。扁豆上各放2块羊腰肉，再倒上剩余的扁豆沙拉。再添上1片黄油和1枝百里香，将烘焙纸像包糖果一样扭转在一起，末端用厨房纱线捆扎在一起。将它放入预热好的烤箱里烤10~15分钟，使羊腰肉肉质呈粉红色。

7　将羊腰肉上桌，到餐桌上再把烘焙纸打开。根据个人喜好，可以搭配面包和沙拉一起食用。

# 烤羊背肉和羊内脏

 在切割和烘烤羊肉前，必须清洗干净羊胰脏和羊腰。羊肉表面一层薄薄的肥肉能保护肉质细嫩的羊肉免受大火炙烤。

参见"带脂肪羊腰"89页
参见"羊胰脏"89页
参见"烹制牛心和牛腰"136页

供应人数：4人份
准备时间：约1小时30分钟
浸泡时间：1~2小时
烹饪时间：约1小时20分钟

**烤羊肉块**
羊腰肉2块（各重100克）
羊背肉400克（切成3块）
培根12片
羊肝约100克（去皮去肌腱）
黄油30克，橄榄油30毫升
百里香和迷迭香各1枝
蒜1瓣（对半切开）
海盐、现磨黑胡椒碎各适量

**羊胰脏**
羊胰脏120克（去皮）
中号白洋葱2个（各重75克）
百里香和迷迭香各1枝
粗海盐500克，山扁豆40克
高筋面粉适量（用来撒在羊胰脏上），黄油20克
白葡萄酒30毫升
肉汁100毫升
白葡萄酒醋20毫升
奶油30克
第戎芥末8克，海盐、现磨黑胡椒碎各适量
雪维菜、龙蒿、香葱、欧芹各适量

**印度米饭**
红辣椒800克，黄油30克
小洋葱1头（约50克，切小块）
长粒大米饭150克，百里香1枝
五花熏肉30克（切条）
海盐、黑胡椒碎各适量
新鲜柠檬半个（取皮）

**1** 烤箱预热，上下火180℃。羊腰肉先浸泡1~2小时。

**2** 同时，将羊胰脏也浸泡约1~2小时。剥去洋葱的皮，将它和百里香及迷迭香一起包在铝箔纸内。拿一只耐高温的锅，将锅底铺满1厘米厚的海盐，再将洋葱放在上面烤约30分钟。将洋葱取出快速冷却后，对半切开，将最外层的两片洋葱叶剥下来作为炖肉的外罩，剩余的洋葱置于一旁备用。将扁豆放入沸腾的水中煮约10分钟，将水倒掉，擦干扁豆表面的水。

**3** 烤羊肉块的烹饪准备。将羊背肉表面的水擦干，每块纵向切成4条，分别用保鲜膜包裹起来，将肉块敲松一些，用培根将羊背肉卷成肉卷。擦干羊腰肉表面的水，每块分成4份。清洗羊肝，擦干后分成8块。分别用金属烤肉扦子将3份羊背肉卷、2份羊肝切块和2块羊腰肉穿好，一共4串密封备用。

**4** 接着，开始准备印度米饭的食材。将辣椒洗净，一切为四，擦拭干净后放入榨汁机里榨汁，准备约350毫升的辣椒汁即可。烤箱预热，将上下温度设置至220℃。将黄油放入耐高温锅内，使它慢慢熔化，色泽逐渐变成棕色，将洋葱煎至浅色，倒入米饭，边搅拌边翻炒。再加入百里香和熏肉，最后浇上辣椒汁。用盐、黑胡椒碎和柠檬皮给米饭调味，再烹煮约15分钟至熟即可。

**5** 炖肉的烹饪准备。擦干羊胰脏表面的水，分解成小块，撒上面粉。平底锅内放入黄油熔化，烘烤至棕色，再将羊胰脏放入快炒，浇上白葡萄酒后慢慢收汁。倒入肉汁和醋，继续收汁。倒入奶油、扁豆、芥末、盐和黑胡椒碎搅拌均匀。等所有食材煮至熟透时，拌入雪维菜、龙蒿、香葱、欧芹给炖肉调味。

**6** 在平底锅里倒入橄榄油和黄油加热，加入百里香、迷迭香和蒜，将烤肉串煎至色泽转为粉红色，佐盐，撒上黑胡椒碎。将做法2的两片洋葱皮快煎一下，再往里填入羊胰脏肉装盘。烤肉串、洋葱裹肉和印度米饭也出锅装盘。

# 手撕肉和爆炒肉

## 斯特罗加诺夫牛肉

这个德式传统菜肴通常由牛里脊尖部烹饪而成，烧牛肉或牛臀肉切长条也可用。重点是要用大火将牛肉条快速煎熟，使得牛肉外围焦香四溢，内层的肉却几乎还是生的。

参见"牛里脊"33页
参见"切肉"128页
参见"用平底锅和炒锅煎封"156页

供应人数：4人份
准备时间：40分钟

**肉**

牛里脊尖部肉400克
红葱头4头（约150克）
平叶欧芹4根
盐适量
烹调用牛油3汤匙
甜椒粉1茶匙，白兰地10毫升
小牛肉汁200毫升（详见339页）
斯美塔那酸奶油3汤匙
芥末酱1汤匙
柠檬汁、现磨黑胡椒碎各适量

1　把牛里脊上的油脂和结缔部分去除，然后切成手指粗的长条。红葱头去皮后切成碎末。欧芹洗净甩干，择下叶片后任意切成碎末。

2　将牛肉条用盐调味。取大号平底锅，将牛油倒入其中加热，在热油冒烟之前倒入牛肉条翻炒1~2分钟，使其呈焦黄色。取出牛肉条放置一旁备用。

3　平底锅调中火，用剩余的油将红葱头翻炒2~3分钟，至其呈黄褐色。撒上甜椒粉，再浇上适量白兰地。将小牛肉汁和酸奶油混合，然后倒入芥末酱，充分搅拌。牛里脊和煎牛里脊的油一起倒入锅中用中火重新炒热。

4　最后加入柠檬汁、盐和黑胡椒碎调味，撒上切好的欧芹碎点缀，再搭配手抓饭和煎过的蘑菇便可出餐。

手抓饭—经典做法
手抓饭有两种做法。既可以像意大利烩饭一样，先将米煎至半透明，再浇上滚烫的汤汁（或水），或者将米直接倒入沸腾的汁水中烹煮。这两种做法都可以让米在相对较低的温度下煮熟，煮熟的过程中米粒则会吸满汤汁。

# 美妙的小牛肉

肉切成块或条，用平底锅翻炒并搭配酱汁——这是世界各地都常用的烹饪方法。这样料理的肉块或肉条方便快捷、价格亲民，更偏向家常菜风格。

肉快速爆炒，平底锅里还保留一些汤汁，这是爆炒手撕肉这种做法的主要特色。专业厨房里大致将肉的做法分为（其中部分本身就是菜名）炖重汁肉丁、白汁烩肉和炒肉。在前两种做法中，都是将肉切成小块，在炖煮前需要稍稍煎一下。结缔组织丰富的肉也可用来烹饪白汁烩肉，因为肉煎过之后经过长时间炖煮（约45分钟）会变得酥烂。而做炖重汁肉丁时，煎好的肉在汤汁中快速烹煮片刻便盛出，等其他配菜如菌菇、芦笋、绿叶菜和奶油煮好后会再次将肉倒入炒锅稍炒便出

锅。因此做经典炖重汁肉菜肴，如酸奶牛肉、调汁火鸡肉或平底锅烤肉，只能用适合快速煎烤的肉部位，如小牛肩、内脏、牛里脊或火鸡胸。来源于亚洲的爆炒工艺同样适合用这些部位的肉烹饪。爆炒用的锅边沿很高，烹饪时厨师不断颠锅、翻炒，食材也随之跳跃翻腾，烹饪的火候在这一过程中收放自如。炒菜时肉跟炒锅直接接触的时间只有短短数秒，不然就会炒煳。很多人尝试用这种大炒锅做家常菜，却因为不熟悉它的脾性，油温太低，把肉炒得又老又硬。

## 苏黎世风味小牛肉

**1** 经典的苏黎世小牛肉由小牛的里脊、背部或肩部肉切条后烹饪而成。取小牛腰切块一同翻炒可增添风味。

**2** 和每道炖重汁肉的料理方法一样，需在平底锅里用少量油将肉先煎几分钟，使其接近断生。

**3** 接着将肉取出放入碗中备用。可盖上盖子或用保鲜膜包裹一下，防止肉变得干燥。

**4** 煎肉应该用不带涂层的平底锅。用带华夫格锅底的不锈钢炒锅最容易炒出带着特殊煎烤香气的锅底浓汁。

**5** 锅里倒入红酒和肉汁后调中火，锅底的浓汤也随之慢慢稀释溶解。也可用这个汤汁将其他配料煮熟（如蘑菇和欧芹）。

**6** 最后将肉重新倒回平底锅，加入大量奶油慢慢加热，仅用盐、黑胡椒碎和柠檬汁调味即可。用薯饼做配菜再合适不过了。

## 小牛肉的切割技巧

结缔组织丰富或纤维较长的肉烹饪时最好切成块状。切的时候要先沿着与肉质纤维垂直的方向下刀，然后顺着纤维方向切成肉条，最后改刀成小块。

各种风味的小牛肉和平底锅烤肉，都是用背部柔软的肉或里脊烹饪而成的。先将主要部位顺着纤维方向切成1.5厘米厚的肉片，再改刀成长条。

制做法式白汁炖肉同样适合用纤维较长的肉，如肩部里脊或尾部肉，烹饪时要先像做水煮肉一样将肉块在汤汁中煮熟，取出冷却后再切成小块。

## 法式炖小牛肉

1 米尔普瓦（西芹、胡萝卜、欧芹碎组成的混合调味料）稍加翻炒，放入法国香草（荷兰芹、百里香、月桂叶）和肉，再往锅里倒入汤汁和葡萄酒，用小火将肉慢慢煨熟。

2 将肉取出，放凉，刮掉外部油脂后先切成厚片，然后改刀为肉条，最后切成大小均匀的肉块。

3 蔬菜用细网筛过滤一下，充分挤压使汁水流出，将汁水收集起来。取另一只锅，倒入面粉和黄油后加以搅拌，传统的法式白汁炒面糊就准备好了。

4 用打蛋器将锅里的炒面糊和刚刚收集的蔬菜汁边搅拌边加热片刻，酱汁稍稍变浓稠即可。

5 制作炖肉酱的最后步骤是加入蛋黄和少许奶油，用打蛋器慢慢搅拌均匀。酱汁则无须再煮开，不然就会凝结成块了。

6 煮熟的小牛肉只需在浓稠的白汁中慢慢加热保温，上菜前用盐、白胡椒碎和柠檬汁适当调味即可。

用炒锅快速煎炒

跟平底锅相比，炒锅的优势是——可以将已经熟了的食物推到弧形的锅沿，该区域温度较低，菜不会炒糊，而只是保持温热。而在油温较高的炒锅中心，可以加入肉和蔬菜等其他食材继续翻炒，也可以烧热酱汁。

# 荷兰豆炒牛肉

**肉**
里脊尖400克，生香油（未烘焙的芝麻制作而成）60毫升，牛肉酱4汤匙

**腌肉汁**
老抽120毫升，盐、黑胡椒碎各适量，五香粉2茶匙，香菜碎2小撮
孜然粉2小撮

**油醋汁**
牛肉汁100毫升，蒜1瓣（碾碎），现磨姜末半茶匙
第戎芥末2茶匙，生抽40毫升，香油50毫升
植物油25毫升，米醋2汤匙，平叶欧芹碎1汤匙

**蔬菜**
黄色、绿色和红色彩椒各100克
荷兰豆80克，香菇100克，豆芽60克（焯熟）

1　将里脊肉分成小块，再切成薄片，放入碗中备用。将腌肉汁配料混合后浇在肉上，肉拌上腌肉汁抓匀后把碗盖上，放入冰箱腌制两小时。

2　制作油醋汁。将牛肉汁倒入锅中，加入蒜末、姜末和第戎芥末，开中火熬至剩余一半汁水后倒入碗中，加上生抽、香油和醋混合。再倒入欧芹碎拌匀。

3　将彩椒和荷兰豆洗净，横切成细长条。香菇去柄，菌盖切片。

4　在炒锅中倒入生香油加热，油面青烟升起前，将肉片分次倒入锅中翻炒后盛出，保持其温热，用剩余的油将彩椒条、荷兰豆和香菇翻炒2~3分钟。

5　再往锅中倒入豆芽快速翻炒，然后浇上油醋汁，肉片倒回锅中翻炒，加入牛肉酱继续搅拌混合，最后配上煮好的日本锦米饭一同呈上餐桌。

# 平底锅希腊烤肉

猪后腿坐臀肉600克，干牛至、墨角兰和百里香各半茶匙
甜椒粉1/4茶匙，研磨好的小茴香粉2小撮，肉桂粉1小撮，蒜1瓣（切碎）
小洋葱1头，盐、现磨黑胡椒碎各适量，红葱头3头（切碎），植物油6汤匙

1  猪肉分块后切成细长条。用肉类保鲜膜包裹好，放入冰箱腌制1~2小时。

2  洋葱去皮，切半，再切成长条。取铁质平底锅，倒入3汤匙油，烧热到油面冒烟，分次放入肉条煎至褐色。用盐和黑胡椒碎调味后盛出，保温放置。

3  用剩余的油将洋葱条、蒜、红葱头炒至褐色。再次投入肉条，翻炒搅拌，加入干牛至、墨角兰、百果香、甜椒粉、小茴香粉、肉桂粉炒匀。用预热好的盘子将炒好的肉分装，佐希腊沙律酱，搭配沙拉和皮塔饼享用。

# 羊肉咖喱

**咖喱**
番茄300克，小茴香子1茶匙，香菜子3茶匙
蒜4瓣（切末），姜15克（剁碎），番茄酱40克
红辣椒1个，洋葱300克（切丁），油2汤匙，辣椒粉2茶匙，姜黄粉半茶匙
葛拉姆马萨拉（印度香料粉）3/4茶匙，盐适量
禽肉或羊肉浓汤350~400毫升
口感绵柔的白葡萄酒醋1茶匙
羊腿肉1千克，油4汤匙（用来煎肉）
香菜碎1汤匙

1  番茄洗净，切4份，去蒂去籽。小茴香子和香菜子无油焙香。番茄、蒜末、姜末、小茴香子和香菜子混合后捣成糜状，再加入番茄酱搅拌均匀。

2  辣椒洗净，去蒂，去子，切成窄窄的辣椒圈。取大锅，倒入适量油烧热，将洋葱炒至轻微变色。倒入辣椒圈和辣椒粉继续翻炒1分钟，再加入姜黄粉，稍稍翻炒后混合葛拉姆马萨拉搅拌均匀。

3  往锅里倒入120毫升水后大火烧开，倒入做法1的番茄调味汁，放适量盐，再炖煮几分钟。加入浓汤，小火慢炖成咖喱酱汁。

4  将羊肉切分后改刀成肉片。取大号平底锅加油，将肉分次用大火煎熟，然后浸入做法3的咖喱酱汁中，焖煮25~30分钟，可视需要添水，然后倒入醋调味。最后用香菜碎点缀一下，搭配印度香米饭一同享用。

# 海藻糖猪肉片

  这道菜是猪肉在海藻糖和水的混合物中炸制而成，最好用窄口深底锅烹制。需要注意的是，不要一次将太多肉片放入炸锅，否则油温会骤然下降。

参见"里脊肉"68页
参见"平切里脊头肉"123页
参见"海藻糖炸法"149页

供应人数：4人份
准备时间：约55分钟
静置时间：约30分钟
炖煮时间：约10分钟

**猪肉片**
猪里脊肉400克
柠檬草2根
姜30克（4厘米长的段）
柠檬叶4片
柠檬或泰国青柠半个
海藻糖1千克
盐适量

**木瓜沙拉**
柠檬2个
蔬菜木瓜1个（约350克）
柠檬叶3片
花生40克
泰国罗勒2根
薄荷2枝
莳萝2枝
鱼露1泵
味淋2汤匙
盐适量
棕榈糖1茶匙
泰国辣椒半个

**豌豆酱**
姜30克，冷冻豌豆100克
橙汁100毫升，盐1小撮

**1** 将里脊肉擦干，在室温下静置约30分钟。

**2** 制作木瓜沙拉。用热水将柠檬洗净，擦干，去掉表皮，挤出柠檬汁。木瓜去皮，纵切成两半，去子，并去除白色干涩的内皮。将木瓜刨成细长条，倒入碗中，倒入柠檬汁拌匀。将柠檬叶洗净，擦干，去除中间的叶脉后碾碎。将花生倒入平底不粘锅无油焙炒片刻，冷却后碾成花生碎。将罗勒、薄荷、莳萝冲洗后甩干，摘取叶片不用，剁成碎末，留大约1汤匙备用。以上食材加用鱼露、味淋、盐和棕榈糖调味。将泰国辣椒洗净，去蒂去子后切成极细的碎末。根据个人口味添加泰国辣椒末给沙拉增味。

**3** 制作豌豆酱。姜去皮切碎，和其余调料混合后用搅拌机打成泥。食用前用细网筛过滤一遍。

**4** 将猪肉横切成5毫米厚的肉片。柠檬草洗净，切成3份，用厨房刀将其稍稍碾压一下。将姜洗净，竖切成薄片。柠檬叶和柠檬洗净、擦干，按273页的步骤操作。炸好的猪肉片用少量盐调味。

**5** 将木瓜沙拉装盘，用留的1汤匙罗勒、薄荷、百里香点缀其上。炸好的猪肉片摆放在一旁，将豌豆酱点涂在盘子四周，即可出餐。

**炸姜**
海藻糖油炸姜也可以在菜肴里使用，可作为装饰。生姜也可做成酥脆的烤姜片，只需在铁盘上铺一层烘焙纸，放上姜片，在约50℃的循环热风下烘烤1.5小时左右即可，如果姜片切得厚，可能需要的时间长些。

**1** 取一只窄口深底的煮锅，倒入200毫升水，将海藻糖混入其中，再加入柠檬、柠檬叶、姜和柠檬草段。

**2** 将海藻糖混合物小火加热到120℃。此间不时用温度计测温。

**3** 将猪肉再次用厨房纸巾擦干。每次向烧热的糖水里投入3片猪肉，一边炸一边搅动，炸约1分钟。

**4** 将猪肉翻面或浸入液体中继续炸1分钟左右，然后用漏勺盛出，用厨房纸巾吸干。

# 炸羊胰配刺山柑酱

羊胰脏是很少见的美食，但爱吃内脏的朋友却视为珍宝。当然这道菜也可用牛胰脏代替。

参见"羊胰脏"89页
参见"胰脏的烹饪准备"137页
参见"用平底锅和炒锅煎封"156页

供应人数：4人份
准备时间：约40分钟
浸泡时间：1~2小时
炖煮时间：约45分钟

**羊胰**
羊胰500克，盐、植物油、现磨黑胡椒碎各适量
鸡蛋3个
面粉150克，面包屑300克
欧芹碎少许

**土豆和洋葱**
小土豆4个，葵花籽油2汤匙
盐、现磨黑胡椒碎各适量
小洋葱1头
糖20克
白葡萄酒醋50毫升

**刺山柑酱**
蛋黄2个，芥末1茶匙
小刺山柑20克（泡盐水中），苹果醋30毫升
白葡萄酒20毫升
葵花籽油350毫升
盐、现磨黑胡椒碎各适量
糖1小撮

**1**　在碗里倒入大量冷水，将羊胰浸泡1~2小时。期间换3次水。

**2**　准备刺山柑酱。将蛋黄、芥末、刺山柑、苹果醋和白葡萄酒倒入高搅拌杯中混合均匀。加入葵花籽油，倒油时先少量滴入，再呈细流状加量，然后充分搅拌混合成乳状液体。用盐、黑胡椒碎和糖调味后倒入碗中备用。

**3**　土豆去皮，切成约5毫米厚的土豆片。在平底锅中倒入油加热，将土豆片两面煎熟。锅里倒入200毫升水，煮至收汁，然后用盐调味，保持温热。将洋葱去皮，切成碎末。取另一只锅，用糖将洋葱碎炒至焦香，倒入食醋，用盐和黑胡椒碎调味。

**4**　去除羊胰上残留的血块和脂肪，切成约5厘米见方的块。用厨房纸巾将其擦干，撒上盐和黑胡椒碎调味。取深盘将鸡蛋打入搅散。面粉和面包屑分别倒入盘子，先将羊胰块裹上面粉，再蘸取蛋汁，最后滚上面包屑。将裹好炸衣的羊胰稍稍按压一下。

**5**　取炸锅或深底锅倒入适量油，加热到约160℃，将羊胰分次放入锅中，油炸约5分钟，至金黄色（注意油花喷溅）。炸好的羊胰用漏勺盛出，在厨房纸巾上稍许沥干后撒上盐调味。

**6**　土豆片和洋葱末一起盛入预热好的盘子里，将炸好的羊胰铺在上面，用欧芹碎点缀一下即可上桌。刺山柑酱另外盛盘搭配。

**清洗及裹炸衣**
如有必要，洗羊胰的时候可以在流动的冷水下用手将其快速揉搓一下，这样可以更彻底地去除残留的血块。而裹炸衣的时候需要注意，要把羊胰块的各个面都裹均匀。

# 牛肉天妇罗配米饭芥末酱

　　这道菜的灵感来源于亚洲美食天妇罗：柔软的牛肉裹着酥脆的外衣。炙热的油温让牛肉稍稍浸入便瞬间熟透。酥脆的炸肉条配上柔和中带些许刺激舌尖的辣根酱，以及腌制得恰到好处的泡菜沙拉。

参见"牛里脊"33页
参见"切肉"128页
参见"油炸和油封"149页

供应人数：4人份
准备时间：约1小时30分钟
腌制时间：约2小时
炖煮时间：约25分钟

**泡菜甘蓝沙拉**
球茎甘蓝1棵，西蓝薹3根（西蓝花和芥蓝杂交而成）
小圆白菜半棵，皱叶甘蓝半棵
小白菜1棵，黄芽菜半棵
盐、糖各100克
蒜1瓣，姜25克
酱油100毫升，甜椒粉5克
埃斯普莱特辣椒粉2汤匙

**香米芥末酱**
小红葱头1头，花生油1汤匙
印度香米50克，干白葡萄酒40毫升
热鸡汤400毫升
现磨辣根1茶匙
芥末酱1茶匙，法式酸奶油5汤匙
平叶欧芹碎2汤匙
盐、现磨黑胡椒碎各适量
塔巴斯科辣椒酱半茶匙
甜辣酱2汤匙

**肉**
牛里脊尖400克
盐、现磨黑胡椒碎、面粉各适量
植物油适量（炸肉用）

**天妇罗面糊**
蛋清2个，磨好的姜黄粉半茶匙
碾碎的香菜末2汤匙
碎冰20克
玉米淀粉100克

1　制作泡菜甘蓝沙拉。球茎甘蓝去皮切成小块。西兰薹洗净，去除底部1/3，杆部以上切成约2厘米长的小段。圆白菜、皱叶甘蓝、小白菜和黄芽菜洗净，择好，去除菜梗后切成约2厘米大小的块，倒入碗里，用盐和糖调味，充分搅拌后放入冰箱腌制约2小时。

2　蒜去皮切成蒜末。姜去皮后磨成姜末。姜、蒜用碗装好，加入酱油、埃斯普莱特辣椒粉和甜椒粉，混合搅拌成腌菜酱。将做法1从冰箱里取出，倒出析出的菜汁后与腌菜酱混合拌匀，装入腌菜罐，压紧压实，防止空气进入，密封冷藏保存。

3　制作香米芥末酱。红葱头去皮后切成碎末。锅里倒油加热，投入红葱头炒至透明。倒入印度香米，简单翻炒后浇入白葡萄酒，然后加入鸡汤煮沸。熄火倒入辣根和芥末酱搅拌，让米继续闷熟，然后自然冷却。将米饭盛出，用搅拌机打碎，放凉，加入酸奶油和欧芹碎搅拌均匀，再用盐、黑胡椒碎、塔巴斯科辣椒酱和甜辣酱调味。

4　牛肉切分后改刀成细牛肉条，用盐和黑胡椒碎调味后撒上少许面粉。

5　制作天妇罗面糊。将蛋清、姜黄粉和香菜末混合后轻轻搅拌，加入碎冰、玉米淀粉混合，让玉米淀粉微微结成小块状。取炸锅或深底锅，倒入油，加热至175℃。将牛肉条裹上天妇罗面糊，分次放入热油中炸至金黄，用漏勺取出，放在厨房纸巾上吸干多余的油。将炸好的牛肉天妇罗装盘。香米芥末酱和泡菜甘蓝沙拉分别装盘呈上餐桌。

**预先准备**
甘蓝沙拉要提前一天准备好。不过要记得及时把腌菜罐从冰箱里取出，这样上菜时沙拉才能保持室温。腌好的沙拉可冷藏保存1~2周。

# 焖肉和煎肉

　　肉块采用焖和煎的烹饪方法制作后肉质更加细嫩，香味也更加诱人。焖的秘诀在于留出充足的烹饪准备时间。如果准备时间充足，你可以把红烧肉、五香羊肉丁和牛下水焖得非常柔软和入味。焖炖块头大的肉块也是同理，中火慢炖能使肉块外层变为棕色，肉质更加松软可口，而肉块内层还能保持细嫩多汁。

# 红烧牛肉炒墨角兰欧芹

　　如果选择像牛肩肉或牛小腿肚肉这种结缔组织含量很高的肉块来烹饪红烧牛肉，只有烹饪足够长的时间，肉块才能变得细嫩。将肉块小火慢炖是让肉块保持新鲜口感和诱人香味的最佳烹饪方法。

参见"牛上肩胛肉"43页
参见"露天焖炖"162页

供应人数：4人份
准备时间：约1小时
烹饪时间：约2小时30分钟

**红烧牛肉**
牛肩肉1千克
面粉20克
洋葱1千克
猪油50克（焖炖用）
番茄酱30克
甜红椒粉20克
辣红椒粉11克
盐、现磨黑胡椒碎各适量
番茄汁500毫升
牛肉汁适量

**配菜**
红辣椒和黄辣椒各1个
小蘑菇250克
橄榄油2汤匙
盐、现磨黑胡椒碎各适量
平叶欧芹碎2汤匙
酸奶油4汤匙

**调味酱**
蒜1瓣
鲜墨角兰叶1汤匙
柠檬半个
欧芹1/4茶匙
黄油50克

**1** 烤箱预热，上下火180℃。将牛肉的水分擦干，切成约4厘米见方的牛肉块，将牛肉和面粉混合均匀。将洋葱去皮，对半切开后再切成条。

**2** 将20克猪油放入耐高温的焖锅里加热，再将洋葱倒入锅内煎至金黄色。再拿平底锅，将剩余的猪油放入加热，将肉块放入锅内大火煎烤，直至肉块变成棕色。搅拌番茄酱，快炒一下，再加入甜椒粉。以上食材搅拌均匀，再加入辣红椒粉、盐和黑胡椒碎调味。将牛肉放入锅里炖15分钟左右，再将番茄汁、牛肉汁添入锅内，将牛肉再焖炖约2小时。

**3** 在焖炖的过程中，准备配菜。将红辣椒、黄辣椒洗净，拭干，切成1厘米见方的小丁。将蘑菇洗净，剪短蘑菇梗，如有需要，剥下蘑菇菌帽的皮。将油倒入锅内烧热，将红辣椒、黄辣椒和蘑菇放入锅内低温慢煎，佐以盐和黑胡椒碎。

**4** 将蒜去皮，对半切块。将墨角兰叶冲洗干净，甩干。用热水清洗柠檬，擦干，取皮磨得薄一些。将蒜和欧芹、墨角兰和少许柠檬皮混合捣碎，再加入黄油搅拌均匀制成调味酱，放入红烧牛肉中，再用文火煮5分钟左右。

**5** 将做法3浇在红烧牛肉上，混合均匀。将红烧牛肉盛装在事先预热好的深盘里，每个盘中放上1汤匙酸奶油，撒上欧芹碎即可上桌。配菜可以选择意大利宽面条或鸡蛋面疙瘩。

**烹饪需要耐心和兴趣**

红烧牛肉需要很长的烹饪时间。你至少需要留出2.5小时的烹饪时间，
直到肉块变得细嫩为止。如果不选择牛肩肉，也可以选择牛小腿肉来
烹饪。当然，它所需的焖炖时间更长。

# 肉卷

## 烤小牛肉卷

　　肉馅是决定肉卷口感好坏的关键。无论是选择牛肉、小牛肉还是猪肉，肉卷指的都是装馅和卷起的肉片。根据肉的不同种类，肉卷的烹饪时间可长可短。除了传统的烹饪配料外，你也可以选取猪臀肉和大葱作为馅料制作肉卷。

参见"去盖牛内腿肉"44页

参见"切肉"128页

参见"露天焖炖"162页

供应人数：4人份

准备时间：50分钟

烹饪时间：1小时20分钟

**肉卷**

取自牛上后腿肉的牛肉卷4片

猪臀肉350克（进行烟熏处理）

烤小牛肉50克

第戎芥末1汤匙

酸黄瓜丁2汤匙

芹菜丁2汤匙

盐之花1茶匙

现磨肉豆蔻半茶匙

现磨黑胡椒碎1茶匙

奶油200克

小葱100克（斜切成段）

**酱汁**

蔬菜（胡萝卜300克、芹菜150克、欧芹100克）

黄油1汤匙

百里香2枝，迷迭香1枝

小牛肉汁350毫升

干红葡萄酒750毫升，盐适量

柠檬皮1个（约1茶匙）

冷黄油3茶匙

**1** 用厨房纸巾将肉卷擦干，放入保鲜膜中间，用松肉锤轻轻敲打。将猪肉的表皮和脂肪切成小丁，放入锅内小火慢煮，直至锅内剩下小而脆的油渣，用漏勺将油渣捞出备用。将油倒入锅内。

**2** 取锋利的刀或用切片机将猪肉的精肉部分切成细条，置于保鲜膜之间，轻轻敲松一些。将烤小牛肉、芥末、酸黄瓜丁、油渣、芹菜丁、盐、肉豆蔻、黑胡椒碎和奶油一起混合，用长柄叉搅成平整的馅料。

**3** 将牛肉卷置于工作台上，朝上的一面撒上黑胡椒碎，将猪肉条铺在上面，再填满馅料并卷起，如283页小图所示。烤箱预热至180℃。将做法1的猪油锅加热，大火快速煎烤肉卷周身。将肉卷从锅内盛出，放进带盖的砂锅里保温。在锅内放入黄油、蔬菜煎烤，加入百里香、迷迭香、小牛肉汁和250毫升红葡萄酒，煮至沸腾后浇在肉卷上。

**4** 将肉卷放入烤盘，入温度为180℃的烤箱中密封焖烤60分钟。翻转肉卷，注入200毫升红葡萄酒。将烤箱温度升高至220℃（无须切换成通风模式），将肉卷再焖烤20分钟。将肉卷每5分钟翻转一次，再逐次将200毫升红葡萄酒缓缓注入。

**5** 将肉卷取出，将焖烤的汤汁倒入碗中。再将肉卷放回烤盘，浇入剩余的红葡萄酒，放入烤箱中再密封烘烤一会儿。

**6** 从焖烤的汤汁中捞除百里香、迷迭香，将汤汁和汤里的所有配料打成泥，再用细滤网过滤后收汁至浓稠（但不要过于黏稠）。接着，用盐调味，拌入柠檬皮，在端盘上桌前，涂上冷黄油。

1 将肉馅薄涂在猪肉条表面，将小葱切条横向铺在肉块表面。

2 将肉卷边缘处沿着较长的一边向上卷起。

3 将肉卷裹紧。如果肉馅从肉卷边缘处溢出，直接用厨房纸擦拭干净即可。

4 将肉卷边缘处分别用一根插肉针固定。注意，不要让肉馅被挤压出来。

# 让我们来见识一下肉卷的新卷法

肉食并不是仅能整块或切成小块来烹饪，也可以卷成肉卷烹饪。在卷肉卷时，不能斜着卷，卷肉卷可以算作是世界上最受欢迎的烹饪方法之一。

尽管用畜肉、鱼肉、蔬菜馅料卷成肉卷的菜式在世界各地都有，但是没有一种可以称得上是德国独有的肉卷。在绝大多数关于德国人最喜爱的菜肴的问卷调查中，肉卷都能排得上前五，有时甚至排名首位，如经典的牛肉卷配紫叶甘蓝和盐焗土豆。

焖肉卷是一道可口的菜肴，这点不足为奇，而且焖肉卷在烹饪过程中也可以提前准备好肉馅。与面包屑裹肉排或烤肚这种热量高的菜肴相比，焖肉卷的烹饪过程更轻松一些。如果厨师在准备馅料时控制肥肉的比例，由肉质精瘦的牛肉做成的肉卷最多也就含500~600卡。而且焖肉卷的性价比很高，因为就像几乎所有的焖炖菜一样，肉卷需要的不是最优质的肉块，粗纤维的、结缔组织含量丰富的肉就足够了。因为卷肉卷的烹饪方法能够保留肉最原始丰盈的口感，即使是烹饪新手，也能根据实用的焖烤步骤使用配有全密封式烤盘的烤箱来烤肉卷，这比放在炉灶上烤要强得多。然而，这种烹饪哲学并不仅适用于牛肉卷。《拉鲁斯美食百科》（《*Der große Larousse Gastronomique*》）中对肉卷一词的定义为："将肉馅或其他调味料包裹在薄切畜肉、鱼肉、禽肉或其他多叶蔬菜中，再用厨房纱线或小木叉固定成卷状"。世界各地随处可见用肉卷制成的菜肴，如在地中海地区，人们喜欢用橄榄酱涂抹肉卷；在阿尔卑斯山区比较流行巴塞尔夹心生菜卷；在很多将英语作为官方语言的国家，人们喜欢吃牛肉卷；再如阿根廷牛肉卷和西班牙夹心肉卷。除了用肉卷包菜外，也可以用蔬菜来包裹肉馅（如煎白菜卷）或用面团裹肉馅（如具有亚洲特色的春卷）。

## 圆白菜肉卷

1 用沸水煮圆白菜叶，再急速冷却。将肉块切碎后搅成肉糜，以茎干为起点，用菜叶将肉馅包入。

2 将菜叶裹好肉馅，分别向右向左翻转，再紧紧卷成肉卷。

3 用厨房纱线固定肉卷。如果肉馅里含有面包粉和鸡蛋，不要将厨房纱线缠绕得太紧，否则肉卷容易破裂。

4 与烤肉卷相比，圆白菜肉卷所需的烹饪时间较短，可以放在开口烤盘里涂上奶油一起烹饪。

## 猪肉卷

**1** 在平铺开来的薄切沙朗牛排上摆上帕尔玛火腿和塔雷吉欧芝士，再撒上适量芝士粉。

**2** 在制作猪肉卷时，将肉尽可能紧地卷起来。

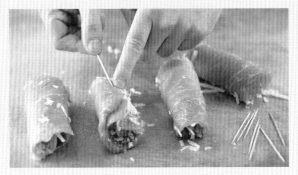

**3** 拿牙签将每个肉卷固定好，先放在锅内将肉卷的接缝处煎烤一下，要快速不可太久。

**4** 将猪肉卷放在开口烤盘里，浇上葡萄酒，再放上切块的蔬菜，烘烤不到30分钟即可上桌。

## 小牛肉卷

**1** 将取自小牛腿心肉的小牛肉排轻轻敲松一些，调味后铺上蔬菜条、莫泽瑞拉芝士粉和酸豆。

**2** 和猪肉卷的制作方法相似，从肉的中间处开始卷，将肉卷包裹得松一些。

**3** 用牙签固定肉卷，使肉卷微微呈扁平状，与奥地利小牛肉卷相似。

**4** 先将肉质非常细嫩的小牛肉卷放在平底锅内快速煎烤一下，再放入烤炉中烘烤20分钟即可。

# 牛尾水饺配法国黑布丁<sup>⊖</sup>和香菇

　　水饺的烹饪准备比较耗时。在把牛尾切碎成肉馅之前，首先要完成以下几道工序：将牛尾焖炖约2小时，将面团静置1小时，将蔬菜腌渍约3小时。只有所有工序都顺利完成，整道菜才算完美。

❚❚❚

参见"牛尾"54页
参见"真空低温烹饪"150页

**供应人数**：4~6人份（作为前菜）或4人份（作为正菜）
**准备时间**：约1小时30分钟
**腌制时间**：约3小时
**烹饪时间**：约3小时

**盐渍土豆和洋葱**
大号蜡质土豆（淀粉少的）1个，盐适量
红洋葱1头，糖200克，芥菜子1茶匙
多香果1茶匙，醋2汤匙

**葱油**
香葱50克，葡萄籽油500毫升

**肉馅**
牛尾1根（重500克，切段）
盐适量，黄油30克
洋葱、胡萝卜、根芹各重100克（去皮切块）
糖半茶匙，多香果5粒，胡椒10粒
番茄酱1茶匙，蒜1瓣
红葡萄酒250毫升，小牛肉汁1升
血肠200克（去皮切丁）
大蛋黄1个（重约30克），牛角椒适量

**生面团**
粗粒小麦粉350克，盐1茶匙
蛋黄12个（重约250克），软黄油40克

**其他配料**
盐、现磨黑胡椒碎各适量
黄油60克，宽段葱花1汤匙
香菇菌伞200克（剞十字花刀）

**1**　削去土豆的外皮，切成5毫米厚的片，再用切圈机将土豆挖成3厘米大小的圈状。将土豆放在盐水里蒸煮8分钟，倒掉盐水，滤干。剥去洋葱的外皮，分成4份，切成薄片。将糖、半茶匙盐、400毫升水、多香果、醋、芥菜子一起煮至沸腾，分成两份，分别浇在土豆和洋葱上，再置于一旁冷却一会儿。将两份混合物分别装入真空袋中，真空密封好后，至少腌渍3小时。

**2**　冲洗香葱，擦干，切段后，与油混合，倒入真空袋中，真空密封好后，在80℃的温度下水煮30分钟。将真空袋取出，放入冰水中冷却，对油进行过滤，倒入玻璃器皿中。

**3**　将烤箱温度设定至180℃，通风模式下预热。将牛尾表面的水分擦干，佐盐，放在烤盘里，放入烤炉中烘烤约30分钟。在煎锅内放入黄油熔化，加入洋葱、胡萝卜、根芹，撒上盐和糖，再快速煎烤约5分钟，将火调小一些，牛尾拌入番茄酱，放入蒜、多香果、胡椒一起煎烤约5分钟。然后，浇上红葡萄酒，收汁至原来的一半。放入牛尾，注满牛肉汁，放在烤箱里焖炖约1小时。如有需要，再倒入一些牛肉汁，将牛尾再焖炖约1小时。等牛尾变得柔软时，盛出锅，待到冷却后，将牛尾肉剔骨切块。撇去肉汁中的油脂，用滤网过滤后置于一旁。

**4**　将粗粒小麦粉、盐、蛋黄和黄油一起揉合成一个光滑的面团。用铝箔纸将面团包裹起来，冷却并静置约1小时。

**5**　将血肠和牛尾肉一起搅成肉馅。将过滤后的肉汁和蛋黄搅拌均匀，加入盐和牛角椒调味，再将混合物倒入裱花袋中。

---

　　⊖　**法国黑布丁**：法国黑布丁是来自法国南部的经典血布丁香肠，肠的食材包括猪血、猪鼻子、洋葱和香料。

6 将面团分成4份，擀成扁平长片。再切成8份，取4份，在距边缘5厘米处挤上1汤匙肉馅。在剩余的面片上涂抹上水，将它作为水饺的上层，与抹了肉馅的下层捏合在一起。用切圈机（直径约为5厘米）挖出水饺的形状。将水饺放入沸腾的盐水中煮4分钟左右至熟。将30克黄油放入平底锅里熔化，然后将香菇菌伞入锅快煎一下，撒上盐和黑胡椒碎。再拿一个锅，将剩下的黄油热到熔化，将水饺放入锅内摇匀。将水饺和香菇菌伞、土豆和洋葱装盘，滴入少许做法2的葱油，撒上葱花。

# 鲜嫩多汁的炖小山羊肉配朝鲜蓟、酸浆和香草

　　一般而言，小山羊肉的肉质只有在春季时才比较鲜嫩，从4月开始，就可以在市场上买到了。到了下半年，在市场上就只能买到肉质老一些的山羊肉或速冻山羊肉。根据肉质的不同，山羊肉的烹饪时间也各不相同。最好待烹饪快结束时，尝一口，看看肉质的熟度。

参见"羊肩"87页
参见"露天焖炖"162页

供应人数：4人份
准备时间：约1小时30分钟
烹饪时间：约1小时50分钟

**炖肉**
小山羊肩肉750克（剔骨）
大朝鲜蓟2～4根
柠檬汁1～2汤匙
橄榄油5汤匙
盐、糖、咖喱粉各适量
黄色灯笼椒1个
红洋葱1头
小胡萝卜2根
姜10克（去皮，切2厘米长段）
浓烈型干红葡萄酒500毫升
番茄汁250毫升
樱桃汁250毫升
黄豆酱油10毫升
香草豆荚1只
酸浆（又名酸泡、灯笼果）8颗
芹菜2根
淀粉1茶匙（按需添加）

1　擦干小山羊肉表面的水，分割后切成约2厘米见方的块。

2　将朝鲜蓟清洗干净，择去外层的苞叶，揪掉内层的叶片，倒入碗中，剪去花梗，用柠檬汁涂抹朝鲜蓟的叶基，去除多余的部分。

3　在锅内倒入2汤匙油加热，放入朝鲜蓟的叶子煎烤，直至叶尖烤至棕色。接着，撒上1茶匙盐和2茶匙糖调味，浇上2升水，快速煮至沸腾，熄火，放入朝鲜蓟的叶子浸泡约20分钟。接着，盛出朝鲜蓟叶，用细滤网过滤肉汁，量出500毫升的量。

4　将灯笼椒清洗干净，拭干，切成约1厘米见方的块。洋葱去外皮，切成小丁。削去胡萝卜的外皮，根据需要纵向将胡萝卜对半切开，切成薄片。削去姜的表皮，切成细丁。将朝鲜蓟的叶基切8份。

5　在炖锅内倒入剩余的油加热，放入适量小山羊肉和姜大火煎烤一会儿，直至小山羊肉烤至棕色。将小山羊肉盛出锅，置于一旁备用。将朝鲜蓟叶基块、洋葱、灯笼椒和胡萝卜放入锅内，翻炒至微微呈棕色。

6　做法5撒上2茶匙咖喱粉、盐和糖，浇上红葡萄酒、番茄汁、樱桃汁、黄豆酱油和做法2的朝鲜蓟汤汁。纵向切开香草豆荚，去子，放入锅中，再加入小山羊肉，用文火煮70~90分钟。

7　在煮小山羊肉的过程中，剥去酸浆的表皮，清洗干净，拭干，对半切开。将芹菜清洗干净，用削皮器剥去芹菜的表皮。纵向将芹菜对半切开，再横向切成薄片。当小山羊肉的肉质煮至柔软时，在焖炖的汤汁中撒上盐、糖和咖喱粉调味。根据个人喜好，将水淀粉拌入炖肉中。最后，加入对半切开的酸浆和芹菜混合均匀，盛放在预热好的盘子里即可。

**带一点儿异国风味**

酸浆和香草能给五香肉丁增添一股水果香。此外，你可以将切片烤肉丸或加入少许米醋的巴斯马蒂白香米作为配菜。除了朝鲜蓟以外，你也可以选择芜青甘蓝切丁和小山羊头肉一起烹饪。可以用一根桂皮来替代香草豆荚给五香肉丁调味。

# 法式风味牛肚

    法式风味牛肚可是肉食爱好者必吃的一道菜。在法国和意大利广受追捧的牛肚，在德国却无人问津。如果烹饪准备过程无误，并采用正确的烹饪方法，就能烹饪出口感绝佳的牛肚。牛肚最适合采用低温慢炖的烹饪方法。

❚❚❚

参见"牛肚"55页
参见"切肉"128页

供应人数：4人份
准备时间：约1小时
烹饪时间：约1小时40分钟

## 牛肚

生小牛肚800克（洗净）
盐适量
细香葱2根
迷迭香1枝
百里香1枝
月桂叶2片
刺柏果2粒
罐装去皮番茄400克
核桃油2汤匙
黄油60~80克
面粉30~40克
白葡萄酒100毫升
苦艾酒50毫升
现磨白胡椒碎适量
淡味小牛肉汁400毫升
塔巴斯科辣椒酱适量

## 其他配料

现磨黑胡椒碎适量
欧芹碎或雪维菜碎2汤匙

**1** 剔除小牛肚的细菌褶、多余的脂肪残余和表皮。冲洗小牛肚，拭干，切成约1厘米宽的条状。

**2** 在锅内加入足量的盐水煮至沸腾，放入牛肚煮熟，倒掉水，冲洗牛肚，滤干。

**3** 剥去细香葱的表皮，切成小段。冲洗迷迭香和百里香，甩干，和月桂叶和刺柏果一起装进调料包中封好。将剥皮的番茄搅成细泥状。

**4** 在锅内倒入核桃油和黄油加热，加入细香葱翻炒至色泽变浅。拌入面粉，快速煎烤一下。将白葡萄酒和苦艾酒浇在浅色的油煎糊上，加入牛肚，再撒上盐和白胡椒碎调味。

**5** 浇入小牛肉汁，再浇拌入番茄泥，放入调料包。将小牛肚低温慢煮约1小时40分钟。

**6** 去除调料包，在小牛肚上撒盐、白胡椒碎和少许塔巴斯科辣椒酱调味。将小牛肚盛装在预热好的碗或深口盘中。再撒上黑胡椒碎、欧芹碎即可端盘上桌了。

**订货和烹饪准备**
请提前到肉铺预订小牛肚。一般而言，牛肚不会进行预加工，只能整块购买。在大多数情况下，你买回来必须重新清洗。在切割牛肚时，最好选择锋利一点的大刀。

# 醋焖马肩肉

　　醋焖马肩肉这道菜所需的烹饪准备工作比较烦琐：首先，将马肩肉放入调好味的醋泡汁中浸渍几天，接着，将它放在烤炉里焖烤数小时。要是搭配葡萄干、炖洋葱和烤得松脆的土豆苹果糊就更完美了。

参见"露天焖炖"162页

供应人数：4~6人份
准备时间：约1小时40分钟
腌制时间：3~7天
烹饪时间：约3小时

**腌泡汁**
糖100克，蜂蜜2汤匙，盐1汤匙，菜籽油1汤匙
淡味红酒醋200毫升，覆盆子酒醋30毫升
刺柏果10粒，现磨黑胡椒碎适量
柠檬皮1茶匙，月桂叶1片

**烤肉**
平整的马肩肉1块（重1.5~1.8千克，切块）
盐、现磨黑胡椒碎各适量，葵花籽油2汤匙
烤时蔬150克（洋葱2份、胡萝卜、根芹各1份，去皮切小块）
黄油50克，番茄酱2汤匙
波尔图红葡萄酒100毫升，红葡萄酒200毫升
小牛肉汁1升，越橘汁2汤匙
香葱150克，蒜1瓣，糖适量
刺柏果9粒，胡椒10粒，月桂叶3片
平叶欧芹5根，迷迭香2枝
黄油面团40克，裸麦粉粗面包50克，冷黄油20克

**土豆苹果羹**
蜡质土豆600克（煮熟），红葱头2头
盐适量，苹果1个，葡萄干40克，葵花籽油2汤匙
冷黄油15克，现磨黑胡椒碎适量
柠檬皮碎和橙子皮碎各1/4茶匙

**香草胡萝卜和炖洋葱**
胡萝卜300克，黄油45克，盐适量，糖3汤匙
香草酱1/4茶匙，牛角椒适量
柠檬皮3~4撮
含钙和含镁的矿泉水100毫升
冷黄油15克，小红洋葱300克
葵花籽油1汤匙，现磨黑胡椒碎适量

**1** 将腌泡汁配料放入锅内，加入1升水，快速煮至沸腾。将马肩肉放入温热的腌泡汁中，至少浸泡3天。

**2** 烤箱预热，上下火180℃。将马肩肉从腌泡汁中盛出，过滤腌泡汁，留出约300毫升的量置于一旁备用。擦干马肩肉表面的水，撒上盐和黑胡椒碎调味。取耐热的砂锅，倒入黄油加热，放入马肩肉，双面大火煎烤一下，放入烤时蔬，佐盐和黑胡椒碎。加入黄油，加热至起泡，拌入番茄酱后快速翻炒。接着，浇上波尔图红葡萄酒和红葡萄酒后收汁。然后，倒入小牛肉汁、300毫升的腌泡汁和越橘汁，重新煮至沸腾。清洗香葱，拭干，剥去蒜的表皮，和糖、刺柏果、胡椒、月桂叶、欧芹、迷迭香放入马肩肉锅内烧一会儿。将马肩肉连锅放入预热好的烤箱里密封焖烤2.5~3小时，直至马肩肉的肉质变软。如有需要，还可以在锅内添加一些腌泡汁或水。

**3** 土豆苹果羹的烹饪准备。将土豆刨皮切块。红葱头去表皮，切成小丁，放入盐水中煮至沸腾后沥干。将苹果削皮，切4份，去核后切成小丁。将葡萄干切碎。在平底锅内倒入油加热，放入土豆煎烤一下。加入红葱头、苹果和葡萄干，烘烤至松脆。加入盐、黑胡椒碎、柠檬皮碎和橙子皮碎调味，并将它置于保温的环境中。

**4** 香草胡萝卜的烹饪准备。将胡萝卜刨皮，切成约5毫米厚的片。在锅内放入15克黄油熔化，放入胡萝卜煎烤一下，再加入盐、3汤匙糖、香草酱、牛角椒和柠檬皮调味。接着，在锅内注入矿泉水，将胡萝卜煮至变软，加入冷黄油搅拌均匀并调味。

**5** 洋葱去皮，对半切开。取耐热的平底锅，倒入油加热，放入洋葱，大火煎烤洋葱的切面，撒上盐、黑胡椒碎和剩余的糖调味。翻炒洋葱，放入剩余的30克黄油加热至起泡，连锅放入烤炉中烘烤20~25分钟直至烤熟。

**6** 捞出马肩肉，置于保温环境中。将焖炖汁与黄油面团及切碎的裸麦粉粗面包混合在一起。大火煮至沸腾，用细筛网过滤酱汁。

**7** 尝一尝调味汁的味道，再用冷黄油给肉块增味。将
马肉切片。土豆苹果羹、炖洋葱和马肉片一起翻炒
装盘，加入少许调味汤汁即可食用。你可以将香草
胡萝卜切片作为配菜单独装盘。

**丰富的调味汁**
在焖炖肉质精瘦的马肉时，为了防止马肉变得干涩，要注意让锅里始
终保留足够的水。黄油面团即将黄油和面粉揉合成的团，在使用前需
要静置一会儿。当然，你也可以将黄油汁和牛肩肉一起烹饪。

# 惠灵顿猪排

你一定听说过"惠灵顿牛排"，但其实"惠灵顿猪排"也非常美味可口。在松脆可口的表皮下铺着一层烤茄片和由玉米、香菇、姜和龙蒿混合而成的蔬菜层。如果你喜欢，还可以在下面铺上一些石榴子或百香果子。

参见"里脊肉"68页
参见"裹皮烘烤"126页

供应人数：4人份
准备时间：约1小时10分钟
烹饪时间：约20分钟

**猪里脊肉**
猪里脊肉2块（各重400克）
橄榄油5汤匙，盐适量
红洋葱1头
香菇200克
罐装玉米粒200克
姜20克
现磨芝士粉20克
龙蒿10克
茄子2个
巴萨米克醋1～2汤匙
黄油100克
酥饼面团或冷藏的长方形馅饼面团2盒（各重275克，如果选择酥饼面团，还可以在每个面片上涂适量牛奶）
蛋黄2个

1 将猪肉表面的水擦干，切块，剔除肉块表面的结缔组织。取大锅，倒入2汤匙橄榄油加热，放入猪肉，双面煎烤至棕色。取出猪肉，撒上盐调味，冷却。将煎锅置于一旁备用。

2 洋葱去皮，切成细丁。将香菇清洗干净，剪去香菇坚硬的柄部，将它切成薄片。将玉米粒冲洗干净，滤去多余水。削去姜的表皮，切成细丁。在煎锅内倒入2汤匙油，再放入洋葱、香菇和姜，一起翻炒约5分钟，加入玉米粒，再翻炒2分钟，接着，拌入芝士粉，待它慢慢熔化。将混合物倒入碗中，用搅拌棒不停搅拌，直至混合液变得浓稠，熄火。将龙蒿冲洗干净，擦干，剪去小叶。龙蒿放入玉米粒中搅拌，慢慢冷却。

3 将茄子纵向切成薄片。在不粘锅内倒入1汤匙橄榄油，逐片放入茄子片，双面煎烤后撒上盐调味。将茄子片放入烤盘中，浇上巴萨米克醋后置于一旁冷却。

4 烤箱预热，上下火180℃。在烤盘里铺上烘焙纸。将黄油加热至熔化，等黄油起泡后再冷却。将酥饼面团放在烘焙纸上擀成两个长方片，在面片半边涂抹上液体黄油，注意留出约1.5厘米的边。将蛋黄和适量水搅拌均匀，并将搅拌液涂抹在面片边缘处。

5 在面片的半边铺上茄子，另一半铺上玉米混合物。两边各摆上一块猪肉，再借助厨房纸小心翼翼地将面片卷起，将边缘处捏合，最后再稍稍用力将封口处压得紧实一些。在表面涂抹上蛋黄，放入烤箱中烘烤约20分钟，直至面团呈金黄色。

6 将烤盘从烤箱中取出，将猪肉从面卷外衣中取出，切片装盘。你也可以根据个人喜好，选择甜土豆泥作为配菜。

# 萝卜炖杜洛克猪排

对于内行来说，杜洛克猪因其一流的肉质而著称。它富含丰富的肌内脂肪，对煎肋肉排这种部位的肉块来说尤其重要，因为肌内脂肪能让肉块在烘烤过程中不会烤干。

参见"猪肋骨前部"68页
参见"里脊和牛背肉的处理和切分"119页

**供应人数：** 6人份
**准备时间：** 约1小时15分钟
**腌制时间：** 约24小时
**烹饪时间：** 约1小时10分钟

**腌制胡萝卜**
蔬菜汤400毫升
覆盆子酒醋150毫升
盐10克，糖40克
小胡萝卜1把
月桂叶1片

**猪肉**
杜洛克猪排1块，带6块肋骨
迷迭香20克
百里香20克
粗粒海盐50克
蒜1头
葵花籽油3~4汤匙
现磨黑胡椒碎适量

**蔬菜泥、沙拉和萝卜苗**
樱桃萝卜750克（去蒂）
红葱头100克
黄油75克
覆盆子酒醋25毫升
辣根1~2茶匙
盐、糖各适量
萝卜苗1碗

1　将蔬菜汤、醋、盐和糖一起煮至沸腾。清洗胡萝卜，去蒂，对半切块，和月桂叶一起放入容量1升的玻璃罐中，倒入煮沸的蔬菜汤。将玻璃罐密封好，将胡萝卜腌制至少24小时。

2　次日，剔除猪肋排背面的脂肪和肌腱。用厨房纱线将猪肋骨绑在一起，呈肉卷状。用铝箔纸将猪肋骨包裹好。将迷迭香和百里香冲洗干净，甩干，揪掉针叶和多余的小叶，并将它们切碎。将迷迭香、百里香放入研钵中，撒上盐，磨成膏状。再将它涂抹到猪肉排上，置于一旁备用。将烤箱温度设定至180℃，通风模式下预热。将蒜切成约5毫米厚的片，铺在烤盘上。在锅内倒入2汤匙油加热，放入猪肉排双面煎烤至金黄。将猪肉排置于蒜片上，滴上适量油，放入预热好的烤箱中，铝箔纸包的猪肋骨也放入烤箱，烘烤40~60分钟，直至猪肉排达到50℃的核心温度。

3　将700克胡萝卜去皮切块。将红葱头切成细条。在锅内放入黄油烧熔化，倒入红葱头炒至油光发亮。将胡萝卜块，铝箔纸包的猪肋骨也放入锅内翻炒5分钟。接着，在锅内倒入醋，盖上锅盖低温焖炖15分钟。将胡萝卜捞出，和辣根放入搅拌机里打成泥，撒上盐和糖调味。拿一只细筛网过滤胡萝卜泥，再将剩余的50克胡萝卜刨成薄片，放入冰水中冷却10分钟。剪下萝卜苗，冲洗干净，滤去水，与樱桃萝卜片混合在一起。

4　从烤箱中取出猪肉排和猪肋排，解开厨房纱线和铝箔纸，再保温10分钟后切片。在猪肉排上撒黑胡椒碎和剩余的香草料。将猪肉排装盘，将做法1的胡萝卜、做法3的胡萝卜泥和胡萝卜片放入小碗中作为配菜。

**提前储备食材**
你需要提前准备好烹饪所需的腌制胡萝卜。储存时，需要将胡萝卜放在玻璃罐中腌制1~2周，保持贮藏环境阴凉。

# 羊背肉搭配烤鱿鱼、梨肉和细叶芹泥

在西班牙和葡萄牙，鱼和肉摆在一个盘里不足为奇。而且这两者也是绝配。但是在烹饪时，鱼和肉需要分开烹饪：将鱿鱼放在葡萄酒里用文火煮，将羊背肉放入烤箱中慢慢烘烤至达到理想的核心温度。

♟♟♟

参见"小山羊背脊"88页
参见"对烧烤的热衷"166页

供应人数：4人份
准备时间：约1小时30分钟
浸泡时间：约2小时
烹饪时间：约2小时

**细叶芹油**
平叶欧芹20克，细叶芹50克
葡萄籽油150毫升

**鱿鱼**
发好的干鱿鱼1只（重800～1000克）
胡萝卜1根（重100克），香葱100克
芹菜100克
干红葡萄酒700毫升，月桂叶1片
迷迭香1枝，黄油50克

**细叶芹泥**
细叶芹300克，红葱头50克
橄榄油2汤匙，海盐适量，白葡萄酒125毫升
冷黄油40克

**梨**
梨半个，干白葡萄酒50毫升
糖40克，柠檬半个（榨汁）

**羊背肉**
羊背肉400克（去骨切块）
海盐适量，迷迭香、百里香各1枝
橄榄油4汤匙，黄油20克，蒜1瓣

**黄油牛奶**
黄油牛奶70毫升
柠檬皮适量，海盐1撮

1　将2种芹菜清洗干净，甩干，揪掉小叶，和油一起搅拌约40秒。将混合物浸渍约2小时，接着，混合物过滤，将芹菜油置于一旁备用。

2　清洗鱿鱼，滤去多余水。刨去胡萝卜的表皮，切块备用。清洗香葱和芹菜，去根后切段。将胡萝卜、香葱、芹菜、红葡萄酒和月桂叶一起煮至沸腾，放鱿鱼，用文火煮约45分钟，直至鱿鱼肉质变软。盛出鱿鱼，置于一旁冷却。

3　剥去细叶芹和红葱头的表皮，切成薄片。在锅内倒入油加热，放入红葱头炒至油光发亮。添入细叶芹翻炒一会儿，撒上盐，浇上葡萄酒。收汁，低温翻炒细叶芹根，直至细叶芹变软。将混合物搅拌约5分钟打成泥，如有需要，添入适量奶油（另取）。加入冷黄油，给芹菜泥调味，置于保温环境中。

4　削去梨的表皮，挖去果核，刨成薄片。在锅内倒入葡萄酒、糖和柠檬汁煮至沸腾，放梨片，熄火，将梨肉放在汤汁中冷却。

5　烤箱预热，上下火80℃。将羊肉表面的水擦干，撒上盐调味。将迷迭香、百里香冲洗干净，甩干。在耐高温的锅内倒入油加热，放入羊肉双面大火煎烤一下。另取锅放入黄油、迷迭香、百里香和蒜，再将肉煎烤约1分钟。将羊肉放在烤箱中，核心温度调至54℃，烘烤60~75分钟。

6　柠檬皮、盐、黄油牛奶拌匀。将鱿鱼切成约2厘米长的块。将迷迭香冲洗干净，甩干。在平底锅内放入黄油熔化，添入迷迭香，加入鱿鱼翻炒约1分钟。

7　从烤箱中取出羊肉，再静置3分钟，切块备用。将芹菜泥装盘，将羊肉块和鱿鱼块摆盘。将梨片摆在肉块旁边，浇上黄油牛奶，浇上细叶芹油。将羊肉端盘上桌，再将剩余的细叶芹油单独装盘。

两种不同品类的雪维菜

雪维菜根或细叶芹的肉质茎呈棕色，个头小，不引人注目。尽管可以生吃，但在大多数时候，人们习惯将它剥皮，像土豆一样煮着吃，或者将它加工成泥。

# 脆皮烤猪

　　烤猪肉的烹饪方法不同于一般的烹饪方法：前三日需将猪肉装在真空袋中腌制；接着，将猪肉放在烤箱里烘烤两个半小时；最后，再用热酱汁浇在猪肉薄片上，待冷却后端盘上桌。完美的浇头：炸得松脆的猪皮。

参见"猪肩肉"69页
参见"腌制"132页

供应人数：4人份
准备时间：约45分钟
腌制时间：约3天
干燥时间：约3天
冷藏时间：约3小时
烹饪时间：约6小时30分钟

**腌制猪肩肉**
带皮猪肩肉1.2千克
黑芥菜子1茶匙
香菜子1茶匙
月桂叶3片，茴香子1茶匙
甜红椒粉1茶匙
多香果4粒
柠檬半个（去皮去籽）
海盐10克，糖10克，雷司令白葡萄酒200毫升
葵花籽油2汤匙
植物油（油炸用）、盐各适量

**酱汁**
芥菜子20克，白葡萄酒100毫升
小牛肉汁200毫升（见339页）
盐、现磨黑胡椒碎各适量
白葡萄酒醋适量

**配菜**
红洋葱2头，苹果醋100毫升
荷兰豆50克，盐、糖各适量
腌制黑胡桃果2~3粒
芹菜适量

1　擦干猪肉表面的水，取一把锋利的刀将猪皮与猪肉分离开来。将芥菜子、香菜子、月桂叶、茴香子、多香果、柠檬、盐、糖放在研钵里一起捣碎，和甜红椒粉、雷司令混合起来。将猪肉放入真空袋中，用调味料涂抹在猪肉上，真空密封，腌渍冷却72小时。

2　将肉皮放在锅内，倒入盐水使水位淹没肉皮，将肉皮煮约3.5小时，直至肉皮变软。反复加几次水，使肉皮始终淹没在水中。取出肉皮，用厨房纸巾吸干，再放在烘焙纸上静置3天直至肉皮完全干燥。

3　烤箱预热，上下火130℃。将猪肉从真空袋中取出，用流动的冷水将调料冲掉，再拭干猪肉表面的水。在煎锅内倒入油加热，放入猪肉双面煎烤，接着，将猪肉放入预热好的烤箱中烘烤约2.5小时。盛出猪肉，用铝箔纸包裹好，置于一旁冷却。

4　将芥菜子和白葡萄酒倒入锅内，用文火煮约5分钟，接着，在锅内倒入小牛肉汁。用盐、黑胡椒碎和适量醋调味。你还可以根据个人喜好，在酱汁中加入适量水淀粉（另取）轻轻搅拌至黏稠。调味后置于保温环境中存放备用。

5　洋葱去皮，切成细圈状。将洋葱圈倒入锅内，浇上醋和2汤匙水，煮至沸腾，再用文火慢煮，直至液体完全蒸发。将荷兰豆清洗干净，甩干，切成细条状，撒上少许盐和糖，腌渍约10分钟。将黑胡桃切片。将猪肉皮切块后油炸，见301页步骤1~3所示。

6　将猪肉切成薄片，与洋葱圈、荷兰豆和黑胡桃果一起装盘。在上面浇上热酱汁，再摆上炸得松脆的肉皮和芹菜，将冷却后的烤肉端盘上桌。

**防溅保护**
因为烤猪肉容易喷溅，在油炸猪皮时，需要使用防溅罩。如果你要切割冷烤猪肉，最好使用切片机来操作。

**1** 用一把锋利的刀将干燥的肉皮切成小长方形或切块。

**2** 在炒锅或电炸锅里倒入适量油，加热至175℃左右，将肉皮炸至松脆。

**3** 用漏勺将肉皮捞出，用厨房用纸将肉皮上的油脂吸去，再在肉皮上撒盐。

# 烤酿馅小山羊肩肉卷

这种烹饪方法要求厨师在烹饪时全神贯注。每隔5分钟，都要用由茴芹（又叫西洋茴香）、茴香子、藏红花花丝和蛋黄特制的佐料涂抹一次烤箱里的小山羊肩肉，使它的肉质保持细嫩。

参见"羊肩"87页
参见"酿羊腿"121页

供应人数：4人份
准备时间：约2小时30分钟
烹饪时间：约1小时15分钟

**小山羊肩肉**
小山羊肩肉2块（各重600～700克）
第戎龙蒿芥末40克
海盐适量
橄榄油2汤匙
带皮嫩土豆600克
洋葱250克
迷你胡萝卜200克（也可用普通胡萝卜替代）
羔羊肉汁或禽肉汁200毫升

**馅料**
洋葱200克，蒜2瓣
百里香叶和迷迭香叶1汤匙
橄榄油2汤匙

**调味料**
蒜2瓣
茴芹子1克，茴香子1克
现磨黑胡椒碎适量
藏红花花丝3～4根
蛋黄2个，橄榄油20毫升

**配菜**
嫩西葫芦1根
橄榄油2汤匙
盐、现磨黑胡椒碎各适量
樱桃番茄干12粒（可用3～4颗普通番茄干代替）

1 将小山羊肉挖洞，拭干血水。将芥末涂抹在小山羊肉表面，微微佐盐。

2 洋葱去皮，对半切开，切成洋葱条。剥去大蒜的表皮，切成蒜丁。将百里香和迷迭香冲洗干净，拭干，切成碎末。在平底锅内倒入橄榄油加热，放入洋葱翻炒至金黄，加入蒜、百里香、迷迭香搅拌均匀，将洋葱混合液快速冷却。

3 剥去大蒜的表皮，磨成细末。将茴芹子和茴香子放在研钵里磨碎，将黑胡椒碎、藏红花花丝、蛋黄和橄榄油一起放入搅拌机里，打成细泥。

4 烤箱预热，上下火200℃。将做法2的洋葱混合物填塞进小山羊肉中，卷成肉卷状，用厨房纱线将肉卷固定住。在煎锅内倒入橄榄油加热，放入小山羊肉双面煎烤。将煎盘推入烤箱中，烤约15分钟。

5 将土豆清洗干净，带皮纵向分成6份。洋葱去皮，分成8份。刨去迷你胡萝卜的表皮，如果选择块头大一些的胡萝卜，去皮后切成约1厘米厚、6厘米长的条。将以上蔬菜放在烤盘上，微微佐盐，浇上肉汁。将烤盘推入烤箱中。每隔5分钟左右翻转一下小山羊肉，用做法3的调料涂抹在小山羊肉两面。将小山羊肉烘烤45~60分钟，直至肉质变软。

6 清洗西葫芦，去蒂，纵向切成12块薄片。在平底锅内倒入油加热，放入西葫芦片快速煎烤，撒上盐和黑胡椒碎调味，再卷成卷状。

7 从烤箱中取出烤盘。去除厨房纱线，垂直于肌纤维方向将小山羊肉切成片。将小山羊肉、做法5中烤好的蔬菜、西葫芦小卷和樱桃番茄干一起装在预热好的盘子中，即可端盘上桌了。

**烤小山羊肉**

将小山羊肉去骨，用辛辣的洋葱馅作调料，用厨房纱线将羊肩肉像传统肉卷一样卷起缝好。这样能使小山羊肉的肉质始终保持细嫩，在烘烤时不会变得干涩。根据选用的小山羊的年龄不同，羊肩肉的块头大小不同，烹饪时间也各不相同。块头大一些、重量重一些的羊肩肉所需的烹饪时间更长，在烹饪过程中也需要加更多的水。

# 干草盐面团裹烤羊肩肉

　　裹上干草和盐团后再将羊肩肉放入烤箱中：干草能给羊肩肉带来清新的香草味，厚厚的盐裹层能保护羊肩肉，防止它干裂。重要的是：在包裹羊肩肉时，要使盐层裹得厚一些，不能出现小的裂缝或空隙。

参见"羊肩"87页

**供应人数：** 4人份
**准备时间：** 约1小时
**烘烤时间：** 约3小时

### 羊肩肉
羊肩肉1块（带骨，重约1.6千克）
第戎芥末50克
生海盐3.5～4千克
小号鸡蛋7个或大号鸡蛋5个
淀粉130克
有机干草12克
新鲜香草1撮（百里香、牛至叶等）

### 沙拉
牛心番茄2～3个（各重约180克）
大葱2～4根
大黑橄榄4个
菜心2棵
盐之花少许
现磨黑胡椒碎适量

### 芝士酸味沙拉酱
巴萨米克醋（白色金标）40毫升
矿泉水50毫升
糖、海盐、干辣椒粉各适量
橄榄油50毫升
芝士块20克

1　将烤箱温度设定至160℃，通风模式下预热。将羊肉表面擦拭干净，并涂抹上芥末。拿深口烤盘，垫上烘焙纸。在纸上撒上盐，再与鸡蛋和淀粉混合在一起。将盐团往烤盘的中心位置压扁，再放上半份干草。将羊肉铺在盐层上，如305页步骤1所示。最后，使盐层的裂缝完全闭合。将烤盘推入预热好的烤箱里，将羊肩肉烘烤约3小时。

2　清洗番茄，擦干，横切成薄片。清洗大葱，去根，切成段。橄榄去核后切成条。清洗菜心，滤干后对半切开，再将其中半份横向对半切开。

3　将醋和矿泉水、一撮糖、盐和干辣椒粉搅拌均匀，倒入橄榄油。将芝士块切成宽条，与其他调料拌在一起。

4　将番茄片搭叠摆盘，再撒上盐之花和黑胡椒碎。接着，铺上大葱段、橄榄和菜心，挤上芝士酸味沙拉酱。

5　将烤盘从烤箱中取出，如305页步骤2所示。将羊肉剔骨切片后放在沙拉上即可端盘上桌了。你可以根据个人喜好，搭配黑面包作为配菜。

#### 干草和香草的香味
重要的是：在选择包裹羊肩肉的干草时，一定要选择未被打过农药的有机干草。尽管这种有机干草并不是随处都可以买到的，但是你可以在有机农场或网店采购。最理想的状况是购买新鲜、刚割下来的绿色干草，它既不会特别潮湿，又不会带着很多灰尘。当然，如果买不到新鲜的干草，也可以用新鲜香草来替代。

1 将剩余干草和香草铺在羊肉上方，用剩余的盐块全部抹在羊肩肉表面。

2 用拍肉槌或宽边的刀将盐团砸开，去掉锅内的干草。

# 焦糖芝麻樱桃小牛蹄

　　要想让富含骨胶原的小牛蹄肉质变得柔软，在烹饪时，你需要足够的精力和耐心。牛霖和蔬菜需要分开烘烤，确保烤肉足够入味。接着，将它们浸泡在水中，置于烤箱里焖烤7小时。重要的是：你需要提前一天开始烹饪准备工作。

参见"小牛小腿肉"45页
参见"露天焖炖"162页

供应人数：4人份
准备时间：约1小时20分钟
冷藏时间：约12小时
烹饪时间：约8小时

**小牛蹄**

小牛小腿肉1块（重1.9千克）
盐、现磨黑胡椒碎各适量
葵花籽油4汤匙
中号洋葱2头
蒜3瓣
欧芹根2个
香葱1根
蘑菇5只
番茄酱1汤匙
茴香子1茶匙
香菜子2茶匙
红葡萄酒2升，多香果5粒
刺柏果5粒
丁香4个
红胡椒2茶匙（产于热带地区）
月桂叶2片，小牛肉汁1升

**其他配料**

酸樱桃干60克（也可以用蔓越莓干代替）
白芝麻和黑芝麻共30克（混合）
红糖40克
盐、现磨黑胡椒碎各适量

1　擦干小牛肉表面的水，撒上盐和黑胡椒碎调味。在煎锅或大口平底锅内倒入3汤匙油加热，放入小牛肉，双面大火煎烤。盛出小牛肉，放入耐高温的带盖大焖锅中。

2　烤箱预热，上下火120℃。洋葱、蒜和欧芹根去皮，切成约1厘米见方的块。清洗香葱，去除根部，清洗蘑菇，去蒂，将葱和蘑菇切成约1厘米见方的块。在煎锅内倒入1汤匙油，放入以上蔬菜和蘑菇翻炒至焦黄。将番茄酱、茴香子和香菜子搅拌均匀，快速煎烤一会儿后，浇上1升红葡萄酒。加入剩余调料，再倒入剩余的红葡萄酒，倒入小牛肉汁。

3　将做法2浇在小牛肉上。如有需要，还可以加适量水，直至液体完全没过小牛肉。将焖锅放入预热好的烤箱中，将小牛肉焖烤约7小时。接着，取出小牛肉，将它置于一旁隔夜冷却。

4　第二天，烤箱预热，上下火140℃。盛装小牛肉的焖锅加热一下，再取出小牛肉，置于一旁备用。用细筛网过滤焖炖汁，留出300毫升的量。将酸樱桃干切碎，将白芝麻和黑芝麻倒入不粘锅内，在无油状态下快速翻炒，再放入酸樱桃干，浇上300毫升的焖炖汁，再将汤汁熬得如糖浆一般浓稠。

5　将小牛肉装在小的深口烤盘里，浇上半份樱桃芝麻混合液，再撒上糖和盐调味。将小牛肉放在烤箱里慢慢烘烤30~60分钟。拌入剩余的樱桃芝麻混合液，撒上盐和黑胡椒碎调味。你也可以根据个人喜好，加水淀粉（另取），再撒上盐和黑胡椒碎调味。

6　将小牛肉切片后装盘，酱汁单独盛装上桌。

**给肉块增添香味**
经过焖炖后，小牛蹄肉的肉质变得非常细嫩，香味诱人，通过收汁的方法还能加强这种香味。你可以选择宽面条或烘焙的香味浓郁的面包片作为配菜。

# 茶树皮炖兔上后腿肉配玉米粥

　　选取澳大利亚东部的沼泽树或茶树上的薄树皮来包裹兔肉，能让兔肉肉质保持细嫩。最重要的是：先用火将树皮内侧微微灼烧一下，使树皮散发出一股烟熏木头的香味。

参见"后腿"91页
参见"腌制"132页

**供应人数：** 4人份
**准备时间：** 约45分钟
**腌制时间：** 约2小时
**烹饪时间：** 约40分钟

## 兔肉
兔上后腿肉4块（切小块）
盐、现磨黑胡椒碎各适量
茶树皮4片（卷肉用）

## 腌泡汁
百里香4枝
迷迭香4枝
蒜4瓣
红尖椒1个
橙子半个
柠檬半个
磨好的孜然芹半茶匙
橄榄油6汤匙

## 玉米粥
禽肉汁或蔬菜汁400毫升
牛奶300毫升
黄油80克
玉米粗面粉100克
盐、现磨肉豆蔻粉各适量
切碎的百里香叶半茶匙
橙子皮半茶匙

1　用厨房纸巾吸干兔肉表面的水，撒上盐和黑胡椒碎调味。

2　将百里香、迷迭香冲洗干净，甩干，切碎备用。蒜去皮，切成薄片。清洗尖椒，去蒂，切成小丁。用热水清洗橙子和柠檬，擦干，将皮轻轻剥下，柠檬榨汁。将百里香、迷迭香和橙子皮、尖椒丁、柠檬皮、柠檬汁、孜然芹和橄榄油混合均匀。

3　在兔肉周身抹上腌泡汁，密封好后放在冰箱里腌渍约2小时。

4　将烤箱温度设定至160℃，通风模式下预热。将茶树皮平铺，用火轻轻灼烧一下树皮内侧。将兔肉从腌泡汁内盛出，放在茶树皮上，用茶树皮将兔肉包裹起来，再将两端扎紧。用厨房纱线捆扎树皮，放进预热好的烤箱里烘烤35~40分钟。

5　将肉汁与牛奶和黄油一起煮至沸腾。拌入玉米粉，再重新煮至沸腾。转小火，用盐和肉豆蔻粉调味，持续搅拌10~20分钟，直至玉米粥变得浓稠，呈膏状。在玉米粥上撒百里香和橙子皮装饰。

6　将兔肉从烤箱中取出，再静置约5分钟。将兔肉连同茶树皮一起装盘上桌，玉米粥单独装碗上桌。

**唇齿生香**
等端盘上桌后，再将茶树皮解开，就能锁住兔肉的香味，使香味变得更加浓郁。除了玉米粥外，古斯米也是一种绝佳的配菜。

# 夹心猪胸肉配莴苣和酸豆

　　这道菜需要在猪胸肉上开一道口子，需要烹饪者掌握一定的技巧。重要的是，开口恰到好处，足够深又不至于让猪肉裂成两块。

参见"猪胸肉"68页
参见"酿胸肉"125页

**供应人数：** 4人份
**准备时间：** 约1小时
**烹饪时间：** 约2小时30分钟

## 夹心猪胸肉

带肋骨猪胸肉1.5千克
黄油吐司200克，洋葱1头（约80克）
欧当归叶（又名独活草）小叶20克
平叶欧芹叶30克
黄油30克，牛奶150毫升，鸡蛋2个
矿盐、现磨黑胡椒碎各适量
肉豆蔻花适量
植物油3汤匙（煎烤用）
烤时蔬300克（洋葱、胡萝卜和根芹各1/3，去皮切丁）
黑啤500毫升
盐2茶匙，糖1汤匙，磨好的欧芹子5克
冷黄油100克（切块）

## 焖沙拉

球叶莴苣2小棵
黄油80克
盐、糖各1撮
禽肉汁100毫升
水煮蛋2个
红葱头2头
盐水浸泡过的小酸豆25克
欧芹叶20克
干墨角兰半茶匙

## 其他配料

烤面包丁50克

**1** 用厨房纸巾将猪胸肉表面的水吸干，拿一把锋利的小刀在猪胸肉上开一道口子，如311页步骤1所示。

**2** 将黄油吐司切成小块后装入碗中。洋葱去皮，切块备用。冲洗欧当归叶、欧芹，擦干，切碎备用。在平底锅内放入黄油加热熔解，将洋葱块翻炒至色泽变得透明。拌入欧当归叶、欧芹，快速翻炒一会儿。倒入牛奶，快速煮至沸腾，将牛奶浇在吐司块上，密封浸渍约10分钟。拌入鸡蛋，撒上盐、黑胡椒碎和肉豆蔻花调味，将所有食材混合均匀。

**3** 烤箱预热，上下火150℃。在猪胸肉中填好做法1的馅料后封口，如311页步骤2~3所示。在带盖的煎锅中倒入1汤匙油加热，放入烤时蔬翻炒，待色泽微微变棕。逐次加入啤酒，使烧烤味慢慢减弱。

**4** 在填好馅的猪胸肉表面涂满盐、糖和欧芹子。在平底锅内倒入剩余的油加热，放入猪胸肉双面煎烤至焦黄。将烤时蔬盛在烤盘上，将猪胸肉摆在烤时蔬上，放入烤箱中密封焖烤1.5~2小时，浇上剩余的啤酒，再放入烤箱中继续焖烤，如有需要，也可以加适量冷水。

**5** 将球叶莴苣清洗干净，甩干，对半切开。在平底锅内放入黄油熔化，在球叶莴苣上撒盐和糖，放入黄油中翻炒至焦黄，浇上禽肉汁，再浸渍约5分钟后取出，收汁。剥去鸡蛋皮，切成小块。红葱头去皮，切丁备用。将酸豆、鸡蛋、红葱头丁和墨角兰、欧芹一起倒入锅内，再次快速加热球叶莴苣。

**6** 将填馅猪胸肉从烤盘中盛出，取一把锋利的刀剔除肋骨，拆除厨房纱线。用细滤网过滤烤肉汁，再将它和冷黄油块轻轻拌在一起。将猪胸肉切片，连同焖炖好的球叶莴苣一起装盘，撒上烤面包丁即可端盘上桌。

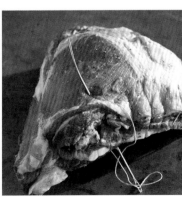

**1** 拿一把锋利的刀从猪胸肉较宽的一面切入，但是不要切得太深，防止猪胸肉开裂成两半。

**2** 将面包香草混合料填入猪胸肉的开口中，但是注意不要填得太满，因为在烹饪过程中，馅料还会膨胀一些。

**3** 用打结针和厨房纱线将猪胸肉开口处缝合。

# 烤带骨牛前腰脊肉

　　将牛前腰脊肉用香草腌制一下，再放入烤箱中低温烘烤。这种烹饪方法能让牛前腰脊肉保持绝佳的口感。选取的牛肉肉质越上乘，在烹饪快结束时对核心温度的把控越游刃有余，牛肉的口感越好。

参见"牛前腰脊肉"47页
参见"牛腰肉的分割与切片"163页

**供应人数：** 4~6人份
**准备时间：** 约20分钟
**腌制时间：** 12~24小时
**烹饪时间：** 约3小时

**牛前腰脊肉**
带骨牛前腰脊肉1.5千克
蒜2瓣
迷迭香2枝
百里香2枝
中等辣度的芥末2汤匙
现磨粗胡椒碎、海盐各适量
植物油100毫升
澄清黄油4汤匙
黄油100克

**1** 提前一天将牛肉沿着中心骨到椎骨方向纵向切开，这是为了让它在烹饪过程中受热均匀。剔除厚厚的背部脂肪和脂肪下的肌腱，保留肉块表面一层薄薄的脂肪层。

**2** 蒜去皮，拍扁。将迷迭香和百里香冲洗干净，甩干。将芥末、粗胡椒碎和压扁的蒜涂抹在牛肉表面，在肉块和骨头之间插上一根迷迭香。将牛肉密封浸渍12~24小时。

**3** 次日，烤箱预热，上下火80℃。在牛肉表面撒上盐。取大平底锅，倒入油和澄清黄油加热，放入牛肉大火煎烤至焦黄。将肉块置于烤架上，底下摆放滴油盘，再将烤架推入预热好的烤箱中，烘烤约3小时。待过了2.5小时后，检查一下烤箱内牛肉的核心温度。如果要保证牛肉"五分熟"，核心温度必须控制在52~54℃。

**4** 取出牛肉，用铝箔纸覆盖在肉块表面，置于保温环境中再静置约10分钟。

**5** 在平底锅内放入黄油熔解。将剩余的迷迭香和百里香一起放入锅内，放入牛肉双面快速煎烤一下。

**6** 将牛肉从平底锅内盛出，沿着肌纤维横向切片装盘上桌。根据个人喜好，你还可以搭配沙拉和烤面包一起食用。

**牛肉的成熟度**
这道菜的烹饪工序非常简单，它的烹饪成功与否在很大程度上取决于牛肉本身的质量。你选取的牛前腰脊肉的熟成度至少要满两周，最好四周，牛肉表面最好有漂亮的大理石纹路。

# 烧烤和烟熏

　　烟熏火烤能让肉食变得更加有滋有味。烧烤大多是通过高温烘烤给肉带来浓厚的香味，如烤肉眼或烤臀尖肉；而从烟熏炉里拿出来的肉块香味四溢，主要是因为数小时熏制产生的，它能让肉块变得细嫩柔软，尤其是像前胸肉这样富含结缔组织的肉，熏制后极其鲜嫩可口。

# 香葱黄油佐肋眼牛排

在烘烤前，先将牛肉放入蒸锅里，将肉蒸熟。将5厘米长的厚切肉片放在炙热的烤架上烘烤几秒钟，使肉质获得足够的热度和恰好的熟度。

参见"肋眼牛排"40页
参见"对烧烤的热表"166页

供应人数：4人份
准备时间：约1小时
冷藏时间：约12小时
烹饪时间：约1小时45分钟

**香葱黄油**
香葱160克，百里香和迷迭香各1枝
烈红酒200毫升，波尔图红葡萄酒100毫升
海盐、现磨黑胡椒碎、糖各适量
甜菜根粒2茶匙（也可用甜菜根粉代替）
鲜柠檬百里香叶、墨角兰叶各1茶匙
平叶欧芹叶1汤匙
绿胡椒25粒，软黄油150克
粗粒芥末1茶匙，蛋黄2个
现磨芝士粉20克，面包糠30克

**牛排**
小母牛肋眼牛排2份（重600克）
现磨粗胡椒碎适量
优质橄榄油2汤匙
植物油1~2汤匙（烤肉用）
马尔顿烟熏海盐（也可其他品牌海盐）

**红葱头**
红葱头190克，红酒200毫升
波尔图红葡萄酒30毫升
黑胡椒5粒，丁香1粒
月桂叶1片，海盐4克，糖6克
覆盆子酒醋2汤匙，冷黄油10克（切块）

**摩士达荷兰汁拌根芹**
去皮根芹400克，海盐适量
奶油50克，冷黄油50克，埃斯普莱特辣椒粉适量

**其他配料**
香葱花1汤匙，烤面包丁3汤匙

**1** 在烹饪前一天，将香葱去皮切成葱花。清洗百里香和迷迭香，拭干。用红酒、波尔图葡萄酒、百里香、迷迭香、香葱一起低温水煮，直至液体都蒸发殆尽。接着，加入盐、黑胡椒碎和一撮糖来调味，再放入一半甜菜根粒翻炒。挑去百里香和迷迭香，使香葱冷却，冷藏储存。冲洗欧芹叶，甩干，与绿胡椒一起切碎。将软黄油与芥末、盐、黑胡椒碎、剩下的甜菜根粒和柠檬百里香叶、墨角兰叶搅拌成膏状。将2个蛋黄逐一加入，搅拌芝士粉。将红酒香葱和面包糠混合在一起，用盐和黑胡椒碎调味。将香葱黄油卷成两卷，用保鲜膜和铝箔纸包好，放在冰箱里过夜冷藏。第二天，再将黄油速冻1~2小时。

**2** 在牛排边缘的脂肪层剖十字花刀，用厨房纱线将肉块捆起，保持宽度均匀。用粗胡椒碎给牛排调味，用橄榄油涂抹肉块，再用真空袋包好，用70℃烹熟，添注冷水，使烹饪温度降至60℃，将牛排蒸煮10分钟。将恒温器调至54℃，使水温慢慢降至54℃，再将牛排蒸煮45分钟。

**3** 将烤箱温度设定至100℃，通风模式下预热。将红葱头去皮，与红酒、波尔图葡萄酒、30毫升水和黑胡椒、丁香、月桂叶、盐、糖一起放入耐高温的锅中煮沸，接着盖上盖子再煮15分钟，加入覆盆子酒醋，将汤汁熬成似糖浆般浓稠状。

**4** 制作摩士达荷兰汁拌根芹。先将根芹切成2厘米见方的小丁，放入锅内，添入水至根芹丁刚好被淹没，添加少许盐调味，将根芹丁煮至发软，捞出沥干，添入奶油，快速煮沸，然后搅拌均匀，加入冷黄油，用盐和埃斯普莱特辣椒粉调味，并保温贮藏。

**5** 将牛排从真空袋中取出，用厨房纸将表面的水吸干，至少冷却5分钟。将一个香葱黄油卷切成约2厘米厚的片，另一个用来烤肉。烤架刷点儿油，将牛排放到烤架上，烘烤20秒，然后将烤架旋转90度，烘烤20秒。将牛排翻面，用同样的方法再烘烤一

遍。将牛排放到砧板上，将厨房纱线解开，将一个
香葱黄油卷放在上面，再静置3~5分钟。

**6** 将做法3快速加热一会儿，去除调料，加入冷黄油搅
拌均匀。将牛排横向对半切开，盛在事先预热好的
盘中。在牛排两侧各涂抹上2汤匙摩士达荷兰汁拌根
芹，摆上5~6块红葱头，撒上香葱花和烤面包丁。用
粗胡椒碎和烟熏海盐调味后即可端盘上桌。

# 芒果阿根廷青酱佐烤牛臀盖肉

　　为了让臀腰肉盖烘烤起来更美味，你需要选择质量上乘的牛肉。如果使用电转烤肉架来烤肉，建议选择从美国进口的带厚脂肪盖和大理石花纹的牛肉。一定要选带脂肪层的牛肉，它能使肉质口感更佳，也更鲜嫩多汁。

参见"臀腰肉盖"44页
参见"对烧烤的热衷"166页

供应人数：4~5人份
准备时间：约30分钟
静置时间：约30分钟
烹饪时间：约15分钟

**牛肉**
美国牛臀腰肉盖（带2~3厘米厚的脂肪层）2千克
马尔顿海盐粒、现磨粗胡椒碎各适量

**芒果阿根廷青酱**
平叶欧芹2把
小号白皮洋葱1头
蒜2瓣
盐适量
柠檬1个
小辣椒1个
百里香叶1汤匙
牛至叶叶1汤匙
橄榄油100~150毫升
现磨黑胡椒碎适量
芒果肉100克
月桂叶1片（根据个人喜好添加）

**1**　将牛肉表面的水分擦干，切成4~5厘米厚的块，用22克马尔顿海盐涂在牛肉表面，在室温环境里浸渍约30分钟。

**2**　制作芒果阿根廷青酱。先将欧芹冲洗，甩干，摘取欧芹叶，切成小段。洋葱去皮，对半切开，再切成条。将蒜剥皮，切成小块，加盐磨碎。用热水清洗柠檬，刮去表皮，榨汁。将以上配料放在研钵里磨碎。接着，加入橄榄油，直至酱汁变成黏稠的膏状。

**3**　将辣椒清洗干净，甩干，再切成细条。冲洗百里香叶和牛至叶叶，甩干，切成小段，拌入辣椒，用盐和黑胡椒碎调味。将芒果肉切成小块，拌入酱汁中。根据个人喜好，加入月桂叶，再浸渍一会儿。

**4**　选择带外盖的木炭烤炉或燃气烤炉来烤牛肉。牛肉块的脂肪层朝外，摆在长长的电转烤肉架上，先用直接烘烤的方式高温烘烤3~4分钟，使肉质色泽变为棕色，再用间接烧烤的方法带盖封闭烘烤10~15分钟。等间接烧烤10分钟后，检查核心温度，使肉块的核心温度达到54℃。将牛肉从烤架上拿下来，在温暖的环境里静置5分钟左右。

**5**　将牛肉从烤架上拿下来，切成约5毫米厚的薄片。将阿根廷青酱装入小碗中。将牛肉装盘，用马尔顿海盐和粗胡椒碎调味，浇上芒果阿根廷青酱。根据个人喜好，可以选择烤芒果和佛卡夏香草面包或厚切土豆片作为配菜。

**用Beefer烤炉来烤肉**
脂肪和肉一起享受更美味，如果中间太夹生，可将肉块再放到电转烤肉架上烘烤一下。采用Beefer XL Chef 烤炉来烤肉也非常合适。你可以将牛肉低温烘烤，三四分钟旋转一次，中途将烤架垂直放置一次，使油排出。

最爱的肉块

在欧洲德语区国家，肉质更精瘦一些的臀腰肉盖大多采用水煮的烹饪方法。而在南美地区则截然不同：这些带有精细大理石花纹和后脂肪盖的臀腰肉可是巴西人和阿根廷人吃烧烤时的最爱。

# 肉肠

## 梅格兹香肠

　　这种来自马格里布的风味浓郁的香肠带来了一场熏制工艺的革新，这种香肠其实自制的味道更好。我们保留它的北非原味，用茴香、胡椒碎和蒜作为基底调味，再以八角和香草作为补充。而辣度则可以自己把握。

参见"羊肩"87页
参见"灌香肠"322页

**约 30 份香肠**
准备时间：约3小时
冷藏：约2小时
炖煮：10~15分钟

**混合调料**
蒜3瓣（2大1小）
干百里香1克
干迷迭香1撮
茴香子2克
海盐45克
磨好的孜然粉2克
现磨黑胡椒碎5克
勒维拉熏红椒粉3克
甜椒粉5克
蜂蜜5克

**香肠肉糜**
带肥肉羊肩肉1.25千克（无结缔组织）
羊腩肉500克
带肥肉牛胸肉750克（无结缔组织）

**其他**
羊小肠

1　制作混合调料。蒜去皮切成末。百里香、迷迭香、茴香子用研磨器磨碎，混合适量海盐倒入一只碗中。将孜然粉、黑胡椒碎、勒维拉熏红椒粉和甜椒粉混合，加入蒜末和蜂蜜后搅拌均匀。

2　准备灌肠用的肉糜。将羊肩肉、羊腩肉和牛胸肉切小块。把肉放在大碗里，用混合调料调味，充分搅拌均匀。把肉放置在0~2℃的环境中冷藏2小时。

3　用绞肉机装配5毫米孔径的孔板把肉搅成肉糜。打好的肉糜手工搅拌10~15分钟，直到起黏。羊小肠用冷水浸泡30分钟。

4　将肉糜分次填装进灌肠机。每次在出肠口套上一节羊小肠，把香肠调整成想要的尺寸。如果过程中有气孔，可以在相应位置用针小心地扎一个小孔将空气放出。

5　烹饪梅格兹香肠的时候可以用间接烧烤的方法烤或直接煎，直到香肠四周都呈现漂亮的金褐色，内里也完全熟透。

### 更多选择

如果不喜欢太有嚼劲的肉，可以将羊肚部分或全部替换成猪腩。当然爱吃羊肉的朋友可以全用羊肉来制作梅格兹香肠。喜欢吃辣的朋友可以在调料里多放一些辣椒粉或哈里萨辣酱。想要提升点难度的话可以准备双份香肠，留出一部分风干几小时，再用燃烧的山毛榉反复冷熏数次，制作出别有风味的梅格兹冷熏香肠。

## 灌香肠

**1** 天然羊肠（包括事先盐渍过的）都需要浸泡30分钟。人造肠或蛋白肠需在接近手心温度的水中泡上15分钟使其变得柔软。

**2** 绞肉前要先将肉切成方便拿取的小块。各人喜好的香肠口味不同，如果爱吃瘦一点的香肠，需要选用纤维更紧实的猪背肉改刀成这样的肉块后再进一步加工。

**3** 将肉稍微冷冻一下后根据想要制作的不同香肠种类来绞肉：如果想做中等粗细的煎香肠，可以先用8毫米孔径的孔板将肉打碎，再用更小孔径的孔板搅成细密的肉糜。

**4** 用盐、辣椒粉和胡椒碎调味，因为煮熟热食的香肠吃起来会比生冷时味道更重，需要注意把握调味的分寸。

**5** 打好的肉糜搅至起黏。最好先制作一小段肉肠煎熟试味，调味妥当后再进行下一步操作。

**6** 用手指将肠衣里残留的水分挤出，将肠衣的一部分套在灌肠机（或绞肉机）出肠口。

**7** 现在到了真正制作香肠的工序了：将搅好的肉糜均匀地填压到进肉口，另一只手托住不断挤出来的香肠，找个帮手一起做会简单很多。

**8** 灌香肠的时候要始终注意将肉糜压紧压实，不留空隙。尽量让每一节香肠在达到同样长度时多次拧紧固定。

**9** 这种中等粗细的猪肉肠可以直接（或水煮后）用平底锅煎或放到烤架上烤。

# 兔肝香肠

香肠约1500克

**混合调料**

海盐100克，糖10克，黑胡椒碎8克，肉豆蔻粉3克，香草1克，姜2克，小豆蔻粉2克，墨角兰12克，芥末3克

**肉**

盐适量，洋葱（各插入月桂叶1片和丁香1粒）2头

法国香草（各需胡萝卜1根，西芹1根，欧芹根半个，葱1段）2份家兔肉1000克，猪腩肉200克

**香肠肉糜**

洋葱、猪油各100克，黄油25克，兔肝170克，兔肉高汤235毫升

**此外还需**

250毫升容量的玻璃罐2个

**1** 取两只锅，分别倒入适量冷水烧开，都放入少许盐，分别投入1头洋葱和1份香草。往其中一只锅里放入兔肉，另一只锅放入猪腩肉。煮熟后将两种肉取出，趁热用绞肉机（用5毫米孔径的孔板）打成肉糜。煮兔肉的高汤留出235毫升的量。

**2** 100克洋葱去皮切丁。将猪油和黄油烧至化开，倒入洋葱丁炒至焦黄。稍稍冷却片刻后与生兔肝一起塞入绞肉机打碎。

**3** 做法1和做法2混合，倒入235毫升兔肉高汤和1/3的混合调料，搅拌混合（剩余调料保留备用）。香肠在热的时候调味必须偏重，也就是说即使你觉得香肠已经比较重口了，也要再少量加一点盐，最后再放入剩余的混合调料，不然等香肠冷却了就会口味过于清淡。如果喜欢多汁一点的口感可以在肉糜中加入糖渍过的苹果丁或梨丁。

**4** 彻底清洁玻璃罐并用热水冲洗干净。把盖子泡在沸水里。将香肠肉糜装入罐子中，最多填充至容量的2/3，然后将盖子从热水里捞出，拧紧封好罐口。取锅倒适量水烧开，将玻璃罐放在蒸架上，保持罐口密封，蒸1小时左右。将罐子从锅里取出，放置在室温下冷却。

## 柔肠百转

一些香肠品种可做涂抹用，也可以煮着吃，如啤酒火腿（Bierschinken）、狩猎香肠（Jagdwurst）或哥廷根香肠（Göttinger），这些香肠都可以用瓶瓶罐罐制作填装，这样可以把美味牢牢锁住。如果要做法兰克福香肠（Frankfurter）、伯克香肠（Bock-order）或烤肠这种需要烟熏或风干的香肠，肠衣就派上用场了，如果做猪头肉冻肠，也需要用肠衣包裹才更好吃。各种口径的人造肠衣可以用来制作熏香肠如萨拉米香肠（Salami）、生碎肉肠（Mettwurst）和伯克香肠、法兰克福香肠或克科拉夫香肠（Krakauer）。当然，无须经过烟熏工序的煮香肠也可以用人造肠衣制作。接近一半的香肠都是用人造肠衣加工制作的。而各个品种的天然肠衣也可网上订购，通常都是盐浸保存的。最常用的还是细细的羊肠（见322页图片），各种煎肠、图灵根香肠（Thüringer）、香辣肠（Merguez）都可以用羊肠做肠衣。而加工血肠或肝肠则需要稍有厚度，脂肪含量更高的肠衣如牛空肠、猪空肠或猪直肠。钟爱香肠的朋友购买肠衣一定要留足备用量，用剩的部分可以冷冻保存，或用盐水浸泡着放进冷藏室，可保存两周。

# 伊比利亚猪肉卷

西班牙伊比利亚猪生长缓慢，需要消耗很多谷物，在每年十月到1月间主要以橡子为食，猪肉大理石纹丰富，吃起来有一股诱人的坚果香气。

参见"伊比利亚猪（西班牙黑猪）"59页
参见"裹皮烘烤"126页

**供应人数：** 4人份
**准备时间：** 约1小时30分钟
**烹饪时间：** 约1小时50分钟

**酿尖椒**
长粒米50克，海盐适量
尖椒（每个130克）4个，洋葱50克，蒜2瓣
Chorizo辣味香肠40克（去皮）
橄榄油70毫升
混合碎肉350克（猪肉、牛肉或羊颈肉）
鸡蛋1个，欧芹碎1汤匙
辣椒粉、带甜味的辣椒粉各适量
磨碎的香芹子、磨碎的小茴香各适量
百里香2枝，迷迭香1枝
过筛的番茄酱300克，现磨黑胡椒碎适量

**伊比利亚猪肉卷**
伊比利亚黑猪肩胛肉1块（重500~550克）
伊比利亚黑猪里脊肉1块（重220~250克）
洗净的鼠尾草叶8~10片
西班牙风干火腿（Patanegra）40克（切薄片）
海盐适量
无花果干15克（切细长条）
蔓越莓干10克（切碎）
焙香皮尔蒙特榛子碎15克（可用普通榛子代替）
植物油1~2汤匙（煎肉用）

1　制作酿尖椒。将长粒米在盐水里煮15~18分钟，沥干水后放凉。尖椒洗净，用削皮刀大致清理一下表皮，去蒂去子。洋葱和一瓣蒜去皮后切成碎末。辣味香肠也切成小丁。在平底锅里倒入10毫升油烧热，倒入洋葱碎和蒜末稍稍翻炒，辣肠丁也一同翻炒片刻，然后盛出来冷却。

2　烤箱上下火设置220℃预热。混合碎肉倒入碗中，放入鸡蛋、欧芹、煮好的米饭、洋葱碎和辣肠丁搅拌混合，并用盐、两种辣椒粉（辣味和甜味），香芹子和小茴香调味，塞入挤压袋中，袋口开一个小洞，将馅料挤入尖椒里填满。

3　百里香和迷迭香洗净沥干。剩余的一瓣蒜去皮对半切开。取大号带盖焖烧平底锅，倒入剩余的橄榄油加热，将酿尖椒放入锅中，各个面都煎一下。倒入百里香、迷迭香和蒜粒稍稍翻炒，然后加入过筛的番茄酱，用盐、黑胡椒碎稍稍调味后盖上盖子，将锅送入预热好的烤箱中焖烤15~20分钟，中间可以时不时开盖浇入适量番茄酱。

4　在球形烧烤炉内生好火。将猪肉擦干。肩胛肉摊开，用保鲜膜包裹住修整成长方形。里脊肉竖切成两半。将鼠尾草洗净擦干。在操作台上铺一层火腿片，将鼠尾草叠放在火腿片上，中间密实地塞入里脊肉条，加盐调味后撒上无花果干、蔓越梅干和榛子碎。拎住肩胛肉的长边将其卷成一个肉卷，像制作烤肉卷一样用厨房纱线将其绑好扎紧。

5　烤肉架刷少量油。火调到最大，将猪肉卷在核心温度54℃下隔火烤35~40分钟，烤肉时盖上炉盖。肉出炉后，保持10分钟左右温热状态再切开。将酿尖椒倒入酱汁中再次加热。解除绑肉卷的厨房纱线，喜欢酥脆外皮的朋友用喷枪将外皮烤至褐色即可。将猪肉卷切成1.5~2厘米厚的肉片后摆盘，再把酿尖椒盛入盘中，淋上适量酱汁就大功告成了。

# 烤架肉饼

从直接放在烤架上大火炙烤到使食物锁住丰富汁水的隔火烧烤，这一转变恰好适合烤肉饼的烹饪过程。这样烤出来的肉饼不会肉质干柴，又能充分保留炙烤口感。

参见"裹皮烘烤"126页
参见"绞肉"129页
参见"对烧烤的热衷"166页

供应人数：6人份
准备时间：约2小时
腌制时间：约1小时
炖煮时间：约1小时

## 肉饼和馅料

猪网油250克
大葱1根（约400克）
葵花籽油2汤匙
盐、现磨黑胡椒碎各适量，烹饪芝士200克
面包屑50克
卡宴辣椒粉适量
洋葱2头
白面包100克，啤酒250毫升
混合碎肉1千克（牛肉和猪肉）
芥末2汤匙，中号鸡蛋2个
欧芹碎20克，香芹子适量（视口味添加）
植物油1~2汤匙（烤肉饼用）

## 土豆沙拉

土豆1千克（煮至近乎全熟）
盐适量，500克甜菜根（煮熟）
热蔬菜高汤500毫升
苹果醋75毫升
现磨黑胡椒碎适量
辣根4汤匙
洋茴香20克（切碎末），茴香头适量

**1** 猪网油在冷水里浸泡约1小时。

**2** 制作土豆沙拉。土豆洗净，在盐水里煮软，将盐水倒掉以后让锅里的热气散去，趁热将土豆削皮切片。小红萝卜同样切成片，和土豆片一起倒入碗中。浇上热蔬菜高汤，用苹果醋、盐和黑胡椒碎调味。将拌好的沙拉放在温暖的环境中静置1小时左右，使其入味。

**3** 烤肉饼需要一架配有温度显示的带盖烤炉。将大葱洗净去根，对半切开后横切成片，取平底锅倒入1汤匙油烧热，倒入葱片稍稍翻炒，撒入盐、黑胡椒碎调味后放置一旁冷却。将烹饪芝士、面包屑和一小撮卡宴辣椒粉与葱片一同倒入搅拌机打碎，放置一旁备用。

**4** 洋葱去皮切丁。在平底锅里倒入剩余的油加热，洋葱炒至透明后放凉。将白面包在啤酒中浸泡片刻，然后将液体充分挤出。肉末倒入碗中，和洋葱、浸过啤酒的面包、芥末、鸡蛋、欧芹混合搅拌，撒上盐、黑胡椒碎、卡宴辣椒粉和香芹子调味，试味无误后充分搅拌均匀。

**5** 将猪网油用厨房纸巾擦干，在操作台上铺开，均匀涂抹上做法4的肉馅，再将做法2的馅料呈条状铺在中间，用碎面团封边。用网油卷住肉馅，在边缘处捏紧封口。在烤架上刷少量油，放上卷好的肉饼，各个面隔火烤至焦黄。将烤架温度降至180℃。取烤盘将肉饼放入其中，盖上盖子，隔火继续烤制30分钟左右。

**6** 土豆沙拉用辣根和洋茴香调味后装盘，茴香头点缀其上。烤肉饼切片后摆放在一旁，即可出餐。

### 软硬度测试

取一撮肉馅揉成一个小肉饼，用少许油试煎一下，看肉馅会不会散开，尝尝煎熟后肉饼的软硬度是否满意，有没有均匀调味。

# 烤猪蹄配椒盐卷饼饺子和萝卜

　　猪蹄要事先在调味汁里腌制2小时，然后再隔火烤3小时左右。烤制时将猪蹄放在烤架上盖好保温盖。根据个人喜好，可以用300毫升腌小红萝卜的料汁调和琼脂粉，倒入树脂玻璃管中，用凝成的小红萝卜冻胶搭配白萝卜作为配菜。

♠♠♠

参见"猪蹄"66页
参见"切割猪皮"127页
参见"对烧烤的热表"166页

供应人数：4人份
准备时间：约3小时30分钟
腌制时间：约24小时
烹饪时间：约3小时40分钟

## 猪蹄
猪蹄1只（约1.6千克）
洋葱250克，胡萝卜100克，根芹100克
百里香2枝，月桂叶1片
杜松子5粒，海盐、香芹子各适量，磨碎的姜粉半茶匙
蒜粉适量，植物油1~2汤匙（烤肉用）

## 腌小红萝卜
小红萝卜1小把（约15个）
霞多丽醋（霞多丽白葡萄酒酿的醋）350毫升
糖160克，八角半个，月桂叶1片
白胡椒2粒，白芥子5克
香菜子2克，多香果1粒

## 椒盐卷饼饺子
椒盐卷饼6块
牛奶400毫升，啤酒100毫升，盐适量
现磨黑胡椒碎、磨碎的香芹子、现磨肉豆蔻粉各适量
中号鸡蛋3个，黄油2汤匙

## 油醋汁
小红萝卜60克
土豆汤150毫升（见222页）
白葡萄酒醋30毫升，葡萄籽油30毫升
甜芥末30~40克，盐、现磨黑胡椒碎各适量
葱花2汤匙

## 其他
莴苣沙拉适量

1　提前一天将猪蹄洗净，浸入一锅冷水中，盖上盖子。洋葱、胡萝卜和根芹削皮后切成丁，加入百里香、月桂叶、杜松子、盐和香芹子，加水煮开，放入猪蹄腌制约两小时。

2　小红萝卜洗净去根，留2~3厘米长的绿缨。醋混合500毫升水和其余调料煮开成调味汁。将小红萝卜层层叠放在玻璃罐里，浇上调味汁，封好罐口，腌制24小时以上。

3　将猪蹄从调味汁里取出稍稍冷却。用刀在猪皮上剖出菱形纹路。撒上盐、姜粉和蒜粉调味，按压猪皮使调料充分渗入，盖上盖子，冷藏腌制12小时。

4　第二天开始烤肉，带盖烤炉生上火，烤架上刷少许油，放上猪蹄。在较低的火温下，关上盖子隔火烧烤2.5~3小时，直到猪蹄表皮酥脆、内里柔软。

5　制作椒盐卷饼饺子。将椒盐卷饼切成约2厘米厚的小块，倒入碗中。混合牛奶、啤酒、盐、黑胡椒碎、香芹子、肉豆蔻粉煮开，浇在碱水饼小块上，浸泡1小时使其变软。打入鸡蛋充分搅拌。将搅拌好的面糊捏成饺子的形状。取大号煮锅，倒入适量盐水烧开，倒入饺子低温煮熟。捞出饺子沥干，放置一旁冷却。

6　制作油醋汁。将小红萝卜去根后切成薄片。在碗里倒入土豆汤、醋和油搅拌均匀，加入甜芥末、盐和黑胡椒碎。在油醋汁里撒上红萝卜片和葱花并试味。

7　煎饺子。取两个平底锅，分别放入1汤匙黄油熔化，倒入饺子，将两面煎至焦黄后盛入碗中，淋上油醋汁。猪蹄静置片刻后剔除骨头，将肉切成片摆盘，腌好的小红萝卜和莴苣沙拉分别装盘。

# 酿熏小牛胸肉

　　用面包、红葱头和喇叭菌做的黑色内馅——这是属于烟熏爱好者的浪漫。有木炭烟熏炉的朋友可以在炭火上放置一根烟熏管，往里塞入一把木屑（如樱桃木）。这样熏出来的牛胸肉会有一股浓郁的烟熏香气。

参见"中部牛胸肉"49页
参见"酿胸肉"125页
参见"烟熏"169页

供应人数：4~6人份
准备时间：约1小时30分钟
静置时间：约45分钟
熏烤时间：约4~6小时

**酿小牛胸肉**

小牛胸肉1.7千克（取中段带骨部位）
牛奶110毫升，白面包80克（前1天出炉的，去掉外皮）
红葱头2头，黄油30克
干燥的喇叭菌60克
中号鸡蛋2个，盐、现磨黑胡椒碎、现磨肉豆蔻粉各适量
葡萄籽油40毫升

**干料**

红糖30克
甜味辣椒粉20克
干百里香10克
干牛至10克
蒜粉10克
洋葱颗粒调料10克
盐10克

**需捣碎的混合调料**

多香果5粒，香菜子10克
肉桂花5克
干辣椒1~2个，八角10克，芹菜子5克

**涂抹用湿料**

红洋葱1头，蒜2瓣
葵花籽油40毫升
番茄糊10克
番茄300克（切丁）
红糖10克，干邑白兰地200毫升
意大利香醋10毫升
伍斯特酱少量，盐适量
欧当归叶（又名独活草）约30片（碾碎）

1　将小牛肉擦干，沿肋骨在肉比较厚的区域切出一个口袋形状。口袋的开口尽量小，切至另一侧的边缘，直到上肋弓处为止。最好使用一把长刃尖头的厨刀。

2　烟熏炉预热。牛奶倒入锅中煮开。将面包切成约1.5厘米见方的小块，倒入碗中，浇上热牛奶浸泡片刻。红葱头去皮切丁。在平底锅里熔化黄油，倒入红葱头炒至断生。喇叭菌用捣臼或捣蒜器碾碎，倒入面包糊中，打入鸡蛋，再用盐、黑胡椒碎和肉豆蔻粉调味。将试过味的面包糊塞入切好的牛肉切口里，不要塞得过满，用厨房纱线缝住袋口。

3　制作干料。所有配料倒入小碗里混合。将需要捣碎的调料倒入平底不粘锅无油焙烤，直到其散发出香味，然后盛出倒入捣臼中充分研磨。将磨好的混合调料过筛，与干料混合，充分搅拌均匀后称出35克备用，其余妥善储存。

4　将牛肉的每一面都均匀涂抹上做法3的调料，刷上适量油，放入烟熏炉，在110℃下熏烤4~5小时，如331页步骤1所示。熏好的牛肉取出后用铝箔纸包裹好，放进隔温容器中（冷藏箱）静置45分钟。

5　制作涂抹用湿料。将洋葱和蒜去皮切成碎末。平底锅里倒入适量油烧热，加入洋葱和蒜末大火翻炒，再倒入番茄糊搅拌。撒入红糖，小火搅拌片刻，让糖渗透，倒入白兰地、意大利香醋和伍斯特酱继续搅拌加热。将酱料煮至浓稠，加入盐和欧当归叶调味，用筛子过滤后试一下味道。

6　将牛肉外层的铝箔纸剥除，刷上湿料，在180℃炉温下放进烟熏炉加热。加热好的牛肉从肋骨位置切开成片，如331页步骤2~3所示，装盘。肋骨用刀剔出后摆放在一旁。配菜可以选择长叶莴苣或菠菜沙拉。

**1** 牛肉烟熏4~5小时，直到数码温控显示核心温度为91℃时将其取出。

**2** 熏好的牛肉取出后，用一把锋利的刀将其从肋骨处切开。

**3** 将带馅部位顺着牛肉纹路切成1.5~2厘米厚的肉片。

# 普罗旺斯杂蔬饼配手撕羊肉

连骨带肉的羊颈部位特别适合烟熏和做手撕肉。如果没有烟熏炉，可以将羊颈肉在110℃下放进烤箱烤制5~6小时，直至核心温度达到91℃。

参见"颈部"87页
参见"腌制"132页
参见"烟熏"169页

供应人数：4人份
准备时间：约1小时15分钟
腌制时间：约12小时
静置时间：约1小时
熏烤时间：约5~6小时

**手撕羊肉**
切分好的羊颈肉1千克
苹果酒100毫升，芥末酱40克

**干料**
红糖5克
甜味辣椒粉5克
辣味辣椒粉10克
盐3克，蒜粉10克
洋葱粉10克
磨碎的姜末10克
干百里香5克
干迷迭香5克

**普罗旺斯杂蔬**
红洋葱150克，蒜2瓣
红色、黄色甜椒各半个
茄子和西葫芦共75克
圣女果250克，红辣椒1个
迷迭香、百里香各4枝
橄榄油40毫升，盐适量

**制作橙皮饼**
面粉330克
橙子1个（磨橙皮使用）
盐10克

1  将羊肉擦干，放平底锅中，浇上苹果酒，盖上，冷藏腌泡约12小时。

2  次日开始熏烤羊肉，烟熏炉预热。干料的所有调料混合均匀，留出一半倒入玻璃罐中储存备用。

3  将羊肉从腌泡汁中取出擦干，将一半干料涂抹其上，再抹上芥末酱，并按压揉搓使其充分浸入。将羊肉在110℃下烟熏约5小时，直到核心温度达到91℃。取出后用铝箔纸包裹好，保温静置1小时左右。

4  这期间可以来制作普罗旺斯杂蔬。将洋葱和蒜去皮切成小丁。甜椒、茄子和西葫芦洗净后擦干，同样切丁。圣女果剖十字刀后过一遍热水，然后去皮切成四瓣，注意要去硬心。辣椒洗净擦干后切碎。迷迭香、百里香冲洗后擦干，择下叶片并将其碾碎。

5  锅里倒入油烧热，将洋葱丁炒至断生，放入茄子翻炒2分钟后再倒入甜椒、西葫芦和蒜翻炒混合，撒上适量盐后继续翻炒8分钟左右，直到蔬菜丁带有少许焦黄为止。加入圣女果稍微加热一下，最后撒上迷迭香、百里香末调味。再撒上少许盐，试味后将其保温备用。

6  在锅里倒入200毫升水烧开。将面粉过筛倒入碗中，一边浇开水一边用勺子搅拌。再加入磨碎的橙子皮和盐，充分搅拌混合直到形成表面光滑的面团。将面团分成8份，搓成球后擀成薄薄的圆形面饼。取平底不粘锅加热，铺上饼皮无油烘烤，直到饼皮上烤出深色的烙痕。翻面继续烘烤。用同样的方法将剩余的橙皮饼都烤一下。

7  将羊肉从铝箔纸里取出，用叉子撕扯成肉条。橙皮饼片开口子，加入温热的普罗旺斯杂蔬丁，再塞满手撕羊肉，合上两边的饼皮，这道菜就完成了。

# 用桶形烟熏炉烤牛肋排

我们通常用汤锅装着牛肋骨上炉熏烤，外表硕大的牛肋骨经过数小时的烤制后，连着骨头的牛肉变得柔软多汁。如此长时间的熏烤过程，外部环境温度很重要，会对烹饪时长有显著影响，而核心温度则提供了一个很好的判断依据。

参见"牛肋排"47页
参见"烟熏"169页
参见"牛肉干料"336页

供应人数：4~6人份
准备时间：约1小时
熏烤时间：8~10小时
静置时间：约1小时

**BBQ酱**
意大利辣香肠4根，红葱头250克
蒜8瓣，根芹75克
葡萄籽油40毫升
红糖80克
烟熏泥煤威士忌80毫升
鲜榨橙汁300毫升
伍斯特酱100毫升
纯番茄汁250克
酱油100毫升
李子干150克（去核），芹菜子1茶匙
泰国酸豆角泥2汤匙
多香果5粒，丁香6粒
八角2个
杜松子6粒
肉桂半根
百里香8枝
柠檬2个
Hickory有机烟熏盐15克（也可用普通烟熏盐代替）

**牛肋骨**
带长骨的牛肋骨2.5千克
辣芥末100克
烧烤干料（见330页"干料"）40克

1. 制作BBQ酱。意大利辣香肠冲洗后擦干，切成条。红葱头和蒜去皮后切成碎末。根芹去皮后切成小丁。锅里倒入油烧热，加入以上配料翻炒约5分钟。撒上适量糖，食材炒至焦糖化后淋上威士忌。再倒入橙汁、伍斯特酱、纯番茄汁和酱油搅拌混合。李子干切成小块后倒入锅中，再加入芹菜子和酸豆角泥，继续搅拌炖煮片刻。

2. 将多香果、丁香、八角、杜松子和肉桂一起倒入平底不粘锅里稍稍焙烤，直到香料冒出热气，盛出放在一旁冷却备用。将冷却好的调料碾碎后塞进调料袋或茶漏，放入做法1锅中，调小火让酱汁继续炖煮30分钟左右，期间不时搅拌。

3. 炖酱汁的时候可以将百里香洗净擦干后择下叶片。柠檬用热水冲洗后擦干，将果皮擦成碎屑。果肉切成两半后榨出柠檬汁。从炖酱汁的锅里取出调料包，放入柠檬皮、柠檬汁、百里香和烟熏盐调味。然后将酱汁用细网筛过滤，倒入酱料专用小锅里，试一下味道。确认调味后将BBQ酱再次煮开，然后迅速倒入干净的玻璃罐中密封保存。

4. 桶形烟熏炉填入烧烤用木炭后加热至110℃左右。将牛肋骨擦干，撕去表面的筋膜，刷上芥末，涂抹40克左右的烧烤干料，并揉搓按压使其入味。用铝箔纸将肋骨裹住，防止其烤焦。将肋骨放入炉中熏烤7~8小时。肋骨的核心温度达到86℃左右时，刷上约150克BBQ酱，继续烟熏30分钟。接着再次涂刷100~150克BBQ酱，继续熏烤，直到牛肋骨的核心温度达到91℃。

5. 将牛肋骨从烟熏炉中取出，连铝箔纸一起在隔温容器中（冷藏箱）静置1小时。然后再次放入烟熏炉中稍稍加热一下，取出后切成块，配上适量BBQ酱呈上餐桌。根据食客的不同喜好可以搭配绿甘蓝沙拉或烤土豆一同享用。

烟熏香气

用木炭烟熏炉的朋友如果想让食物富有更浓郁的烟熏香气，可以在炉内放置一个烟熏盒或烟熏管，塞入一把烧烤用木屑（如苹果木、樱桃木、山毛榉、山胡桃木）。如果暂时没有烟熏炉，可以将牛肋骨放入烤箱，在110℃的炉温下烤制，烧烤酱搭配适量烟熏液可以起到增添风味的作用。

# 调味料的制作方法

在烟熏烧烤时，擦和刷是必不可少的工序。根据肉的种类不同，个人喜好不同，擦和刷的方法也截然不同。你一定要多尝试一下，找到适合自己的调味方法。

## 基础干料
可以根据个人喜好做出相应调整

糖1~2汤匙，甜味红椒粉2汤匙
洋葱粒、蒜粒各1汤匙
现磨黑胡椒碎适量
粗粒海盐1~2汤匙，芹菜盐（一种调味品）1汤匙

1　将所有配料混合均匀，涂在肉块表面。

2　为了使干料更好地附着在肉块表面，可以在肉块表面涂上薄薄一层油或芥末。为了让肉更入味，可以用保鲜膜将擦了干料的肉块包裹起来，静置3~24小时。

3　如果想要肉块变得更辣一些，可以在干料中加入1~2茶匙红辣椒粉（中辣）或牛角椒粉。如果再添加1~2茶匙孜然芹，能让肉块的口感变得更加独特。你也可以添加一些干香草（如牛至叶、百里香等）、柠檬胡椒粉、多香果或烟熏盐混合均匀。最重要的是，干料要符合你的口味！

## 干料配方一
牛肉干料

姜粉1汤匙
香菜粉1茶匙
磨碎的刺柏果粉1茶匙
丁香粉1撮
肉豆蔻花（又名肉豆蔻衣）半茶匙
现磨黑胡椒碎1茶匙
红糖1茶匙，盐1茶匙

1　将所有配料混在一起，搅拌均匀。

2　将干料涂抹在肉块表面，真空密封，置于冰箱中静置至少12小时。

## 干料配方二
牛肉干料

红糖1汤匙
甜味红椒粉1汤匙，小红辣椒粉1茶匙
蒜粒、洋葱粒各1茶匙
盐2汤匙，中辣芥末2汤匙

1　将糖和红椒粉、辣椒粉、蒜粒和洋葱粒混合均匀。

2　将肉块表面的水拭干，涂上盐后再抹上芥末。将干料均匀地涂抹在肉块表面，用双手轻轻按压，使干料附着得更牢。

## 干料配方三
牛肉干料

欧芹子50克，干尖椒15克
芥菜子25克，黑胡椒粒25克
多香果10克，八角1个
芹菜子10克，茴芹子25克
肉桂1根，刺柏果25克
干牛至叶、干迷迭香、干香薄荷各25克
盐10克，红糖50克
干橙皮25克
蒜粒25克

1　将调料放入平底锅内，在无油状态下烘烤，直至香味溢出，关火，让干料快速冷却。

2　所有调料都放入研钵中磨碎，过筛后，再与其他配料混合均匀。

## 干料配方
猪肉干料

黑胡椒1汤匙
肉桂花5朵（或肉桂1小根），干辣椒1~2个
八角2个，茴香子1汤匙
红糖2汤匙，甜辣椒粉1~2汤匙
干百里香1汤匙
干牛至1茶匙，盐1~2汤匙
大蒜碎1汤匙，热芥末60克

1　将前5种调料放入平底锅内，在无油状态下烘烤，直至香味溢出，关火，让干料快速冷却。

2　将干料放入研钵中磨碎，再加入第6~11种调料混合均匀。

3　将肉块表面的水拭干，半边涂上芥末，半边抹上干料。翻转肉块，抹上剩余芥末，再撒上剩余干料，用保鲜膜将肉块包裹起来，静置至少12小时。

## 基础湿料
可以根据个人喜好做出相应调整

苹果醋450毫升（可用苹果汁、啤酒或水代替）
植物油100毫升，洋葱半头（切细丁）
蒜1瓣（切小丁）
尖椒1个，海盐1汤匙
现磨黑胡椒碎1茶匙

1　将所有调料一起倒入锅内，煮至沸腾。

2　将混合均匀的湿料用涂料刷刷在肉块表面。

## 番茄酱威士忌湿料
牛肉湿料

番茄1千克，红洋葱2头
蒜5~6瓣，菜籽油4汤匙
番茄酱1汤匙，枫糖浆4汤匙
牛肉汤250毫升，红葡萄酒醋2汤匙
威士忌40毫升，安果斯都拉苦味药酒1汤匙
伍斯特酱1汤匙，月桂叶2片
百里香半把（用水浇湿），盐适量

**1** 将番茄清洗干净，对半切开，去
硬心切块。洋葱和大蒜去皮，切
块后放入热油中翻炒至棕色，倒
入番茄酱搅拌均匀加入番茄和枫
糖浆一起快速搅拌，再浇上牛肉
汤、醋和威士忌。

**2** 加入药酒、伍斯特酱、月桂叶、
百里香和盐调味，用文火煮约30
分钟。挑去月桂叶和百里香。
用手持搅拌器搅拌均匀，可以
根据个人喜好，用细筛网过滤
一下。

## 烧烤湿料
牛肉湿料

洋葱250克，酸苹果200克（如Cox's Orange苹
果、Elstar苹果等，也可换成青苹果）
黄油200克，山毛榉烟熏粉2汤匙
可乐500毫升，蒜1瓣
姜2汤匙（去皮切丝）
现磨黑胡椒碎1茶匙
牛角椒2~3茶匙
中辣芥末1汤匙，苹果醋150毫升
橙汁400毫升，老抽2汤匙
伍斯特酱80毫升，番茄汁250克
番茄酱100克，盐2汤匙，糖适量

**1** 洋葱去皮，切块备用。将苹果清
洗干净，对半切开，去核切块。
将苹果块放入黄油中微焖一会
儿，直至它逐渐变色。

**2** 将铝箔纸平铺在高压锅里，倒
上烟熏粉。给高压锅加热，直至烟
熏粉开始冒烟。将洋葱块和苹果块
放在浅口碗中。将碗先放在细滤
网上，再置于锅内，盖盖烟熏15
分钟。

**3** 将烟熏过的洋葱块和苹果块倒入
平底锅内加热。浇上可乐，边搅
拌边收汁，直至液体几乎完全消
失。大蒜去皮，切块，再用小刀
的刀背将其剁碎。

**4** 将蒜、姜、黑胡椒碎、牛角椒和
芥末抹在苹果块和洋葱块上。再
浇上苹果醋、橙汁、老抽和伍斯
特酱，搅拌均匀。拌入番茄汁和番
茄酱，煮至沸腾，用盐和糖调味。

## 猪肉湿料

红洋葱3头，蒜4瓣
葡萄籽油（或葵花籽油）2汤匙
苹果汁100毫升
苹果醋2汤匙
伍斯特酱2汤匙

**1** 洋葱和大蒜去皮，切成小丁。将
洋葱放入热油中煎烤，添入蒜，
翻炒至焦黄。浇上苹果汁、苹果
醋和伍斯特酱。

**2** 熄火，但不要让它完全冷却，趁
热刷在肉块表面。

## 亚洲风味湿料
牛肉和猪肉用湿料

新鲜的无花果3个，红洋葱3头
蒜5瓣，香油50克
葵花籽油50克
老抽500毫升，生抽100毫升
未佐盐的家禽肉汁200毫升
甜柠檬4个，香菜子6粒
姜适量（切成8~10厘米的姜丝）
尖椒2个
蜂蜜80克，米醋2汤匙，日本清酒50毫升
印度烤肉酱40克
烤熟的白芝麻2~3汤匙
烤熟的黑芝麻1~2汤匙

**1** 剥去无花果的表皮，切块备用。
洋葱和大蒜去皮，切块备用。将
香油和葵花籽油一起倒入平底锅
内加热，倒入无花果、洋葱块和
蒜粒轻轻翻炒至色泽转为焦黄。

**2** 分别浇入老抽、生抽、家禽肉
汁，熬至浓稠。用热水将甜柠檬
清洗干净，拭干，将柠檬皮剥
离，果肉对半切开后榨汁。

**3** 将香菜子倒入平底锅内，在无油
状态下烘烤，直至香味溢出。关
火冷却，用研钵磨得细碎一些。
将尖椒对半切开，去籽切碎。

**4** 在做法1中加入蜂蜜、甜柠檬
汁、甜柠檬皮、米醋、日本清
酒、香菜子、姜、尖椒末和印度
烤肉酱，盖上锅盖过夜静置。将
芝麻粒倒入制作完成的湿料中，
搅拌均匀即可。

# 肉汁原浆、肉汁和肉汁冻

浅色肉汁原浆香味浓郁，可与其他食材搭配食用，适合烹制汤水和浅色酱汁。深色肉汁原浆中含有烧烤料，因此味道更加醇厚，是口感鲜明、调味性强的酱汁的绝佳配料。肉汁和肉汁冻则是浓缩版的增味剂，能让酱汁的口感变得更加丰富。

## 浅色小牛肉汁

小牛骨1千克（切块）
小牛蹄500克（切块）
煮熟的老母鸡1只或童子鸡1只（重1千克）
盐适量，洋葱200克
芹菜180克（去根）
韭葱200克（只取葱白）
平叶欧芹半把，月桂叶1片

1 将小牛骨和小牛蹄放在沸水里焯3~4分钟后，捞出倒进滤网里，在流动的冷水下冲洗干净。将老母鸡放在流动的冷水下从内到外冲洗干净，剔除肉眼可见的脂肪。

2 将小牛骨、小牛蹄和老母鸡一起放进锅内，倒入3升水，煮至沸腾。将火调小，在小牛骨、小牛蹄和老母鸡肉表面撒上盐。接着，低温慢煮2小时，不要搅拌，不时撇去浮沫。

3 将洋葱和芹菜切成块。韭葱对半切开，清洗干净。将韭葱、欧芹和月桂叶装入香料包，再和洋葱、芹菜一起放入做法2的锅内，低温水煮1小时。

4 汤汁过滤，冷却后撇除浮起的多余油脂。

## 深色小牛肉汁

小牛骨5千克（切块）
小牛蹄700克（切块）
猪尾300克（切段）
植物油100毫升

蒜1头（约50克）
胡萝卜300克，洋葱350克
芹菜200克
梨形番茄（意大利出产）600克
番茄酱80克，月桂叶5片
百里香5枝，丁香3粒
韭葱100克，芹菜心3根
平叶欧芹6根，百里香6枝

1 将烤箱温度调至200℃预热。将小牛骨和小牛蹄煮至沸腾，用冷水清洗干净，拭干。将小牛骨、小牛蹄和猪尾放入烤盘中，倒入适量油，烤箱中烘烤约30分钟。

2 将蒜横向对半切开，将胡萝卜、洋葱和芹菜的表皮去除，切块，放入做法1食材中再烘烤约20分钟。

3 切除番茄的蒂，切4份。将番茄、番茄酱、月桂叶、百里香和丁香置于烤盘中，放进烤箱中烘烤15分钟。接着，和做法2的食材混合在一起，再烘烤10分钟。

4 将烤盘里的食材倒入大锅内，再倒入9升水。将烤盘上粘的酱汁用水稀释后倒入锅内。将韭葱、芹菜心、欧芹和百里香捆起来装入香料包，放入锅内。

5 将汤料用文火煮5~6小时，撇去汤中浮起的油脂，但是不要搅拌。将汤料过滤一下，冷却后，用汤匙捞除汤料表面多余的油脂。

## 用牛腱肉来煲汤

牛腱肉2块（各重300克）
牛骨肉600克（切小块）
根芹60克，胡萝卜60克，韭葱80克
红葱头4头（对半切开，烘烤成棕色）
香料包1个（月桂叶1片、丁香1粒、压扁的胡椒适量、百里香1枝）
欧芹4棵
肉豆蔻1/4个（切碎），盐适量

1 用沸水将牛腱肉和牛骨肉焯3~4分钟，再用冷水冲洗干净。将牛骨肉放入锅内，倒入2升冷水，煮至沸腾后撇去浮渣，去除多余的油脂。接着，放入牛腱肉，文火煮2小时。

2 将根芹、胡萝卜、韭葱、红葱头切块后，放进锅中，加入香料包用文火煮30分钟，其间撇去锅内的浮渣。将欧芹和肉豆蔻放在滤网上，将肉汤过滤，收汁至1升后，撒上盐调味。

## 羔羊肉汤

带骨羊胸肉1千克
羊骨肉、小牛骨肉各1千克
胡萝卜200克，芹菜100克
洋葱150克，植物油4汤匙
蒜2瓣（拍扁）
香料包1个（欧芹根、胡萝卜、韭葱、欧芹茎各50克，香菜、百里香各2枝）

1 将羊胸肉、羊骨肉和小牛骨肉切成相同大小的块。将烤箱温度设置为200℃预热。胡萝卜、芹菜、洋葱洗干净后，切成块。将油倒入烤盘中加热，接着放入羊胸肉、羊骨肉、小牛骨肉、胡萝卜、芹菜、洋葱和蒜，放在烤箱里烘烤20分钟，直至它们变成棕色，其间将食材多翻转几次。

**2** 将烤盘里的食材倒入大锅内，在锅内倒入4升水，煮至沸腾，其间多次撇去浮渣。

**3** 将香料包放入锅内，低温水煮3~4小时，直至汤汁收至之前一半的量。将汤汁过滤后，撇去多余的油脂。

## 猪肉汤

猪骨肉1.2千克（切块）
猪蹄2千克（对半切开）
猪耳朵2只，猪肉皮500克
猪尾巴600克，猪肘1只（重500克）
胡萝卜200克，欧芹根100克
根芹100克
蒜1瓣（拍扁）
洋葱1头（去皮后塞入月桂叶1片和丁香1粒）
香料包1个（胡萝卜、韭葱、芹菜各80克，百里香3枝和欧芹茎2根）

**1** 将猪骨肉、猪蹄、猪耳朵、猪肉皮、猪尾巴和猪肘分别用冷水冲洗干净。接着，将胡萝卜、欧芹、根芹清洗干净后切块。以上配料和蒜、洋葱一起放入大锅内，加入约5升冷水，煮至沸腾。

**2** 低温烹煮肉汤约1小时，其间撇去浮渣。放入香料包，用文火煮2~3小时，其间不停撇去浮渣。

**3** 将汤汁过滤，去除多余油脂。

## 小牛肉汁

小牛骨肉2千克，小牛尾500克
胡萝卜200克，红葱头100克
洋葱200克，芹菜150克
番茄300克，蘑菇100克
植物油4汤匙，蒜3瓣
月桂叶2片，百里香5枝
番茄酱80克，白葡萄酒250毫升
深色小牛肉汁3升，欧芹茎10根

**1** 按照个人需要，将小牛骨肉切成小块，将小牛尾切段，清洗干净并拭干。胡萝卜、红葱头和洋葱去皮，择去芹菜叶并切除芹菜根。番茄去蒂后切4份，蘑菇去蒂后切4份。

**2** 将烤箱温度调至200℃预热。将小牛骨肉和小牛尾放在耐高温的锅内，倒入热油快速翻炒一下，接着，将它们放在预热好的烤箱里烘烤约30分钟。将胡萝卜、红葱头、洋葱和芹菜切块，将蒜拍扁。

**3** 将锅从烤箱中取出，加入胡萝卜、红葱头、洋葱、芹菜、蘑菇、月桂叶和百里香快速翻炒一下，加入番茄和番茄酱搅拌均匀，再放入烤箱中烘烤30分钟。

**4** 将锅从烤箱中取出，浇上白葡萄酒，加热后收汁。再缓缓倒入小牛肉汁，边熬边收汁，然后低温烹煮3~4小时，其间不停撇去油脂。

**5** 将锅内的食材通过锥形滤网倒入第二口锅内，加入欧芹，低温煮10分钟，通过滤网过滤后倒进干净的、密封性强的玻璃器皿里。在冷却过程中，肉汁会结冻，变

得坚硬。将汤汁密封好后置于冰箱里贮藏3周，当然，你也可以把它按比例分别冷冻，如倒进冰格里再冷冻。

## 小牛肉汁冻

小牛骨肉2.5千克，小牛蹄1千克
胡萝卜250克，根芹100克
欧芹根100克，洋葱500克
蒜1瓣，植物油8汤匙
白胡椒8粒，月桂叶1片
丁香2粒，多香果2粒
百里香1枝，欧芹茎4根

**1** 将烤箱温度调至180℃预热。将小牛骨肉和小牛蹄切成相同大小的块。刨去胡萝卜、根芹、欧芹根的外皮，切块备用。

**2** 将油倒入烤盘里加热，加入小牛骨肉和小牛蹄，在预热好的烤箱中烘烤30分钟，其间多翻转几次。接着，加入其他配料，烘烤至色泽变成棕色。

**3** 将烤盘从烤箱中取出，撇去油脂，在烤盘里倒入冷水，使水位没过牛骨肉，不停搅拌，使肉块不要粘在烤盘底部。将烤盘中的食物倒入大锅内，煮至沸腾后，再用文火煮1小时30分钟，其间撇去浮渣。

**4** 将锅内的食材通过锥形滤网进行过滤，但是不要挤压食材。低温慢煮过滤后的汤汁，缓缓收汁，其间不停撇去多余油脂，熄火，使肉汁冷却并结冻。

# 肉食专用酱汁和酸辣酱

除了传统冷热酱汁外，肉食专用酱汁和酸辣酱也是水煮肉、蒸肉、小炒肉或烤肉的绝佳调味料。

## 牛肉用白色胡椒酱

黄油20克，糖20克
白胡椒粒1汤匙（压扁）
绿胡椒粒1茶匙
香槟醋或白葡萄酒醋10毫升
红葱头1头（切薄片）
蘑菇2只（去蒂，切薄片）
白葡萄酒30毫升
浅色小牛肉汁200毫升（参见338页）
小牛肉汁50毫升（参见339页），奶油100克
盐、现磨黑胡椒碎、甜柠檬汁各适量
已起泡的奶油2汤匙

1  将黄油和糖放入平底锅内，加热使其颜色变为浅棕色，加入白胡椒和绿胡椒，浇上醋后缓缓收汁。加入红葱头和蘑菇，浇上白葡萄酒后继续收汁。

2  浇上小牛肉汁，将锅内的汤汁收至3~4汤勺的量。倒入奶油，让奶油快速变得浓稠，过滤，加入盐、黑胡椒碎和甜柠檬汁调味，再添点奶油即可。

## 牛肉用荷兰辣酱油

红葱头块20克，白胡椒5粒
白葡萄酒醋1茶匙，甜味雪利酒1茶匙
牛肉汁50毫升（参见338页）
蒜1瓣（对半切开）
蛋黄2个，橄榄油150毫升
小牛肉汁冻1汤匙（参见339页）
黑橄榄1汤匙，已起泡的奶油1汤匙
柠檬汁、盐、现磨黑胡椒碎各适量

1  将红葱头、白胡椒、醋、雪利酒和40毫升水混合，收汁至1汤匙

左右的量，加入小牛肉汤汁，过滤。放入蒜和蛋黄，以水温80℃边煮边搅拌成乳状，盛出，先滴入几滴温热的油，接着呈细流状加入剩余的油。

2  给小牛肉汁冻加热。橄榄去核，切成小块，混入小牛肉汁冻中搅拌均匀，倒入做法1中，拌入少许奶油，再添入柠檬汁、盐和黑胡椒碎调味。

## 奶油酱肉汁冻

黄油20克，红葱头20克（切块）
红葡萄酒100毫升，波尔图红葡萄酒40毫升
小牛肉汁冻60毫升（参见339页）
迷迭香1枝，奶油200克，第戎芥末1茶匙
盐、胡椒碎、法国白兰地各少许

1  在锅内倒入烤肉剩下的油脂，再放入黄油加热至冒泡，快速煎烤红葱头块，浇上红葡萄酒和波尔图红葡萄酒，将混合液收汁至之前一半的量。

2  在锅内加入小牛肉汁冻和迷迭香，煮沸过滤，拌入奶油和芥末。用手持搅拌器将酱汁打至起泡，再添入盐、胡椒碎和法国白兰地调味。

## 红奶油酱

红葡萄酒100毫升，波尔图红葡萄酒5汤匙
百里香1枝，红葱头块20克

蘑菇4只（去蒂，切小块）
冰冻的黄油100克（切块）
盐、糖各适量

1  将红葡萄酒、波尔图红葡萄酒、百里香、红葱头块和蘑菇倒入平底锅中，煮至沸腾后，收汁至浓稠状。

2  将收汁后的汤汁过滤入另一只平底锅内，开小火，加入冰冻的黄油块，用打蛋器将黄油块搅拌成糊状，撒上盐和糖给酱汁调味。

## 香草黄油

平叶欧芹叶3汤匙
罗勒叶1汤匙
葱花1汤匙
欧当归（又名独活草）叶、百里香叶和牛至叶各1茶匙
软黄油250克，红葱头块1汤匙
蒜2瓣（拍扁）
甜柠檬汁2茶匙，盐1茶匙
现磨白胡椒碎1/4茶匙

1  清洗欧芹、罗勒、葱、欧当归、百里香、牛至叶，甩干后切碎。将软黄油放入锅中抹得平整一些，但是不要搅成泡沫状，添入红葱头块、蒜、甜柠檬汁、盐和胡椒碎调味。快速拌入欧芹、罗勒、葱、欧当归、百里香、牛至叶。

2  等香草黄油变得坚硬一些后，抹在烘焙纸上卷成卷，静置冷却。将冷香草黄油切成3~5毫米的薄片，即可装盘上桌了。

## 欧芹香草黄油酱

蒜2瓣，平叶欧芹1把
甜柠檬1个，软黄油100克

1  蒜去皮，切成块。清洗欧芹，甩干，将叶子切碎一些。用热水清洗甜柠檬，小心剥去甜柠檬的表皮。

2  将欧芹、蒜和甜柠檬皮放在研钵里磨碎，加入软黄油慢慢搅拌。将欧芹香草黄油酱静置冷却一会儿。


## 欧芹酱

酸豆4汤匙（冷水洗净，擦干）
蒜2瓣（切块）
平叶欧芹1把（洗净去根）
烤面包3片（去除表皮，切成小块）
雪利醋100毫升，橄榄油100毫升
糖、胡椒碎、盐各适量
塔巴斯科辣椒酱（绿色）1茶匙

1  将酸豆和蒜放入搅拌机中。将欧芹切碎，和烤面包块一起也放入搅拌机中搅拌。

2  加入醋和适量油，时不时搅拌一下，不要搅拌得太细，接着再倒入剩余的油搅拌。添加糖、胡椒碎、塔巴斯科辣椒酱和盐调味，密封贮藏在冰箱里可保存约1周。


## 烧烤酱

红葱头250克，蒜8瓣
根芹60克（去蒂切块）
红灯笼甜椒（或辣味重的辣椒8个）4个（去蒂去子，切块）
葡萄籽油40毫升，红糖80克
威士忌80毫升，橙汁300毫升
伍斯特酱100毫升，黄豆酱油100毫升
筛滤番茄泥250克，罗望子酱2汤匙
李子干150克（去核）

芹菜子1茶匙，多香果5粒
丁香6粒，八角2个，肉桂半根
刺柏果6粒，百里香1/4把
甜柠檬2个，山核桃有机烟熏盐（从有机山核桃壳中提取的烟熏物熏制的盐）15克

1  红葱头和蒜去皮切块和根芹、灯笼椒一起放入油中快炒5分钟，加入糖熔化至变为浅色，再浇上威士忌。接着，添加橙汁、伍斯特酱、黄豆酱油、番茄泥、罗望子酱和李子干一起用文火煮。

2  将芹菜子、多香果、丁香、八角、肉桂、刺柏果在无油的状态下烘烤，放入研钵中磨碎后装入香料袋中，放入做法1锅内文火煮30分钟，其间按需搅拌几次。将百里香洗净，甩干，择去小叶。将香料袋从锅内取出。用热水清洗甜柠檬，小心地剥下表皮，果肉榨汁。接着，将甜柠檬皮、甜柠檬汁、烟熏盐和百里香放入锅内。将所有食材打成细腻的泥状，过滤后重新煮至沸腾，立刻将调料倒入玻璃杯中，密封后可冷藏保存约6个月。


## 杏干迷迭香酸辣酱

鲜杏140克（去核去皮）
波尔图白葡萄酒100毫升，月桂叶1片
海盐、现磨黑胡椒碎各适量
白葡萄酒醋（如夏多内葡萄酒醋）10毫升
迷迭香1小枝
杏干140克（切成小块）
新鲜的迷迭香叶10片（切碎）

1  前7种配料倒入小碗中搅拌均匀，盖上盖子腌制12小时。

2  将搅拌均匀的混合物倒入小锅内，低温水煮15~20分钟，直至锅内的液体几乎完全蒸发。加入晒干的杏干，再煮约5分钟。挑出迷迭香小枝和月桂叶。马上将熬好的酸辣酱倒入消毒好的玻璃瓶中，密封后倒置5分钟，再正过来使它冷却一会儿。将酸辣酱放入冰箱中密封贮藏可保存3~4周。装盘后拌入迷迭香叶。


## 南瓜酸辣酱

马斯喀特南瓜1千克，芒果1个
苹果2个，菠萝1/4个
红洋葱200克（切块）
姜20克，蒜2~3瓣
八角1个，肉豆蔻花1朵
月桂叶2片，丁香3粒
干红尖椒2个（切碎）
棕榈糖120克，果醋200毫升
番茄酱2汤匙，盐、黑胡椒碎各适量

1  南瓜去皮去子去蒂。将芒果和苹果去皮去核，菠萝去皮去蒂。将它们切成约1厘米见方的块。

2  将南瓜块、苹果块和洋葱块放入锅内，将姜去皮，切碎后放入锅内。将蒜拍扁后，和八角、肉豆蔻花、月桂叶、丁香、尖椒味料一起装入调料包中，将调料包开口处束紧。

3  将调料包、糖、醋和番茄酱放入锅内，小火慢煮至沸腾，再用小火慢煮1小时，其间按需加入1/4量的水。接着，放入芒果块和菠萝块、南瓜块、苹果块、洋葱块、姜，文火煮约30分钟。

4  捞出调料包。撒上盐和黑胡椒碎给辣椒酱调味，将温热的辣椒酱倒入玻璃瓶中冷却一会儿。接着，将玻璃瓶放入冰箱中冷藏可保存约2个月。

# 本书专家团队

## 伯恩德·阿罗尔德

伯恩德·阿罗尔德可以称得上德国烹饪界的大师了,他能用各式各样的香草和调味品打造出独一无二的菜肴,尤其擅长使用果香。在德国维尔茨堡完成厨师课程后,他在慕尼黑的Käfer餐厅和贝廷根车站著名的Schweizer Stuben餐厅开始了厨师生涯。之后,他又来到梅尔斯堡的3 Stuben餐厅,师从斯蒂芬·马夸德(Stefan Marquard),接着又跟他一起去了慕尼黑的Lenbach餐厅工作。马夸德的人生哲学是从不看食谱,从不对食材妥协,他将阿罗尔德带到了慕尼黑的EssNeun餐厅,在这里阿罗尔德担任主厨。

2008年7月,阿罗尔德在慕尼黑创办了自己的餐厅Gesellschaftsraum。

他总是创意满满,而且始终在尝试新的烹饪方法,如茴香羊排配金枪鱼、香芹和樱桃或鞑靼牛排配牡蛎云吞面、黑豆冰激凌和茄子。

## 索尼娅·鲍曼&埃里克·舍夫勒

索尼娅·鲍曼和埃里克·舍夫勒是2015年初Restaurant Gut Lärchenhof餐厅首屈一指的两位主厨。鲍曼在德国波恩的Halbedel's Gasthaus酒店学习厨艺,短短几年就成为主厨,在这期间她成为埃里克·舍夫勒的副手,舍夫勒曾在德国和英国各大星级餐厅(如Gordon Ramsay& Vendome等)任职,积攒了丰富的烹饪经验,这都为他当上首席主厨奠定了基础。两人在烹饪上想要达到的目标是一致的。

他们化繁为简的烹饪风格,有意识地摒弃奢侈的食材,使得他们在2016年被戈米兰美食指南(Gault Millau)评为烹饪界年轻一代的佼佼者,得到了前辈的认可。这两位大厨平时都喜欢亲近大自然,采集一些香草、果实等,并乐于尝试把传统菜肴玩出新花样。2018年,他们创立了自己的烹饪公司。

## 英戈·伯克勒

英戈·伯克勒总能将优质的食材做成美味佳肴,这对他来说易如反掌。他擅长从周遭的自然环境中采集别具地域风格和季节性的食材。

他通过运用先进的厨艺使配料与食材相得益彰,呈现出独一无二的风格。他在各类餐厅当学徒和工作积攒的经验,最终成为德国汉诺威的Restaurant Merlin餐厅的主厨,并通过其独创菜肴获得了米其林星级大厨的称号。自2004年起,伯克勒担任德国赫尔利斯哈森Hotel Hohenhaus酒店的主厨。其间,他以精湛的厨艺被德国美食杂志《美食家》(Der Feinschmecker)评为3F级厨师,权威的法国《高勒米罗美食指南》(Gault Millau)给他的评分为16分。

现代古典主义为他的菜肴奠定了基础,也使他创立的菜式别具一格,如其开发出的特色菜肴百里香汁佐烤羊腰肉。同样受欢迎的还有Hotel Hohenhaus酒店的烹饪研讨会。在研讨会上,星级厨师会将自己关于厨艺的经验分享给对厨艺感兴趣的业余厨师们。

Hotel Hohenhaus酒店官网:www.hohenhaus.de。

## 哈拉尔德·德福斯

哈拉尔德·德福斯擅长利用本土食材将传统菜肴变得现代化，这是他的烹饪之道。孩童时期，德福斯就喜欢在父母的餐厅和自家农场里帮忙。因此，他既懂得如何屠宰牲畜，又深谙厨艺。在父母经营的餐厅里短暂工作了一段时间后，他辗转于德国的各大餐厅担任厨师，如弗莱堡的Hotel Colomb酒店、贝吉施·格拉德巴赫的Schlosshotel Lerbach酒店、慕尼黑的Hotel Bayerischer Hof酒店。后来，他到阿斯佩格的Hotel Adler酒店担任主厨，用其独创的九种精炼香料打造出了历久弥新的具有本土特色的菜肴，在逾十年时间里，他将这种烹饪哲学成功地付诸实践，因此获得了《米其林美食指南》（ Guide Michelin ）授予的星级厨师称号，权威的法国《高勒米罗美食指南》（ Gault Millau ）给他的厨艺评分为15分。

当他到Schlosshotel Monrepos酒店任职主厨时，《高勒米罗美食指南》将对他的评分提高到了16分。德福斯在拜埃里施格迈因的Klosterhof酒店里也用其独创的、天然的美食打动来往的食客。

德国Klosterhof酒店的官网：www. klosterhof.de。

## 克里斯托夫·豪瑟

对食用动物的尊重要求我们能将畜肉从头到脚都利用起来。也正因为如此，克里斯托夫·豪瑟和迈克尔·克勒共同经营的位于柏林的Restaurant Herz & Niere餐厅，定位是一家专吃动物内脏的餐厅，提供从头到脚的4道菜或5道菜的套餐。豪瑟完成厨师培训课程后，在柏林的Villa Rothschild、Königstein、Weinbar Rutz和3 minutes sur mer担任厨师，后来在柏林的克罗伊茨贝格的餐厅制作现代德国美食和新演绎的经典菜肴。

如今，豪瑟在克罗伊茨贝格开了自己的餐厅Tante Fichte，对传统菜肴进行了全新的阐释，创造出了很多新式德国菜。他擅长运用具有地方特色的和时令的食材来烹饪，如自己种植的蔬菜，以及当地出产的鱼、肉和动物内脏。他通常会购买整只和半只的畜肉。此外，有些食材只能在自行屠宰畜肉的农户处获得，如羊舌和手工牛舌腊肠，因此客人在他的餐厅里也能品尝到这些罕见的美味。根据"从头吃到脚"的饮食原则，因其独创的新式精致菜肴，德国美食杂志《美食家》（ Feinschmecker ）给他的评级为2.5F，法国《高勒米罗美食指南》（ Gault Millau ）给他的评分为13分。

德国Tante Fichte餐厅的官网：www. herzundniere.berlin。

## 亚历山大·胡贝尔

亚历山大·胡贝尔是德国巴伐利亚州一家星级酒店的厨师，他用自己的创造力和对口感及菜品搭配的精准把握，使这里的菜品每天花样百出。起初在德国霍恩瓦特的Gasthof Schwarz酒店里完成厨师培训课程后，胡贝尔还去过德国很多有名的顶尖餐厅掌过厨，如拜尔斯布龙的Bareiss酒店，瓦尔滕贝格的Bründlhof酒店，哥林的Döllerers酒店和慕尼黑的Tantris酒店。

自2005年起，他回到家里经营的Huberwirt酒店担任总经理和主厨，在这里，他将自己多年积累的厨艺与巴伐利亚州的本土味相结合，打造出了很多新式菜肴，如土豆黄瓜沙拉，烧烤酱佐烤小牛胰腺香肠或玉米、地中海烤时蔬、脆洋葱，双酱佐（取自巴伐利亚公牛的）T骨牛排。因此，他成功地将Huberwirt酒店打造成一所顶级酒店，自2013年起，这家酒店每年都被评选为米其林星级酒店。

德国Huberwirt酒店的官网：www. huber-wirt.de。

## 安德里亚斯 · 克罗利克

安德里亚斯 · 克罗利克是米其林2星厨师，自2015年起，他就担任法兰克福的Lafleur餐厅的主厨。他将自己的菜描述为与时俱进的古典主义菜肴，再结合地中海风味的和具有地方特色的食材。他擅长运用香料和酸甜平衡来烹饪食材。当他完成厨师培训课程后，在法兰克福的Tigerpalast等顶尖餐厅工作之后，又到巴登巴登的Brenners Park Hotel酒店掌厨，继续开发现代古典主义风格的菜肴。2005年，《米其林美食指南》（Guide Michelin）给他的评分为1星，2010年升到了2星。约12年后，克罗利克又回到了Tigerpalast餐厅，他的现代古典主义菜肴深受客人欢迎，除了地中海风味的菜系外，他还擅长地方风味的美食。2015年3月，克罗利克到Lafleur餐厅掌厨；2016年，法国《高勒米罗美食指南》（Gault Millau）给他的评分为18~20分；2017年，他获得了"2017年年度厨师"的称号。

德国Lafleur餐厅的官网：www.restaurant-lafleur.de。

## 克里斯蒂安 · 米特梅尔

克里斯蒂安 · 米特梅尔的信条为"完美的烹饪"。米特梅尔在德国拜尔斯布龙的Bareiss酒店完成了厨师培训课程后，在巴塞尔的Hotel Euler酒店掌厨了一段时间，后来创立了自己的餐厅。先是1989年在罗拉赫开了Burgschenke Rötteln餐厅。1994年，在陶伯河上游的罗滕堡又创立了Villa Mittermeier酒店。

对他而言，热情好客是一种美德，他希望自己的餐厅也能给客人带来宾至如归的感觉。1997年，米特梅尔去了欧洲青年餐馆掌厨，他总能用最基本的食材打造出美味可口的菜肴，这是一种介于传统和革新之间的、简约又美味的菜肴，如用谢勒尔格鲁伯公牛肉制成的点心（Kraftsüppchen & Dim Sum vom Scherengruber Ox）。因为烹饪、美食而将不同地域的人们连接在一起，这是米特梅尔和他的团队的烹饪之道。

德国Villa Mittermeier酒店的官网：www.villamittermeier.de。

## 沃尔夫冈 · 米勒

"尽力做到最好，尽情享受人生"是沃尔夫冈 · 米勒的座右铭。完成厨师培训课程后，他在德国许多顶尖餐厅掌过厨，如绍普夫海姆的Alten Stadtmühle餐厅，普富伦多夫的Hotelrestaurant Adler餐厅。

一年后，他在Schlosshotel Bühlerhöhe酒店里的Imperial餐厅通过了厨师考试。8年时间内，他从餐厅的副主厨做到了主厨，又做到了行政主厨。后来，他在柏林开了自己的名为Adermann的餐厅，很快就获得了米其林星级厨师的称号，法国《高勒米罗美食指南》（Gault Millau）给他的评分为18分。此后，米勒在柏林的Horváth餐厅做了4年主厨，不久后又拿到了一个米其林星级厨师的称号。自2009年中开始，米勒成为自由职业厨师、烹饪作家、烹饪培训师，还赞助了一个朋友开设牦牛养殖场。米勒非常重视烹饪选用的肉类原料的质量，必须选择适合物种的养殖方法，采用对动物尊重的屠宰方式，烹饪时遵循"从头吃到脚"的原则。

## 曼纽尔 · 雷黑斯

曼纽尔 · 雷黑斯的烹饪生涯非常丰富。完成厨师培训课程后，他在慕尼黑的Eising食品摄影工作室担任厨师。

后来，他又去了哥斯达黎加的一家素食餐厅工作了一年，既担任厨师，还负责种植有机水果和蔬菜。之后，他回到德国，分别在慕尼黑的Hubertus餐厅、Jörg Plake旗下的Excelsior Hotel酒店里的Geisel's Vinothek酒廊餐厅里掌厨。自1995年起，雷黑斯成为慕尼黑Broeding餐厅的主厨和总经理，并将他丰富的烹饪经验引入到这家餐厅。他的烹饪风格是对传统烹饪方法的改良和升华。法国《高勒米罗美食指南》（Gault Millau）给他的评分是15分。此外，他还在电视节目中传授关于烹饪的知识，分享关于像"中国美食"这类综合性美食专题的见解。雷黑斯还定期开办烹饪培训课程，将他多年的烹饪经验传授给更多的人们。自2016年起，他在Gourmistas美食网站上推出并大力倡导"采用玻璃封装的餐厅美食（estaurant-Essenim Glas）"这一概念。此外，他还在玻璃暖房（自2017年起）和露天园圃（自2018年起）里亲自种植水果和蔬菜。

德国Broeding餐厅的官网：www. broeding.de。

## 安迪 · 施威格

儿时，安迪 · 施威格要么待在野外大自然中，要么待在厨房里。因此，他决定从事烹饪行业不足为奇。他早期在德国斯图加特的Fallert星级餐厅和德国烹饪大师文森 · 科林克（Vincent Klink）开的Wielandshöhe餐厅掌厨。之后，他先后在英国伦敦的Hotel Dorchester酒店、德国黑尔克斯海姆的Kronen Restaurant餐厅短暂工作过一段时间，然后搬到了慕尼黑。在Mandarin Oriental酒店，施威格和霍尔格 · 施特龙贝格（Holger Stromberg）并肩工作。2003—2006年，他在著名的Cocoon餐厅和G-Munich餐厅担任主厨。2006—2016年，施威格和妻子一起圆梦——开设了自己的餐厅，取名为Schweiger 2餐厅，这家餐厅不久就获得了米其林星级餐厅的称号。在烹饪过程中，施威格将传统食谱与自己独创的配料相结合。2013年，他在自己创办的烹饪学校里将烹饪创意传授给更多的人们。你也可以在网上看到他的一些烹饪创意菜谱。

德国Schweiger 2餐厅的官网：www. schweiger2-kochschule.de。

## 罗尔夫 · 施特劳宾格

"致力于烹饪出世界上最好的美食，追求最极致的热爱"是罗尔夫 · 施特劳宾格的座右铭。为此，他始终坚持选择最好的配料烹饪具有季节特色和地区特色的菜肴，再搭配上各式各样的调味料。完成厨师培训课程后，施特劳宾格先后在德国各大顶级餐厅积累烹饪经验，如Tantris餐厅和Traube Tonbach酒店，还在法国和意大利工作过一段时间。自1990年起，他在父母经营的Burg Staufeneck酒店里担任主厨，在2001年，他与克劳 · 斯科尔（Klaus Schurr）接管了酒店。在这个经常举行重大活动和大型会议的5星级酒店里，除了日常经营管理外，他真诚地、脚踏实地地烹饪出受欢迎的菜肴，享受烹饪的乐趣，对所有客人负责。

自1991年起，他屡次获得"米其林星级厨师"的称号。法国《高勒米罗美食指南》（Gault Millau）给他的评分为17分，德国美食杂志《美食家》（Feinschmecker）给他的评级为3.5F。如此高的评价恰恰强调了他高超的烹饪技巧，此外，他在烹饪时也尽可能充分利用食材，选择整只动物一起用于烹饪。

## 彼得·瓦格纳

　　尽管本书作者彼得·瓦格纳先生从事记者职业已有30年，但是他烹饪的时间更长一些。自16岁时起，他最喜欢做的事情就是剪切、炖煮和炸食物。作为美食爱好者，瓦格纳在饮食方面没有忌口，只要能够根据自己的喜好和理解烹饪新鲜的食物，他就非常满足了。多年来，除了本职工作外，他享受美食和生活，享受旅行和烹饪带来的乐趣。他出版了烹饪书籍，在《明镜周刊》（*Spiegel Online*）开设专栏"烹饪爱好者瓦格纳"。自第一本期刊发行以来，他就成为了《牛肉》（*BEEF*）杂志的签约作家。2008年，他创立了德国第一本男士烹饪杂志《*kochtext*》。瓦格纳在杂志上发布了很多德国汉堡和帕尔马的有用的烹饪知识和精美的食物图片。

　　《*kochtext*》杂志的官网：www.kochtext.de。

## 克劳斯·柏贝尔

　　来自法兰克福的克劳斯·柏贝尔是一名热爱生活的屠夫，他和妻子一起经营一家小型手工肉铺。此外，他还经营着一家货品种类丰富的线上商店，给世界各地的客人供应新鲜的肉制品。他拥有关于肉食的丰富的专业知识和肉制品贸易经验，而且他与肉制品生产商、供应商和当地的餐饮企业保持着良好的合作关系。因为他要确保他出售的产品来源可靠。所以生肉的分解和再加工都是在他的公司里完成的，这是为了确保质量。此外，柏贝尔还组织了很多研讨会和工作坊，给中小型企业家传授线上贸易的成功经验，教给烹饪爱好者如何分解个头大一些的肉块和怎样制作香肠。他开设的"香肠之旅"（Wurst Erlebnis）研讨会，围绕法兰克地区的油煎香肠展开了一场轻松愉快、颇有收益的活动，而且有针对个人和企业的不同课程供选择。

　　课程的官网：www.umdiewurst.de。

## 特别鸣谢

　　在此，我们由衷地感谢那些将书中列举的顶尖大厨食谱——尝试的厨师们，他们是克莉丝汀·迭泽（Christine Dietze）、马克斯·法伯尔（Max Faber）、伊娃·费舍尔（Eva Fischer）、格蒂·孔恩（Gerti Köhn）、苏珊娜·兰（Susanne Lang）、勒内·伦蒂格纳克（René Lentignac）、佛罗莱恩·马雷克（Florian Marek）、安克·拉伯勒（Anke Rabeler）、芭贝尔·舍默尔（Bärbel Schermer）、多萝西娅·施瓦茨（Dorothea Schwarz）、恩斯特·瓦格纳（Ernst Wagner）、彼得·瓦格纳（Peter Wagner）和卡特琳·维特曼（Katrin Wittmann）。

# 图片来源

## 食材图片来源

## 烧烤用具图片来源

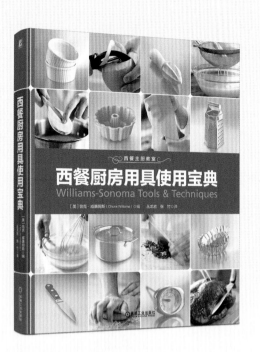

作者：[美]恰克·威廉姆斯（Chuck Williams）

ISBN：978-7-111-72271-7

定价：168.00 元

## 内 容 简 介

本书介绍了西餐厨房内必不可少的厨具的使用解读和基本烹饪技法。书中第一部分介绍了西餐厨房内常用厨具和设备的使用方法，包括产品说明、烘焙用具和烹调用具的用途，以及入门级的刀具类别和使用方法。第二部分介绍了实用度满满的 250 多种烹饪技巧，包括鱼类、谷类、水果类、家禽类、贝类、蔬菜类等烹饪技法，以及铁扒、香草香料等知识。无论你是厨房新手，还是学有所成的家庭厨师，这本书将会成为你未来许多年厨房知识的主要来源。

本书可作为西餐从业人员的工具书，也可作为西餐爱好者的宝典。

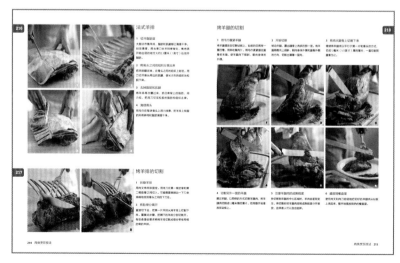